U0816720

国际玉米小麦改良中心（CIMMYT）生理育种系列

生理育种Ⅰ：
多学科联合改良作物适应性

Physiological Breeding Ⅰ:
Interdisciplinary Approaches to Improve Crop Adaptation

〔英〕M. 雷诺兹　〔英〕A. 帕斯克　〔澳〕D. 马　伦　编著

景蕊莲 等　译

科 学 出 版 社

北　京

图字：01-2014-6436 号

内 容 简 介

《生理育种Ⅰ：多学科联合改良作物适应性》为《生理育种Ⅱ：小麦田间表型鉴定指南》的姊妹篇，两本书均为满足作物研究领域的同行们对大田作物研究的需求而著，其共同主线是提供可靠的表型鉴定理论和方法，涉及的范围从育种到基因挖掘。书中内容均以作者的早期著作《生理学在小麦育种中的应用》为基础。

本书从多学科的视角阐释了作物表型分析的理论基础，包括四部分内容。第一部分是产量和其他目标性状的改良，总体讲述通过适当增强抗逆性提高作物的遗传改良潜力；第二部分着重阐述应用多元化表型分析工具的理论基础；第三部分介绍分子标记及其在生理育种中的应用；第四部分概述可持续的作物耕作制度发展原理。

本书适合从事作物种质资源、作物遗传育种、作物生理学研究的科技工作者，以及大专院校师生阅读参考。

图书在版编目（CIP）数据

生理育种Ⅰ：多学科联合改良作物适应性/（英）M. 雷诺兹（Matthew Reynolds），（英）A. 帕斯克（Alistair Pask），（澳）D. 马伦（Debra Mullan）编著；景蕊莲等译. —北京：科学出版社，2017.3

书名原文：Physiological Breeding Ⅰ: Interdisciplinary Approaches to Improve Crop Adaptation

ISBN 978-7-03-052046-3

Ⅰ. ①生… Ⅱ. ①M… ②A… ③D… ④景… Ⅲ. ①植物生理学–应用–小麦–作物育种–研究 Ⅳ. ①S512.103

中国版本图书馆 CIP 数据核字(2017)第 047513 号

责任编辑：王海光 赵小林 / 责任校对：李 影
责任印制：张 伟 / 封面设计：刘新新

科 学 出 版 社 出版
北京东黄城根北街 16 号
邮政编码：100717
http://www.sciencep.com

北京九州迅驰传媒文化有限公司印刷

科学出版社发行 各地新华书店经销

*

2017 年 3 月第 一 版 开本：787×1092 1/16
2025 年 1 月第三次印刷 印张：13
字数：308 000

定价：108.00 元

(如有印装质量问题，我社负责调换)

《生理育种Ⅰ：多学科联合改良作物适应性》
译校者名单

译　者（按姓氏汉语拼音排序）：

郝转芳　中国农业科学院作物科学研究所
景蕊莲　中国农业科学院作物科学研究所
李　昂　中国农业科学院作物科学研究所
李　龙　中国农业科学院作物科学研究所
李　强　河北省农林科学院旱作农业研究所
逯腊虎　山西省农业科学院小麦研究所
毛新国　中国农业科学院作物科学研究所
乔文臣　河北省农林科学院旱作农业研究所
孙黛珍　山西农业大学
王景一　中国农业科学院作物科学研究所
肖永贵　中国农业科学院作物科学研究所
张跃强　新疆农业科学院核技术生物技术研究所
赵明辉　河北省农林科学院旱作农业研究所

校　者：

祁葆滋　中国农业科学院作物科学研究所
李　昂　中国农业科学院作物科学研究所

终　审：

景蕊莲　中国农业科学院作物科学研究所

译者的话

植物生理学是作物育种的重要理论基础。2012 年我们翻译出版了 M. P. Reynolds 博士等著的《生理学在小麦育种中的应用》，受到广大读者的欢迎。但是，作物生理性状受基因型和环境影响，在不同发育阶段、不同环境条件下表现显著差异。因此，针对各种生理性状的特点，在田间检测时，发育时期、检测的时间点和天气条件的选择，以及仪器设备的正确校准和操作等，对于获得能准确反映作物基因型差异的生理性状测值至关重要。不过，在实际工作中，关于生理性状鉴定的许多方法和技术细节往往被忽视，影响了生理学在育种工作中的有效利用。在 M. P. Reynolds 博士的推荐下，我们又翻译了《生理育种 I：多学科联合改良作物适应性》和《生理育种 II：小麦田间表型鉴定指南》，以期为合理利用生理学的理论和技术提高作物育种效率提供指导。

在翻译这两本书的过程中，我们得到了原书著者 M. P. Reynolds 博士和 CIMMYT 信息部主任 M. Listman 博士及其团队的大力支持。科学出版社的王海光女士是我们上一本译著的责任编辑，她又欣然承接了这两部著作的出版工作，她及其同事高度的责任心和出色的编校令人钦佩。本书出版受国家自然科学基金项目和“十三五”国家重点研发计划项目资助。我们对此表示诚挚的谢意。

本书的序、绪论、第九章由李龙译，第一、二章由毛新国译，第三章由孙黛珍译，第四章由肖永贵译，第五章由张跃强译，第六章由李强译，第七章由赵明辉、乔文臣译，第八章由李昂译，第十、十一章由郝转芳译，第十二章由乔文臣译，第十三章由王景一译，第十四、十五章由逯腊虎译。昌小平、李昂对修改稿进行了文字整理。祁葆滋、李昂校对译稿，景蕊莲对全书进行终审。

由于我们水平有限，书中难免有不妥和疏漏之处，敬请读者批评指正。

景蕊莲

2017 年 3 月于北京

序

“懂得如何寻找并运用信息是成功的秘诀”——**阿尔伯特·爱因斯坦**

关于谷类作物育种的介绍大多始于绿色革命，这次也不例外。虽然本文不试图叙述作物生理学及抗逆育种的发展历程，但是在此重要的出版物发行之际，几个标志性的事件还是应该被提及的。由于新一代研究者不习惯于阅读任何超过3年的文献，但是我以阅历较长为资本来提供一个简明的视角，因为回顾过往将指引你前进的方向。

20世纪中叶的绿色革命使得小麦和水稻的籽粒产量大幅提高。此次革命是由小麦和水稻育种家推动的，他们通过降低株高以减少倒伏，进而也提高了施氮水平。高粱的“绿色革命”（当时并不是这样定义的）早在几十年前就发生了，同样是通过降低株高来推动的。但其最初目的并不是增产，而是为了使矮秆高粱适应“联合收割机高度”，以便机械收获。这些改变额外地增加了籽粒生产潜力。

一、育种与生理学

谷类作物的绿色革命使人们更加乐观地认识到通过育种的确能够增产，同时也激励着植物生理学家不断地去认识产量的生理基础及其改良方法。由于产量的获得依赖于生长在田间的植物群体，因此产生了作物生理学和产量生理学。人们对玉米和高粱杂种优势的浓厚兴趣及认知的需求也是推动作物生理学发展的另外一动力。

20世纪六七十年代，作物生理学和产量生理学迅猛发展，美国、英国、荷兰、苏联、印度及澳大利亚的研究小组相继出版了大量的书籍和专著。本人学生时代最喜爱的一本书是英国诺丁汉大学伊斯特农业科学学院出版的 *The Growth of Cereals and Grasses*（Milthorpe and Ivins，1965）。这本书为我们打开了禾谷类作物生理学的大门。

此后，不断有资金资助该类研究，其目的是继续提高谷类作物产量的遗传潜力，同时通过对非生物胁迫抗性的遗传改良来稳定产量。这起初是由澳大利亚、内布拉斯加州和得克萨斯州发起的，主要针对小麦和高粱，不涉及其他作物。1971～1978年，担任堪培拉联邦科学与工业研究组织植物产业部首席的Lloyd T. Evans大力支持该组织中杰出的小麦科学家开展作物生理学研究以改良小麦（Evans, 1975）。

洛克菲勒基金会是内布拉斯加州大学的一个综合性的高粱生理和育种研究团队，20世纪70年代初，该团队为美国高粱生理和玉米育种做出了具有实际意义的重大贡献。与此同时，得克萨斯A&M大学作物生理和育种研究人员发现了光周期的遗传和生理基础及温度效应对高粱开花的影响。这是J. R. Quinby早期工作的继续，Quinby为高粱的遗传学和杂交种研究打下了基础。此研究为得克萨斯州拉伯克市的高粱转化项目开辟了道路。该项目将非洲和亚洲的热带高粱转化为温带类型，然后用于杂交高粱的育种，达到了优质高产的目的。这些材料也为研究抗旱主要机制的渗透调节和抗衰老提供了相关基因，后来这些基因在全球范围内被导入杂交高粱。

作物生理学和育种的结合被当时大部分国际农业研究磋商组织（CGIAR）的育种项目采用，不管是较早的还是之后的组织均如此。1972 年，国际半干旱热带作物研究所（ICRISAT）成立，在此之前，印度海得拉巴召开了名为“二十世纪七十年代的高粱”（Sorghum in the Seventies）的会议，作物生理及逆境问题是该会议的主要内容，会议还商榷了国际半干旱热带作物研究所的授权问题。除了一些从事育种工作的生理学家和从事生理研究的育种家之外，其他的育种和生理学研究团队的成果很一般。

提高收获指数在很早以前就被认为是谷类作物绿色革命的生理基础，一般从 20%～30%提高到 40%～50%，具体幅度由作物种类和环境而定。此外还鉴定了与收获指数提高相关的产量构成因素，其中每穗粒数最为关键。然而不幸的是，这些观点使得以增加籽粒数为直接目标的育种工作惨遭失败。例如，单茎秆巨型穗小麦或多小穗高粱等培育工作。作物生理学使育种家意识到谷物的产量形成来源于一个错综复杂的平衡，其中包括产量构成因素的发展、源与库的协调、作物同化作用与同化物运输，它们均与物候和株型相关联。

在上述内容发展的过程中，如同该书的若干章节所体现的一样，针对植物如何利用光能、水分或养分等基本资源的问题，作物生理学家提出了利用效率这一概念。因此，我们有了光能利用效率（RUE）、水分利用效率（WUE）、氮素利用效率（NUE）、磷素利用效率（PUE）。所以通常假设，提高利用效率的育种可以获得更高的产量。效率是任何生产系统中的重要组成部分。然而人们应该牢记，对于作物来讲，效率是一个比率，在给定的投入下获得高产或者在稳定产出的情况下减少投入都可以实现高效。

该书很好地阐述了目前农业研究所面临的严峻挑战，即作物改良需完成两大艰巨任务：①以更快的速度提高增产潜力；②增强对生物和非生物胁迫的抗性。此外，这些挑战以另外一个“绿色革命”为背景，旨在节约成本和减少化学药品的使用。我们知道，人们关注着提高增产潜力的育种，这就需要全面优化作物株型、收获指数、物候、既定季节的发育及作物管理系统，或者说在现代作物生产系统中基本如此。因此，任何作物生产潜力超过平均每年 0.5%～1.0%的大幅提高都一定源于遗传生理学对光合系统的生化过程及功能的介入。植物分子生物学在育种中的重要地位可能最终将在此突显。我们已知专家正在进行将 C3 植物（如水稻）转为 C4 代谢途径的研究。另外一个例子是英国洛桑试验站于 2011 年提出的“20：20”计划，其目标是在 20 年内小麦产量达到 $20t/hm^2$。这一雄心勃勃的计划可能主要得依靠分子生物学中先进的基因组学方法不断创新来推动。然而，以往的经验告诉我们，如此宏伟的计划有时会漂移在纯粹的分子和基因组学的领域，而遗忘了他们最初的增产目标。倘若如此艰巨的项目要付诸实践，我大胆地建议将其交予育种家和作物生理学家来领导，确保该项目朝着预期的港口前行，而不是迷失在一座美丽的岛屿中。

二、胁迫、干旱与抗热性

我们认识到谷类的地方品种可以作为非生物逆境抗性种质资源，我们也因此而将其利用。这些材料是经农民在田间反复筛选，并在历史的干旱年份中存活下来的。这与科学无关，仅仅是长时间积累和他们生计所迫。这些农家种对非生物胁迫的抗性早已形成，我们现在只是试图改良它们，使其更有效。

在农业科技化时代，最初致力于抗旱研究的少数育种家，如科罗拉多州小麦育种家 Robert Gaus 和艾奥瓦州玉米育种家 M. T. Jenkins 都工作于 20 世纪早期。最早以作物生理学解析抗旱性的是来自华盛顿美国农业部谷类作物和病害办公室的 J. H. Martin（1930）。

当时为这些育种家的工作提供技术支撑的生理学知识很少。植物非生物胁迫在小麦育种项目中通常被简单地认为是众多复杂问题的集合，导致在特定年份和地区的减产。当某年某地减产时，植物表型被记录下来。当时小麦育种“圣经”的资深作者 L. P. Reitz 称：“育种家信奉田间记录簿上的产量柱”（Reitz and Quisenberry, 1967）。天平是最重要的表型分析工具。这并没有忽视丰产和抗逆的谷类作物品种仍被改良的事实。

20 世纪初以来，许多大田育种家假设，高产潜力可获得持续的产量，且这一假设在所有的逆境条件下均适用。基因型与环境互作被认为是一件令人烦恼的事情。当环境引起的育种材料的变异难以说清时，多年多点的产量数量遗传学和大田试验的统计分析成为旱地作物育种最重要的工具。为了鉴定在所有环境中均表现良好的高产基因型，增加多年多点的大田试验次数是旱地作物育种非常必需的。因此这充分解释了为什么植物育种经常被描述成“数字游戏”。在付出了巨大的代价后，数量就以某种方式转变为质量。直到后来，植物育种家开始探寻基因型与环境互作的可能原因，并与生理学家一起寻求特定逆境下的基因型改良方法。Kenneth J. Frey 在艾奥瓦州立大学主要从事燕麦研究，其研究得出了颇具影响力的论点，即抵御不同的逆境可能需要特定的品种，而全生育期均表现抗性的品种是罕见的。我相信他的工作和出版物是转变当时植物育种观念的范例。现在我们承认高产潜力对逆境下的产量具积极作用，但却是有限的。

Ashton（1948）发表的植物生理学在抗旱育种中的应用可能是第一次具有现实意义的尝试，书中包含很多详细的方法，尽管有些在今天看来不太现实。Jacob Levitt 出版的第一本书是非生物逆境胁迫生理和育种领域的总体飞跃（Levitt, 1972），书中汇编了该领域科学研究的成果，并首次提出了衡量逆境和植物抗逆性的相关逻辑定义及有效方法。之后又相继出版了许多书籍和综述。植物非生物胁迫和抗性的扩展研究包括一些里程碑式的会议，例如，汤普森研究所于 1977 年组织的会议（Mussell and Staples, 1979），汇集了当时世界范围内该领域的专业知识，并对那个时期的抗旱及改良问题交换了意见。渗透调节首次在小麦育种中被发现之后，其对抗旱性的价值受到了人们的关注。该书告诉我们，对小麦及其他作物的非生物胁迫抗性育种正在逐步形成广泛共识。

三、结　语

该书已经在之前版本的基础上发展成熟，前一版也得到了国际玉米小麦改良中心的赞助（Reynolds et al., 2001）。虽然新的版本有了长足的进步，但是早期版本仍然值得小麦育种家借鉴，因此也应被保留下来。

针对该主题，我在自己所写的书（Blum, 2011）中指出，许多育种家在将抗旱育种纳入其育种项目上表现出明显的欠缺。他们中的大多数人不清楚目标环境下的理想株型、干旱表型分析的方案及选择所用的方法。简言之，许多人感到无法胜任水分亏缺条件下的抗旱育种工作。我们也清楚地看到，尽管目前植物基因组学和分子标记技术取得了长足的进步，但许多育种家仍然热衷于在田间对整个植物体进行研究。因此，该书是对当代小麦乃至其他谷类作物育种工作的卓越贡献。

同时，对于那些有时被错误的抗逆表型鉴定方法所困惑的分子生物学家来说，该书也具有一定的参考价值。该书还阐明了通过盆栽检测已改良的基因型及转入大田试验的正确途径。因此，该书是所有作物改良工作者的指南手册。

生理学家认为生理学方法在育种中的应用有时是不完善的，理解这一点非常重要。例如，利用压力室评估叶片水势会因特殊叶片样品的渗透调节速率而产生偏差。该方法的大多数使用者在田间并不考虑这一点。用于估测叶片水分状况的冠层温度会因不同品种的冠层结构而产生偏差。我们很少把这些因素考虑进去。然而，严谨的生理学家应该意识到，在大群体的筛选工作中远离核心的考虑，除了精确性以外，便是方案的简便快捷。育种家最感兴趣的是在合理的概率和成本条件下缩小群体，从而得到理想的基因型，即便这样的方案在完美主义的生理学家眼里还是有缺陷的。例如，用红外测温仪测定小麦冠层温度，由于冠层结构的影响而产生的差异可能在 1℃左右，而在中午，因干旱胁迫而产生的差异可以达到 5℃以上。

最后，该书的重要性不仅在于其对小麦育种的生理学基础和方法论进行了详细讲解，而且还将生理学与可能的理想株型关联起来，然后再与筛选所需的方法相联系。这恰恰是育种学家针对特殊环境进行育种工作的困难所在。

Abraham Blum
Plantstress.com
PO Box 16246, Tel Aviv, Israel
Email: ablum@plantstress.com

参 考 文 献

Ashton, T. (1948) *Techniques of breeding for drought resistance in crops.* Cambridge; Commonwealth Bureau of Plant Breeding and Genetics, Technical Communication No.14.

Blum, A. (2011) *Plant breeding for water limited environments.* New York; Springer.

Evans, LT. (1975) Crop Physiology: Some Case Histories. Cambridge University Press.

Levitt, J. (1972) *Responses of plants to environmental stresses.* New York; Academic Press.

Martin, JH. (1930) The comparative drought resistance of sorghums and corn. *Agronomy Journal* 22, 993–1003.

Milthorpe, FL. and Ivins, JD. (1965) *The growth of cereals and grasses*. London; Butterworths.

Mussell, H. and Staples, RC. (1979) *Stress physiology in crop plants.* New York ; John Wiley & Sons Inc.

Reitz, LP. and Quisenberry, KS. (1967) *Wheat and wheat improvement* (Agronomy No. 13). Madison; American Society of Agronomy.

Reynolds, MP., Ortiz-Monasterio, JI. and McNab, A. (2001) *Application of physiology in wheat breeding.* Mexico, D.F.: CIMMYT.

（李　龙 译）

前　　言

《生理育种Ⅰ：多学科联合改良作物适应性》和《生理育种Ⅱ：小麦田间表型鉴定指南》这两本书的问世是为了满足全世界作物研究领域的同行对大田作物的研究需求，所涉及的范围从育种到基因挖掘。其共同主线是提供可靠的表型鉴定方法，可应用于以下领域：

- 表征具有潜力的亲本以便进行更多的战略性杂交
- 筛选早期的后代以使群体富含理想等位基因
- 探索种质资源中有价值的生理性状以扩大作物育种中常用的基因库
- 设计较大的试验群体并进行表型分析，促进基因挖掘
- 在机械研究中实现试验控制（如组学平台）
- 设计表型组学平台

笔者依据所列出的这些想法撰写了这两本书，提供了一些育种家及其他作物研究人员力图在自己的项目中应用的可靠表型鉴定方法及有用信息。本书描述了作物必须适应的环境因素关系中表型鉴定方法的选择标准，以及最适宜的有效工具。它们以国际玉米小麦改良中心的早期著作《生理学在小麦育种中的应用》中所讲述的知识和方法为基础。

M. 雷诺兹
国际玉米小麦改良中心
小麦生理学带头人

致　谢

作者衷心感谢如下机构/部门/项目等对生理育种计划的大力支持：

- 澳大利亚谷物研究与开发公司（GRDC）
- 美国国际开发署（USAID）
- 墨西哥传统农业可持续现代化项目（MasAgro）
- 南亚粮食系统计划（CSISA）
- 德国联邦经济合作与开发部（BMZ）
- 墨西哥世代挑战项目（GCP）

国际玉米和小麦改良中心以其西班牙语首字母缩写 CIMMYT®（www.cimmyt.org）而闻名，是一个非营利的研究和培训组织，在 100 多个国家拥有合作伙伴。该中心致力于可持续地提高玉米和小麦系统的生产力，从而确保全球粮食安全并减少贫困。该中心的产出和服务包括改良的玉米和小麦品种与种植制度，保存玉米和小麦遗传资源，以及能力建设。CIMMYT 隶属于国际农业研究磋商组织（CGIAR）（www.cgiar.org），并由其资助，同时也得到来自国家政府、基金会、开发银行和其他公共和私营机构的支持。CIMMYT 特别感谢这些慷慨持续的资助，使本中心多年来保持高效良好的运行。

封面照片（从左上角开始）：

- 诺曼·布劳格坎波试验站（CENEB），亚基河谷，索诺拉，新墨西哥（Matthew Reynolds 提供）
- 新墨西哥小麦产量联盟“MEXPLAT”实验平台（Gemma Molero 提供）
- 使用 Ntech“Greenseeker”NDVI 仪测量光谱辐射度（Mary Attaway 提供）
- 用于标记辅助选择的叶片取样（Tania Nuñez Rios 提供）
- 保护性农业的秸秆覆盖（Jesús Mendoza 提供）
- 红外测温仪演示（Julian Pietragalla 提供）

目　录

第二篇　表型分析

第三篇　分子标记及其应用

第四篇 为可持续种植制度的发展提供基础

绪　论

Matthew Reynolds[1]

一、表型分析方法研究背景

植物改良很大程度上一直依赖于作物表型的改造且今后依然如此，直至我们对优良品种适应性的遗传基础有了更深入全面的认识。改变作物的物候类型以避开逆境就是一个非常成功的措施（Ludlow and Muchow，1990）。另外一个成功的例子是在干旱发生时，通过良好的根系发育摄取深层土壤水分（Lopes and Reynolds，2010），高温时，使蒸腾速率更好地匹配蒸发需求（Amani et al.，1996），进而将逆境胁迫最小化。在“多余”水分不可用的环境下，逆境适应策略包含一系列降低辐射负荷的性状，如蜡质、色素组成、叶夹角和卷叶等，同时提高蒸腾效率可以更有效地利用水分（Richards，2006）。生理育种在澳大利亚（Richards，2006；Rebetzke et al.，2009）和国际玉米小麦改良中心的玉米小麦育种项目中的影响力与日俱增。例如，通过选育抽雄吐丝间隔较短的热带玉米，使得干旱环境下的产量显著提高（Bänziger，2006）。在小麦中，通过综合各种适应逆境的性状培育出新一代适应干旱的品系，并于 2010 年作为第二十七届国际玉米小麦改良中心半干旱小麦筛选圃的一部分被发布。使用高效的筛选方法，在大量的地方品种中鉴定出优异种质资源，用于战略性杂交（Reynolds et al.，2009）。表型分析方法的细微调整也促进了基因挖掘，首先构建可控物候的试验群体，同时施用快速筛选方法（如冠层温度的测量），可使在测量不受环境波动干扰的一定时间内对大量基因型进行精确的表型分析（Pinto et al.，2010）。

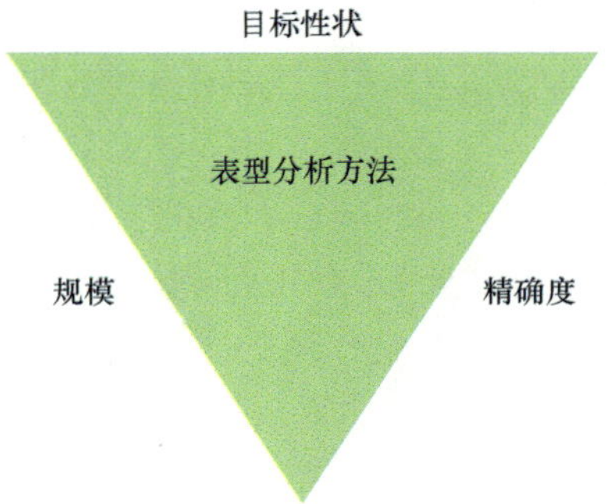

图 1　选择小麦表型鉴定方法的决定因子：①目标环境及与其相适应的特定性状；②需筛选的基因型数目（可能从几十到数万不等）；③所要求的精确程度

二、表型分析方案的选择

表型分析方法的选择取决于 3 个主要的交互作用因子：目标环境及与其相适应的特定性状，试验规模，评估性状所需的精确程度（图 1）。例如，需大量资源测量的目标性状不能在大规模试验中应用，而依据精确度或复等位基因表达的事实，高通量的方法可能不够精确。

---

1 CIMMYT，墨西哥

三、生 理 育 种

本书阐释了表型分析的理论基础，并简明地讲解了分子育种和农作物管理——这两个补充问题具有表型分析的应用、表达及生理性状影响的含义。下面分别依照小标题简述各章节。

第一篇：产量和其他目标性状的改良

依靠向广适和高产的农艺背景中引入适宜的抗逆特性来提高作物遗传改良的潜力。大环境育种（第一章）一文为这些工作建立了全球视角。国内外的研究项目都意识到，针对特定目标区域的育种更为高效，这些区域一般根据水分状况、环境温度、纬度、种植制度和生物逆境等因素而界定。

生理学在耐热和抗旱育种中的应用（第二章）旨在选择有助于作物适应高温和干旱（世界最主要的两大非生物胁迫）的一般目标性状，而且提供了成功应用生理学方法的研究案例。由于发展中国家养分的可用性及成本限制了生产力，并且一些耕作制度中养分的不合理利用对环境造成了危害，因此，氮磷利用效率（第三章）变得愈发重要。提高小麦产量遗传潜力的机遇（第四章）对上述主题具有暗示意味，因为遗传上的产量潜力与提高养分利用效率及非生物胁迫抗性有关。凭借自身能力提高产量潜力也非常重要，因为发展中国家70%的小麦生长于适宜的环境中（Reynold et al.，2011）。为了能在任意环境下取得遗传改良的进展，搜寻生理性状有益变异的遗传资源（第五章）十分必要，并且该文成功应用的实例叙述了可利用的策略。

第二篇：表型分析

本篇讲述应用多元化表型分析工具的理论基础。冠层温度和植株水分相关性状（第六章）一文谈到了其相关工具在澳大利亚和国际玉米小麦改良中心（Rebetzke et al.，2009；Reynolds et al.，2009）的小麦抗逆育种中应用最为成功。在适宜的条件下测量气孔开度相关特征（如冠层温度、气孔导度和碳同位素分辨力）可以有效估测固碳速率，从而代替对光合作用的直接测量。例如，在缺水条件下，这些特征能够估测扎根能力或蒸腾效率，而在适宜条件下，它们与光能利用效率或库容量等产量潜力的限制因素有关。光谱辐射度量学（第七章）可能是在高通量应用方面具有最大潜力的新兴技术，因为它包含众多与生长相关的性状，如作物产量、生物量、水合状况、氮素状况、冠层温度、光合能力及一系列与光合有关色素的估测指数（Babar et al.，2006；Gutierrez-Rodriguez et al.，2010）。

气体交换和叶绿素荧光（第八章）是测量光合作用的直接方法；后者具有高通量应用的潜力，而前者具有精确的优点。两者均可用于估测植物个体和特定组织器官的光合速率，例如，估测穗部对冠层光合作用的贡献。根系性状遗传多样性鉴定策略（第九章）一文认为，根系可能在决定作物产量中发挥作用，传统研究没有对该领域进行深入的探索。其重点集中在提高干旱适应性和养分吸收能力的根部性状遗传变异上。同时考虑了已制订的和新兴的根部筛选方法及如何才能将其应用于高通量途径。小麦发育及其对表型鉴定和提高作物适应性的作用（第十章）一文不仅全面阐释了如何区别小麦的关键发育阶段——正确解读主要生理性状表达的重要性，而且阐明了通过改变小麦发育以提高适应性和产量潜力的理论基础。

田间和可控环境下的表型分析（第十一章）往往存在争议，因为在此条件下的结果是否能反映大田实际情况受到质疑；该文对可控和大田环境下工作的利与弊给予了指导。最后，农业田间试验设计（第十二章）一文为统计水平上的有效设计提供了指导，提高了处理间的分辨能力。

第三篇：分子标记及其应用

许多生理特征对于表型来说极具挑战性或加强了资源利用性，根系特征或者穗光合作用就是很好的例子。育种中所用的分子标记体系（第十三章）和标记辅助选择（第十四章）两文从应用分子工具补充生理育种的长远观点出发，解释了对分子标记开发和应用的选择。

第四篇：为可持续种植制度的发展提供基础

对传统育种、生理育种或者分子育种的巨额投资将会在优化管理的土地上获得最好的回报，使得某一基因型充分表达其遗传潜力。作物生长对充足的水分、养分及生物胁迫防治的需求是不言而喻的。然而，达到此目的最可靠且高效使用投入的方式之一是应用，在本书第十五章保护性农业的原理（第十五章）中有详细介绍。

参 考 文 献

Amani, I., Fischer, RA. and Reynolds, MP. (1996) Evaluation of canopy temperature as a screening tool for heat tolerance in spring wheat. *Journal of Agronomy and Crop Science* 176, 119–129.

Babar, MA., Reynolds, MP., van Ginkel, M., Klatt, AR., Raun, WR. and Stone, ML. (2006) Spectral reflectance to estimate genetic variation for in-season biomass, leaf chlorophyll and canopy temperature in wheat. *Crop Science* 46, 1046–1057.

Bänziger, M., Setimela, PS., Hodson, D. and Vivek, B. (2006) Breeding for improved abiotic stress tolerance in maize adapted to southern Africa. *Agricultural Water Management* 80, 212–224.

Gutierrez-RodriguezReynolds, MP. and Klatt, AR. (2010) Association of water spectral indices with plant and soil water relations in contrasting wheat genotypes. *Journal of Experimental Botany* 61, 3291–3303.

Lopes, MS. and Reynolds, MP. (2010) Partitioning of assimilates to deeper roots is associated with cooler canopies and increased yield under drought in wheat. *Functional Plant Biology* 37, 147–156.

Ludlow, MM. and Muchow, RC. (1990) A critical evaluation of traits for improving crop yields in water-limited environments. *Advances in Agronomy* 43, 107–153.

Pinto, RS., Reynolds, MP., Mathews, KL., McIntyre, CL., Olivares-Villegas, JJ. and Chapman, SC. (2010) Heat and drought adaptive QTL in a wheat population designed to minimize confounding agronomic effects. *Theoretical and Applied Genetics* 121, 1001–1021.

Rebetzke, GJ., Chapman, SC., Mcintyre, L., Richards, RA., Condon, AG., Watt, M. and Van Herwaarden, A. (2009) Grain yield improvement in water-limited environments. In: Carver, BF. (Ed.) *Wheat: Science and Trade*. Ames, Iowa, US, Wiley–Blackwell, pp 215–249.

Reynolds, MP., Manes, Y., Izanloo, A. and Langridge, P. (2009) Phenotyping for physiological breeding and gene discovery in wheat. *Annals of Applied Biology* 155, 309–320.

Reynolds, MP., Bonnett, D., Chapman, SC., Furbank, RT., Manes, Y., Mather, DE. and Parry, MAJ. (2011) Raising yield potential of wheat. I. Overview of a consortium approach and breeding strategies. *Journal of Experimental Botany* 62(2), 439–452.

Richards, RA. (2006) Physiological traits used in the breeding of new cultivars for water-scarce environments. *Agricultural Water Management* 80, 197–211.

推 荐 阅 读

Blum, A. (2011) *Plant Breeding for Water Limited Environments*. New York, US, Springer.

Carver, BF. (2009) *Wheat: Science and Trade*. Ames, Iowa, US, Wiley–Blackwell.

Jenks, MA., Hasegawa, PM. and Jain, SM. (2007) *Advances in molecular breeding toward drought and salt tolerant crops*. New York, US, Springer.

Monneveux, P. and Ribaut, J.-M. (2011) 'Drought phenotyping in crops: from theory to practice' CGIAR Generation Challenge Programme, Texcoco, Mexico.

Reynolds, MP., Ortiz-Monasterio, JI. and McNab, A. (2001) *Application of physiology in wheat breeding*. Mexico, D.F.: CIMMYT.

Ribaut, JM. (2006) *Drought adaptation in cereals*. New York, US, Food Products Press.

（李　龙 译）

第一篇

产量和其他目标性状的改良

第一章　大环境育种

Hans-Joachim Braun, Thomas Payne[1]

摘　　要

综合应用传统技术、生理技术、分子技术及遗传改良技术的植物育种将提供这样的品种，即养分和水分利用效率极大的提高，抗旱性、耐热性、抗病性提高，加工品质和营养品质改善，可能最重要的是对某地多年不断增加的极端温度和降雨具有较强的应对能力。由种子公司、国际农作物研究中心和国家育种项目培育的现代品种表现出广泛的地区适应性，以及对多环境或大环境的目标群体内或群体之间的环境和管理条件的适应性。多点试验仍是鉴定这些品种最有效的技术体系。因此建立在交流和免费获取种质资源及多点测试基础之上的国际评价网络，是策划和培育适应全球气候变化引起的多变生长环境的小麦种质资源的基石。这些试验信息必须与胁迫控制环境下的试验结果有机结合。农业生产迫切需要广适性品种，以应对全球气候变化，农民耕地及投入管理效率的多样性，以及无法预测的季节性气候波动。

一、引　　言

全球有10亿多人口缺乏足够的食物维持生计。为满足不断增长的粮食需求，到2050年世界粮食供应需要加倍。农业遗传学将是应对该项挑战的重要途径之一（Nature Genetics，2009）。未来几十年间，世界人口将增加 1/3，气候变化导致的环境胁迫进一步加剧，提供粮食和生产粮食所需的水将成为人类社会和经济发展面临的最严峻挑战。

在气候变化条件下，增加粮食生产的挑战是主要粮食作物的产量，它是世界饮食的基础。小麦、玉米和水稻是3种最主要的粮食作物，其种植面积之和约占世界14亿 hm^2 耕地的40%（FAO-STAT，2009）。这3种主要的粮食作物为人类提供了37%的总蛋白和44%的总能量（表1.1）。在以小麦为主食的北非、中亚地区，以玉米为主食的撒哈拉以南的非洲国家、中美洲地区，以水稻为主食的南亚和东亚国家，尤其是以上地区的贫困国家，粮食作物是当地人的主要食物来源，每种作物提供了超过50%的日常能量摄入。小麦的全球种植面积约为2.2亿 hm^2，是世界上种植范围最广的粮食作物。世界小麦的平均产量约为 $3t/hm^2$，超过100个国家的小麦产量超过了10 000 t。小麦的地理分布最广，从赤道到北纬67°的斯堪的纳维亚（Scandinavia）及南纬45°的阿根廷、智利和新西兰均有种植（Trethowan et al.，2005）。

综合应用传统的、分子的和遗传改良技术的潜力，植物育种将提供营养丰富、水分

1 CIMMYT，墨西哥

表 1.1 全球和发展中国家食物中小麦、玉米、水稻等作物提供的能量和蛋白质比例

作物	地区	能量（%）	蛋白质（%）
小麦	全球	19	20
	发展中国家	17	19
玉米	全球	5	4
	发展中国家	6	5
水稻	全球	20	13
	发展中国家	25	18
总量	全球	37	44
	发展中国家	48	42

资料来源：FAO STAT（2009）

高效利用、耐热、耐旱、抗病及具有符合需求的加工品质和营养品质的品种，更为重要的是增加品种以应对不可预见的不同地区和年度的极端温度与降水的能力。各种环境下种植的小麦存在着遗传差异，可应对我们正面临的巨大和迅速的气候变化。而我们将采用综合且合作的途径，评价品种，交换种子和信息，避免严重受影响地区产量的迅速下降。

二、多环境（点）试验：评价作物适应性的工具

现代小麦品种通常表现出非常广泛的地区适应性和对多种环境及管理条件的广适应性。从有小麦育种开始，就已存在大量品种。自 20 世纪早期‘Kharkov’和‘Kubanka’被推广以来，这两个品种就占了美国小麦种植面积的 1/3。带来绿色革命的小麦品种‘Siete Cerros’（也称为‘Mexipak’和‘Kalyansona’）从北非到南亚广泛种植，达数百万公顷。从 CIMMYT 的杂交组合中筛选出来的‘Veery’在 40 多个国家得到审定和推广（Skovmand et al.，1997)。俄罗斯的冬麦品种‘Bezostaya’是东欧和西亚的主推品种。这些广适应性小麦品种是由不同的育种项目培育出来的，但它们有个共同的也是最重要的特点——筛选过程中经历了大量的多年多点田间鉴定。

与水稻、玉米相比，小麦广泛的适应性应该归因于光周期和寒冷（或春化）敏感基因的多等位基因组合，这些基因决定了作物从高纬度到赤道高原的农业生态生产力。自绿色革命以来，由 CIMMYT 及其前身组织培育的春小麦很有影响力，这些品种对光周期不敏感，这是其适应广阔地理环境的前提。在环境差异很大的墨西哥北部和南部采用世代交替穿梭筛选的育种体系培育这类种质——Yaqui 河谷（Ciudad Obregon，Sonora，Mexico）的冬季，白天比较短，要求小麦对光周期不敏感，早开花能避免后期高温胁迫；而 Toluca（State of Mexico，Mexico）的光照时间长，夜晚比较凉爽。这种交替穿梭是目前已知的绿色革命小麦成功培育的基础，通过这种方法培育出一种全新的品种：半矮秆、高产、光周期不敏感，并且抗病（Trethowan et al.，2007)。

CIMMYT 小麦成功的第二个要素是在这种穿梭体制下对被筛选品系进行的多年多点鉴定。每年有数百个新的小麦品系被送到全球 50 多个国家 200 多个合作者手中，他们评价这些材料并与国际小麦团体共享成果。如果没有国际小麦改良网络（IWIN)，在墨西哥培育的小麦品种不可能对小麦改良产生世界性的影响。IWIN 基本包括了全球主要的小麦育种项目，它的运行基于 CIMMYT 与协作者——国际干旱农业中心（ICARDA）

之间的种质和信息交换，后者采用了类似的体系。Reynolds 和 Borlaug（2006）、Lantican（2005）全面评述了 CIMMYT 小麦种质资源的影响。通过 IWIN 获得的有关小麦品系在国际育种圃的表现信息对于 CIMMYT 制定小麦杂交计划是非常重要的。利用在多种环境下表现良好的材料作亲本增加了在 CIMMYT 种质中理想等位基因的频率，这正是小麦高产稳产的基础。

三、小麦大环境及全球气候变化的影响

由 CIMMYT 改良的小麦种质在发展中国家和新兴国家得到了广泛应用，累计种植约 1.10 亿 hm^2（Lantican et al.，2005）。为满足不同小麦种植区的需求，CIMMYT 使用大环境的概念（mega-environment，ME）以开发种质（Rajaram et al.，1994）。ME 通常被定义为一个大的、不一定相连的区域，它的范围通常超越一个国家，而且经常是跨越大陆的，但同一个 ME 具有相似的生物和非生物胁迫、耕作体系需求及消费偏好，并拥有较大产量。参与 IWIN 的各个小麦育种站所属的 ME 在图 1.1 中均已明确标出（Hodson and White，2007a）。针对特定 ME 创制的种质能适应该区域的主要胁迫，或许它不一定对所有的显著次级胁迫都具有很好的适应性，但在整个区域中都是有用的。CIMMYT 的全球小麦研究最初主要基于水分供应方式的处理（灌溉与雨养）和与温度有关的生长习性（春性—兼性—冬性）。发展中国家的小麦种植区被划分为 12 个 ME，其中 ME1～ME6 为春麦区，ME7～ME9 为春冬麦兼种（兼性）区，ME10～ME12 为冬麦区。每个 ME 对应一个独特的参数组合，每个 ME 往往与特定的一套生物和非生物胁迫相关联（Braun et al.，1996）。

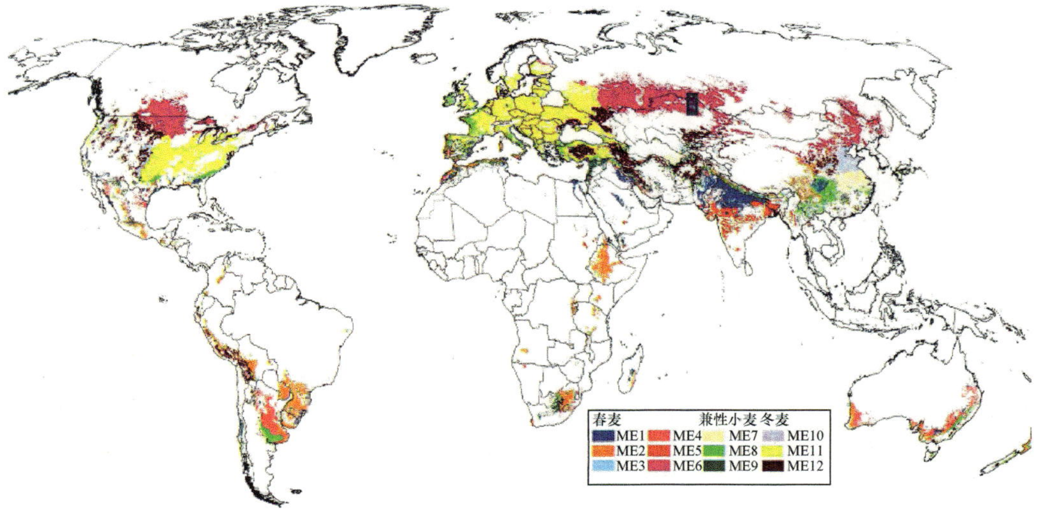

图 1.1　CIMMYT 定义的小麦生产和育种目标大环境（ME）

Hodson 和 White（2007a，2007b）通过引入附加的地理空间信息和讨论气候变化对小麦的影响，拓展了小麦 ME 的分类标准。表 1.2 总结了气候变化对不同麦区的预期影响，其中受影响最大的可能是 ME1～ME5，主要属于亚热带和热带春麦区。据估计，这些地区有 900 万 hm^2 小麦由于热胁迫而减产（Lillemo et al.，2005）。

表 1.2　CIMMYT 小麦项目用定性（ME1～ME12）和地理空间标准（ME1～ME6）对 ME 的分类

ME	纬度	小麦种植面积（Mhm^2）	标准	温度类型	播种期	主要的生物和非生物逆境	代表性地点/区域	气候变化导致的 ME 变化及对应的种质创新。N=负面的，P=正面的，U=未知的（Hodson and White，2007b）
春麦								
1	<40°	32.0	低降雨灌溉型，最冷的季节（3 个连续月份）平均最低温度>3℃，<11℃	温和	秋季	抗倒伏、SR、LR、YR、KB、黑斑菌	墨西哥 Yaqui 河谷，巴基斯坦印度河流域，印度恒河流域，埃及的尼罗河流域	N——温度升高导致大面积小麦种植区变为 ME5 N——亚热带地区降水减少限制了灌溉；补充灌溉导致暂时的干旱期需要抗旱高产的种质（适于 ME1 和 ME4）。 P——由于 CO_2 浓度升高增加水分利用效率，灌溉减少 N——虫害问题增加
2A	<40°	4.0	夏季降水丰富，最湿润的 3 个月平均最低温度>3℃，<16℃；最湿润的季节降水>250mm，海拔 1400m	温和	秋季	ME1 区+抗 LR、YR、PM、RDC、BYD、叶枯病、穗发芽	东非高原，墨西哥和安第斯山脉	N——气温升高导致一部分区域变为 ME5 N——降雨减少导致一些区域变为 ME4
2B	<40°	3.0	冬季降雨丰富，最冷的 3 个月平均最低温度>3℃，<16℃；海拔 1400m	温和	秋季	ME1 区+抗 LR、YR、PM、RDC、BYD、叶枯病，抗穗发芽	地中海沿岸，里海	U——区域内降雨模式的改变将会产生不同的效果 N——不同年度间极端气候的频繁出现需要产量潜力高、广谱抗菌、抗旱的种质
3	<40°	1.7	降水量大，土壤酸性，气候如 ME2，pH<5.2	温和	秋天	ME2 区+耐酸性土壤	巴西 Passo Fundo	N——气温升高导致大面积区域变为 ME5 U——区域内降水模式的改变将会产生不同的影响
4A	<40°	10.0	降水少，降雨主要发生在温和的冬季，最冷的季节平均最低气温>3℃，<11℃；最湿润的季节 3 个月降水>100mm，<400mm	温和	秋季	抗旱，抗叶枯病、YR、LR、SR、RDC、麦瘿蝇、锯蝇	摩洛哥 Settat，叙利亚 Aleppo，土耳其 Diyarbakir	N——温度升高加剧水分亏缺，导致减产或绝收 P——CO_2 浓度升高致使水分利用效率提高，缓解缺水的危害
4B	<40°	5.8	降雨少，主要发生在夏季；最冷的季节平均最低气温>3℃，<11℃；最湿润的季节 3 个月降水>200mm，<500mm	温和	秋季	抗旱，抗叶枯病、LR、SR、赤霉病	阿根廷 Marcos Juarez	N——降雨模式变化，发生干旱的概率增加

续表

ME	纬度	小麦种植面积（Mhm^2）	标准	温度类型	播种期	主要的生物和非生物逆境	代表性地点/区域	气候变化导致的 ME 变化及对应的种质创新。N=负面的，P=正面的，U=未知的（Hodson and White，2007b）
春麦								
4C	<40°	5.8	主要为残留的水分；最冷的季节平均最低气温>3℃，<16℃；最湿润的季节 3 个月降水>100mm，<400mm	热	秋季	苗期抗旱、耐热、抗 SR	印度 Indore	U——区域内降水模式变化将会产生不同的影响
5A	<40°	3.9	高降雨/灌溉，湿润；最冷的季节平均最低气温>11℃，<16℃	热	秋季	耐热，抗长蠕孢属、赤霉病和穗发芽。在巴西、玻利维亚和巴拉圭有麦瘟病	尼泊尔东部 Gangetic 平原，印度，孟加拉及巴西 Londrina	N——气温升高导致大面积的区域不再适宜种植小麦；耕作制度和农业措施使之早播 U——CO_2浓度升高将提高水分利用效率，但冠层温度也会提高，后者将有可能加剧热胁迫
5B	<40°	3.2	灌溉，低湿，最冷的季节平均最低气温>11℃，<16℃	热	秋季	耐热，抗 SR、LR	苏丹 Gezira，尼日尔 Kano	N——气温升高导致大面积的区域不再适宜种植小麦 N——生物胁迫增加 U——CO_2浓度升高将提高水分利用效率，但冠层温度也会提高，后者则有可能加剧热胁迫
6	>40°	11.0	降雨适中/主要集中在夏季，高纬度地区 45°N。最冷的季节平均最低气温<–13℃，最暖和的季节平均最低气温>9℃	温和	春季	抗旱、SR、LR、褐斑病、赤霉病，光周期敏感	哈萨克斯坦，西伯利亚和中国哈尔滨	P——温度升高允许小麦在高纬度种植，麦区可能扩大 P——生长季节延长，使小麦种植边缘区产量增加 P——冻害减少，春麦区变为产量更高的冬麦区
兼性小麦								
7A	<40°	6.0	灌溉	中度寒冷	秋季	灌浆快，耐冷，抗 YR、LR、PM、BYD、腥黑穗、LS	中国河南	U——冷胁迫减轻，可以秋季播种春麦，有可能产量降低，但作物生长周期缩短 P——由于 CO_2 浓度增加，导致水分利用效率提高，灌溉减少
7B	<40°	3.0	灌溉，通常只是补充灌溉	中度寒冷	秋季	抗 YR、腥黑穗、LR、SR、LS	土耳其，伊朗，中亚，阿富汗	U——冷胁迫减轻，可以秋季播种春麦，有可能产量降低，但作物生长周期缩短，使种植模式多样化 P——由于 CO_2 浓度增加，水分利用效率提高，灌溉减少 N——补充灌溉伴以暂时的干旱，需要适应 ME7 和 ME9 的种质
8A	<40°	0.2	降水量超过 600mm，中度寒冷，光周期敏感	中度寒冷	秋季	抗 YR、叶枯病、PM、赤霉病、RDC	智利的 Chillan 地区	U——冷胁迫减轻，可以秋季播种春麦，但作物生长缩短有可能产量降低 U——生物胁迫增加

续表

ME	纬度	小麦种植面积（Mhm^2）	标准	温度类型	播种期	主要的生物和非生物逆境	代表性地点/区域	气候变化导致的ME变化及对应的种质创新。N=负面的，P=正面的，U=未知的（Hodson and White，2007b）
兼性小麦								
8B	<40°	0.5	降水量超过600mm	中度寒冷	秋季	抗YR、腥黑穗、LR、RDC、PM	过渡区和土耳其Trace	U——降雨模式的改变在不同地区的影响不同 N——极端气候出现的频率增加导致对高产、广谱抗病、抗旱种质资源的需求增加
9	<40°	6.8	降水量低，<400mm，主要集中在冬/春季节	中度寒冷	秋季	抗旱，耐冷，灌浆期耐热，抗YR、LR、腥黑穗	西亚和中亚，北非（主要种植非矮秆品种）	U——冷胁迫减少，可以种植春麦，有可能会减产，但生长季节缩短 U——降水模式改变在不同地区可能产生不同的影响 P——CO_2浓度升高，水分利用效率提高，水分亏缺缓解 N——温度升高加剧水分亏缺，可能影响产量，也可能导致绝收
冬麦								
10A	<40°	4.6	灌溉	异常寒冷	秋季	耐寒，抗YR、LR、PM、BYD	中国北京	P——冬季温度升高使冻害减轻，利于增产 N——春季和夏季温度升高加速灌浆 P——由于CO_2浓度升高，水分利用效率提高，灌溉需求减少
10B	<40°	1.6	通常是补充灌溉	异常寒冷	秋季	耐寒，抗YR、BYD、黑穗病、RDC和线虫	土耳其，伊朗和中亚地区	P——冬季气温升高缓解了严重冻害的发生，促进产量增加 N——春季和夏季温度升高加速灌浆 P——由于CO_2浓度升高，水分利用效率提高，灌溉减少
11A	>40°	欠发达地区不显著	降雨量大/灌溉，长季节	异常寒冷	秋季	抗赤霉病、叶枯病、YR、LR、PM、RDC、BYD	欧洲中部和西部，美国西北部	P——暖冬缓解了冻害的严重性
11B	<40°	欠发达地区不显著	降雨量大/灌溉，短季节	异常寒冷	秋季	抗LR、SR、PM、赤霉病、叶枯病、BYD、耐冻，抗穗发芽	欧洲东南部，朝鲜，中国	P——暖冬缓解了冻害的严重性
12	<40°	7.9	降水量低，为300～450mm	异常寒冷	秋季	耐冻、抗旱、灌浆期耐热；抗YR、腥黑穗病、线虫、RDC，耐低锌，在伊朗、土耳其主要种植非矮秆品种	土耳其安卡拉，西亚和中亚，中国	P——暖冬缓解了冻害的严重性 P——CO_2浓度升高，水分利用效率增加，减轻缺水危害 N——极端干旱发生的频率增加 N——虫害问题增加

注：作物水分条件是指作物生长周期开始之前或生长期间的降水。高为>500mm；低为<500mm。温度类型：热为最冷月平均气温>17.5℃；冷为<5.0℃。生物胁迫：LR为叶锈病；SR为秆锈病；YR为条锈病；PM为白粉病菌；BYD为大麦黄矮病；LS为小麦散黑穗病；KB为卡纳尔腥黑穗病；RDC为根病复合物。LDC为欠发达国家

典型的热胁迫环境被分类为 ME5 麦区，又被细分为湿润区（ME5A）和干旱区（ME5B）。耐热性已处极限的小麦生长地区，如尼泊尔的恒河平原东部、印度和孟加拉国等，最可能遭受并可见到大面积的缩减。与此类似，处于温带的 ME1，将有很大面积土地过渡到 ME5 麦区。然而可以预见 ME1 受到的正面影响是由于 CO_2 浓度增加导致粮食增产，以及与之相伴的水分利用效率的提高。

在高海拔、高降水的环境（ME2A）将经历面积的缩减，因为高海拔地区原本适于小麦生长的温度将被不断升高的温度所取代。来自埃塞俄比亚的农业气候研究发现，目前小麦的种植面积主要以高温定界，而气候变暖将导致适于小麦种植的耕地大量减少（White et al.，2001）。如果目前种植的小麦品种耐热性能提高 2℃，那么高原周围小麦的种植面积将增加一倍。对于巴西的酸性土壤地区（ME3），气温升高将进一步加剧与 ME5 类似的胁迫。全球气候变暖影响最大的将是 ME4 麦区，高温和干旱常常伴生，这种气候变暖和水分亏缺将直接导致降雨减少的 ME4 不适于种植小麦。如果气温升高 2℃，这种趋势将会被 CO_2 浓度升高所带来的粮食增产和水分利用效率的提高部分抵消。

哈萨克斯坦、俄罗斯西伯利亚、中国、美国和加拿大位于 45°N 以北的高纬度冷凉春麦区（ME6），可能因全球气候变化的效应而受益。气温变暖有利于提前播种，并减少后期冻害的机会。随着冬季冻害的减少，一些地区将转变为产量更高的冬麦区（ME10～ME12）。类似情况已经在俄罗斯发生，在那里传统的春麦区如今的冬麦面积已经超过春麦（A.I. Morgounov，Turkey，2009，个人通讯）。小麦播种面积扩大北移也成为可能（Ortiz et al.，2008）。由于整个 ME6 气温较低，CO_2 浓度升高可能有益于作物生产力和水分利用效率的提高。

ME7～ME9 是兼性小麦种植区，它介于春、冬麦之间，当冷害减少时更适于种秋-冬季播种的春小麦。一些 ME7 区域将会种植适于 ME1 麦区的品种。在这种环境下，外界环境对产量潜力的影响更不确定，但由于生长季节缩短，为作物多样化栽培创造了条件。

静态定义 ME 的缺点是没有考虑这样的事实，即 ME 倾向于年度间的变化和气候模式的波动。特别是在 M2（高降水春麦区）和 ME4（雨养春麦区），还包括 ME1（灌溉区）和 ME5（炎热灌溉区）都是变化的。类似 ME2、ME4 经历的变化在不同地点间发生的频率是不同的。气候变化将会增加暴雨、干旱、洪水和极端天气发生的频率和强度，从而改变水分环流和降水（Ortiz et al.，2008）。这种气候将会威胁农业生产体系的可持续发展，尤其是在发展中国家。适应性广、抗逆性强的品种与可持续的作物和自然资源管理的有机结合，将成为农民提供应对气候变化的良方，也将使全球的消费者受益。

四、广适应品种：缓冲气候变化的影响比以往任何时候更重要

Reynolds 和 Borlaug（2006）讨论了 CIMMYT 小麦育种对国际小麦改良协作组织的影响。CIMMYT 的小麦育种基本原理和方法包括三项重要内容，即在大范围多种环境条件下，培育高产和稳产的种质。广适应的概念一直遭到人们的批评，而区域性或特殊的适应性则受到倡导。然而，我们相信培育大范围多种环境广适应的品种已经变得越来越重要，这种品种能够应对发生在某地多年间的极端气候或农民田间的变化。例如，北非小麦生产的年际波动时常发生于干旱的 ME4 和高降雨的 ME2 环境间（D. Hodson，

Mexico，2007，个人通讯）。

国际多环境区试系统（international multi-environment nursery system）是鉴定和推出大范围广适应小麦品种的最好机制（Rajaram and Ceccarelli，1998）。CIMMYT 小麦育种项目非常重视培育在多种环境下稳产的小麦品种，这些由参与 IWIN 的国家农业研究系统（NARS）成员检测鉴定的品种具有进一步提高耐热性和耐寒性的遗传基础。空间适应性可以通过参试材料在地理上完全不同的国家和洲种植的稳定表现来确定，或通过种在农民不均一的田地里得以鉴定。大多数情况下，广适应作物种质不仅做出了回应，而且是高效的（Braun et al.，1996；Manske et al.，2000）。这种稳定性在不同年际间也可能暂时表现。

气候变化将引起土壤微生物系统、杂草、昆虫及病害发生与分布的变化（Easterling et al.，2007）。据估计，病虫害引起的减产对小麦是 28%，对玉米是 31%，对水稻是 37%。如果不进行有效的植物保护，3 种作物减产将分别达到 50%、67%和 77%。在病虫害以前不严重的地方，未来也可能大规模发生。在潜在的危险地区，针对特定病害开展优异品系筛选是发掘抗病种质资源的有效途径。抗 Ug99 小麦品系的培育就是一个很好的例证。目前，世界范围内绝大多数小麦品种对 Ug99 都是敏感的。一些小麦秆锈病比较严重的国家已经将 40 000 份材料送到肯尼亚进行抗病性鉴定，筛选到的抗病材料现已成倍增加。在潜在的危险地区对特定病害抗性的筛选发现了大量广适性种质，缓冲了主要的生物胁迫。例如，在北非进行的硬粒小麦叶锈病和叶枯病（*Septoria tritici*）抗性筛选，在厄瓜多尔和西亚开展的条锈病抗性鉴定，在拉丁美洲的南部锥状地区（Southern Cone）开展的面包小麦复杂病害抗性筛选，包括如镰刀菌属（*Fusarium*）引起的赤霉病、叶枯病和壳针孢菌引起的霉病等，在中国进行的赤霉病抗性鉴定，在恒河平原东部进行的斑枯病抗性鉴定等。所谓前瞻性育种就是培育能够抗小麦种植区目前尚未出现，但未来有可能传播到这一地区的病害的小麦新品种。前瞻性育种是保障粮食安全的重要策略。

农业用水总量超过了世界淡水资源的 80%，其中 90%的灌溉小麦种植在欠发达国家（Brown，2004）。小麦生长季节遭受短期或部分干旱的风险正因此而增加。由于在特定地区极端降水发生的频率不断增加，这些地区的小麦生产环境将在 ME4（旱地）和 ME2（高降水）之间波动。由于在播种季节一个地区的气候不可预知，农民迫切需要在多种生产环境下具有应对环境胁迫和高产性能的新品种。因此，需要培育在气候湿润的年份能充分利用土壤水分，在降水少的年份具有抗旱性的品种。

CIMMYT 培育了一批在适宜条件下产量潜力高，而在干旱或水分亏缺环境下又有一定抗旱性的小麦种质材料。许多 CIMMYT 的衍生品种已经在灌溉、雨养和易干旱等环境下被应用，包括‘Pavon 79’、‘Seri 82’和‘Attila’等的衍生品种（Skovmand et al.，1997）。Blum（2005）为我们提供了成功的例证，他在抗旱育种评述中总结道：在一定的生物学限制因素中，如果将一个高产的基因型和一个能适当避旱，但与低产无关联的性状，如渗透调节进行重组，则有可能筛选到既抗旱又高产的小麦品种。

气候变化的主要因素，包括气温升高和 CO_2 浓度增加，干旱、病害发生频率及土壤微生物的变化等，均会对世界小麦产区产生较大的影响。气候变化对小麦影响的效应因地域不同而异。总体而言，高纬度地区小麦生产最初将会受益，而低纬度地区则会因气温升高而减产（表 1.3），其中可能受影响最严重的地区包括亚洲的低海拔地区，中国、印度、孟加拉国、尼泊尔、伊朗、埃及、苏丹、巴西和巴拉圭等国的低洼地，北非国家将会因旱季的延长而面临小麦减产。对于欠发达国家的育种家而言，培育抗旱、耐热小麦品种将是他们现阶段面临的主要挑战。

表 1.3 小麦产量对温度升高的平均敏感度

适应措施	中-高纬度地点			低纬度地点		
	温度升高（℃）					
	1～2	2～3	3～5	1～2	2～3	3～5
+	20	18	5	7	–14	–25
–	5	5	–18	–4	–16	–40
差异	15	13	23	11	2	15

注：地点被分为低纬度，或中到高纬度。实验分为有（+）和无（–）适应措施来补偿温度升高的作用。这些研究中的适应措施包括调整播种期、更换品种、雨养至灌溉条件变化。研究内容含一系列降水和 CO_2 浓度变化，以及代表未来气候变异中的明显变化（见 Easterling et al.，2007 中的全部参考文献）

五、作物 ME 作为育种工具的前途

ME 概念的局限性在于其本身的随机性。现实中特定地点在不同年度间的条件差异很大，同时农民的田地在空间上也存在很大的差异。水分和气温相结合定义了生物逆境和非生物逆境的发生，ME 的概念对定义在特定 ME 内具有特殊性状组合的种质非常有用。

为了更好地确定未来种质开发的目标，需推敲 ME 以提出不同生产系统的特殊需求。GIS 和遥感技术是非常有力的工具，可用于分析生物-物理参数并对环境进行分类，估算降水的概率范围，以及通过评估微量营养元素亏缺、毒性和 pH 等土壤参数来描述环境特征（Hodson and White，2007a；Lobell and Ortiz-Monasterio，2007）。

Cooper 和 Fox（1996）建议使用探针基因型作为一种间接方法来描述环境特征。尽管这种方法受限于合适的对比基因型，而且针对不同性状使用不同的对比基因型可能导致环境特征的改变，但 Mathews 等（2004）曾用两对对比基因型（最理想的是近等基因系）分析 14 个适应性的相关性状，并确定了有助于环境分类的环境特异因子。

遥感和建模结合起来将进一步增加环境分类的选择方法。Lobel 和 Ortiz-Monasterio（2006a，2006b，2007）曾用建模和遥感来估算作物产量和昼夜温度对产量的影响。Sutherst 等（2000）通过建模来估算特定环境下病虫的伤害率。

有人建议根据前面描述的方法来进行环境分类，包括主要生物和非生物限制因子，以及其他被农民采用的重要适应性状（W. H. Pfeiffer，Colombia，2009，个人通讯）。考虑到每个性状的有利遗传变异和遗传力及标记的可利用性，可以计算出通过育种干预找到解决方案的概率和成功率。这种分类方法也显示在那种环境下，如果所关注的性状没有或不具充分的遗传变异，提高产量的最大进展将来自农学或基因型的管理干预。针对重要的生产系统，可以根据其相关因子开发一种指标，进而设定最大程度干预的优先权和配置资源。

ME 的概念已经被证明在描述主要小麦生长区域和定义种质池方面是很成功的，这些种质池拥有良好的相关性状组合，包括综合适应性（物候学）、耐或抗流行性的生物和非生物胁迫，以及加工品质等。由于气候变化导致年际之间的气候条件突显更大变化（IPCC，2007），广适性品种对缓冲不可预测的气候胁迫，如干旱、高温、冷害等非常重

要，同时对农业生态环境有利于作物生产的年份做出响应。为筛选这样的品种，多点鉴定仍是最高效的方法，因为它允许用空间变异来取代时间的变化。由于 ME 是跨洲定义的（图 1.1），因此非生物和生物胁迫发生的区域和年际间的波动彼此抵消。优异的品系可以在同一年进行多点鉴定，其中对多变环境适应性最强的材料可以选出来作杂交亲本，或用作苗头品种进一步试验。国际鉴定网络免费交换获取种质资源，并进行多点检测，是策划和致力于培育适应全球气候变化所引起的多变生长环境的小麦、水稻和玉米种质的基石。

参 考 文 献

Blum, A. (2005) Drought resistance, water use-efficiency and yield potential – are they compatible, dissonant or mutually exclusive? *Australian Journal of Agricultural Research* 56, 1159–1168.

Braun, H-J., Rajaram, S. and van Ginkel, M. (1996) CIMMYT's approach to breeding wheat for wide adaptation. *Euphytica* 92, 175–183.

Brown, L. (2004) Outgrowing the Earth: The food security challenge in an age of falling water tables and rising temperatures. Earth policy Institute, Washington DC, USA.

Cooper, M. and Fox, PN. (1996) Environmental characterization based on probe and reference genotypes. In: Cooper, M. and Hammer, GL. (Eds.). *Plant Adaptation and Crop Improvement,* CAB Int., UK. p 529–547.

Easterling, WE., Aggarwal, PK., Batima, P., Brander, KM., Erda, L. Howden, SM., Kirilenko, A., Morton, J., Soussana, J-F., Schmidhuber, J. and Tubiello, FN. (2007) Food, fibre and forest products. Climate Change 2007: Impacts, adaptation and vulnerability. Contribution of Working Group II to the Fourth Assessment Report of the Intergovernmental Panel on Climate Change, Parry, ML., Canziani, OF., Palutikof, JP., van der Linden PJ. and Hanson, CE. (Eds.) Cambridge University Press, Cambridge, UK, 273–313.

FAO-STAT (2009) Available at: http://faostat.fao.org/site/339/default.aspx (accessed 22 September 2009).

Hodson, D. and White, J. (2007a) Use of spatial analyses for global characterization of wheat based production systems. *Journal of Agricultural Science* 145, 115–125.

Hodson, D. and White, J. (2007b) Climate change: What future wheat? In: Dixon, J., Braun, H-J. and Kosina, P. (Eds.) *Wheat Facts and Futures* 41–48. Mexico, D.F.: CIMMYT.

IPCC (Intergovernmental Panel on Climate Change) (2007) "Fourth Assessment Report of the Intergovernmental Panel on Climate Change: The impacts, adaptation and vulnerability (Working Group III)." Cambridge University Press, New York.

Lantican, MA., Dubin, HJ. and Morris, ML. (2005) *Impacts of International Wheat Breeding Research in the Developing World,* 1988–2002. Mexico, DF: CIMMYT.

Lillemo, M., van Ginkel, M., Trethowan, RM., Hernandez, E. and Crossa, J. (2005) Differential adaptation of CIMMYT bread wheat to global high temperature environments. *Crop Science* 45, 2443–2453.

Lobell, DB. and Ortiz-Monasterio, I. (2006a) Regional importance of crop yield constraints: linking simulation models and geostatistics to interpret spatial patterns. *Ecological Modelling* 196, 173–182.

Lobell, D. and Ortiz-Monasterio, I. (2006b) Evaluating strategies for improved water use in spring wheat with CERES. *Agricultural Water Management* 84(3), 249–258.

Lobell, D. and Ortiz-Monasterio, I. (2007) Impacts of day and night temperature increases on spring wheat yields: a comparison of empirical and CERES model predictions in three locations. *Agronomy Journal* 99, 469–477.

Manske, GGB., Ortiz-Monasterio, I., van Ginkel, M., González, RM., Rajaram, S., Molina E. and Vlek, PLK. (2000) Traits associated with improved P-uptake efficiency in CIMMYT's semidwarf spring bread wheat grown on an acid Andisol in Mexico. *Plant Soil* 221(2), 189–204.

Mathews, KL., Chapman, SC., Trethowan, RM., Pfeiffer, WH., van Ginkel, M. and DeLacy, I. (2004) International adaptation trial: Using probe and reference genotypes to characterize global spring wheat production environments. In: *Proceedings of the 4th International Crop Science Congress*, Brisbane, Australia.

Nature Genetics. (2009) Editorial. *The cup half empty*. Vol. 41, 6.

Oerke, EC. (2006) Crop losses to pests. *Journal of Agricultural Science* 144, 31–43.

Ortiz, R., Sayre, KD., Govaerts, B., Gupta, R., Subbarao, KD., Ban, T., Hodson, D., Dixon, JM., Ortiz-Monasterio, I. and Reynolds, M. (2008) Climate change: can wheat beat the heat? *Agriculture, Ecosystems and Environment* 126, 46–58.

Rajaram, S. and Ceccarelli, S. (1998) International collaboration in cereal breeding. In: *Wheat: Prospects for global improvement.* Braun, H-J., Altay, F., Kronstad, WE., Beniwal, SOS. and McNab, A. (Eds.). Kluwer Academic Publishers. Dordrecht, The Netherlands. p. 533–537.

Rajaram, S., van Ginkel, M. and Fischer, RA. (1994) CIMMYT's wheat breeding mega-environments (ME). In *Proceedings of the 8th International Wheat Genetic Symposium.* Beijing, China. Pp. 1101–1106.

Reynolds, MP. and Borlaug, NE. (2006) Impacts of breeding on international collaborative wheat improvement. *Journal of Agricultural Science* 144, 3–17.

Skovmand, B., Villareal, R., van Ginkel, M., Rajaram, S. and Ortiz-Ferrara, G. (1997) Semidwarf bread wheats: names, parentages, pedigrees, and origins. Mexico, D.F.: CIMMYT.

Sutherst, RW., Maywald, GF. and Russell, BL. (2000) Estimating vulnerability under global change: modular modelling of pests. *Agriculture, ecosystems and environment* 82, 303–319.

Trethowan, RM., Hodson, D., Braun, H-J. and Pfeiffer, WH. (2005) Wheat breeding environments. In: Dubin, J., Lantican, MA. and Morris, ML. (Eds.) *Impacts of International Wheat Breeding Research in the Developing World*, 1988–2002. p 4–11. Mexico, D.F.: CIMMYT.

Trethowan, RM., Reynolds, MP., Ortiz-Monasterio, JI. and Ortiz, R. (2007) The genetic basis of the green revolution in wheat production. *Plant Breeding Reviews* 28, 39–58.

White, JW., Tanner, DG. and Corbett, JD. (2001) An agro-climatological characterization of bread wheat production areas in Ethiopia. NRG-GIS Series 01-01. Mexico, D.F.: CIMMYT.

（毛新国 译）

第二章 生理学在耐热和抗旱育种中的应用

Matthew Reynolds[1]，Yann Manes[1]，Greg Rebetzke[2]

摘 要

理想性状特征概念模型已应用于小麦育种中，以聚合互补生理性状（PT）。PT 育种的主要步骤包括对具有适应机制的潜在亲本的描述，利用携带尽可能多的目标性状的亲本的战略性杂交，以及对冠层温度（CT）的早代群体选择（EGS）。其他经得起高通量检验的 EGS 技术包括测量光谱反射指数和与气孔相关的性状。外来亲本（包括地方品种和种间杂交材料）可以用来向目标材料导入新的等位基因，这两类外来亲本材料均已用于向 CIMMYT 小麦种质导入逆境适应性相关性状。即使是不适应目标环境和外来的种质，其生理性状表现在种质开发中都可用作基础材料以培育有应用前景的种质资源。揭示生理性状的遗传基础是非常复杂的，因为假定的数量性状位点（QTL）可能与环境、遗传背景（包括主效基因）互作。对于作图群体而言，由于开花期受到人为选择控制，因此 QTL 检测结果得到很大的改善。设计新的作图群体时，可以通过筛选那些在 *Rht*、*Ppd* 或 *Vrn* 等位基因上不存在明显差异的材料作为亲本开展杂交。关联作图可用于从特异农艺性状得到改良的材料中发掘新基因。

一、引 言

尽管生理学研究涵盖了健康植物所有的生长现象，但只有那些可能影响经济效益的，并且存在明显遗传变异的性状才可能被考虑应用于植物育种。许多这类性状在植株的整体或器官水平均有表达（Araus et al.，2002；Slafer et al.，2005；Richards，2006），而生物技术的发展则促进了在细胞和代谢水平鉴定有应用前景的性状（Chaves et al.，2003；Umezawa et al.，2006；Barnabus et al.，2008）。

虽然在大多数春麦种植区（包括较差的环境条件下），小麦高产稳产育种取得了很大进步（Lantican et al.，2003），但 CIMMYT 仍以在众多离散分布的干旱和热胁迫的大环境中开发种质为目标（Braun et al.，2010）。这些非生物逆境因子代表了未来气候情境下农作物适应环境的两个最大的挑战，对此而言，生理学方法有望弥补传统方法的不足（Reynolds et al.，2010）。

植物生理研究可聚焦于获得作物改良的短期和长期影响。育种实践中直接短期的干预包括：①对基于战略性性状的杂交亲本进行特性描述；②利用高通量筛选技术进行早代选择经济可行，该方法在产量比较试验之前改变后代中有利适应性性状的基因频率；

---

1 CIMMYT，墨西哥
2 CSIRO 植物所，堪培拉，澳大利亚

③在遗传资源中检测有用的生理性状（遗传资源中总的农艺性状可能很差）。长期干预方面，生理学研究侧重于揭示农作物适应环境的生理和遗传基础，包括：①开发生理性状表达的模型；②解析性状表达的基因型和环境互作；③通过设置足够的试验对照开展遗传学研究，精确鉴定标记，促进其在分子育种中的应用。

二、基于性状的杂交

基于性状杂交的目的是聚合能与特定目标环境互补的性状。为确保杂交能够成功，应根据以下条件定义目标性状：①合适的发育时期；②性状适应的目标环境属性；③在作物各生长周期范围内均对产量具潜在贡献。根据这些标准研发了概念模型。例如，在有限水分条件下，能提高水分吸收、水分利用效率和产量性状的可能协同作用，从而保证目标环境中的产量最大化（图 2.1）。在育种实践中，性状聚合主要涉及以下干预活动。

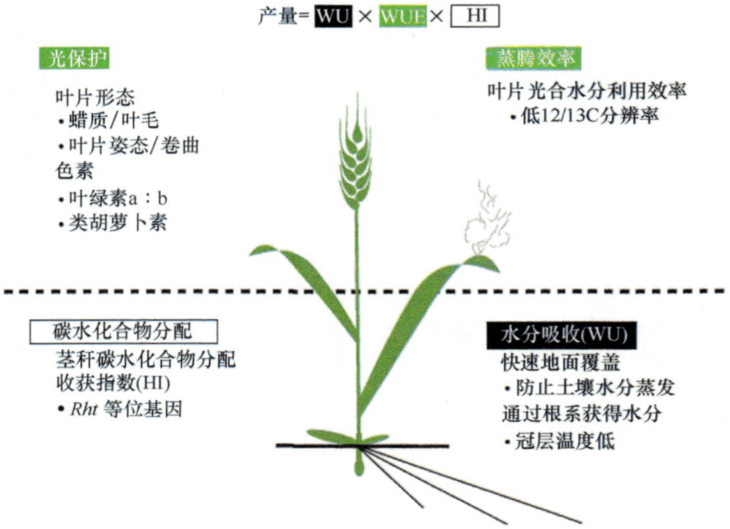

图 2.1　CIMMYT 在小麦策略性杂交过程中使用的生理特征普通概念模型，整合了小麦育种中的互补干旱适应性状（修改自 Reynolds et al.，2009）

HI：收获指数；WU：水分吸收；WUE：水分利用效率

- 探知有助于提高潜在亲本在目标环境下遗传增益的所有性状特征。在适当范围的选择环境中，探知那些在目标区域内能强有力表达、表现明显的基因型和环境互作（G×E）的特征性状。
- 设计杂交时双亲应携带尽可能多的目标性状。除适应逆境因子外，杂交策略一定要考虑亲本对一系列生物逆境的抗性、品质参数和物候学特征。顶交可用于促进性状聚合。
- 在 F_2 代选择时考虑简单遗传的性状，如在充分供水条件下表达的抗病性、株高、物候学特征。
- 筛选早代群体的冠层温度（CT），通过与对照比较，可以淘汰冠层温度较高的家系。

CIMMYT 基于杂交的生理性状（PT）的投资已有产出，得到了许多小麦高代品系。根据这些品系在育种家旱地试验中持续优良的表现，已将其作为第 27 次半干旱地区小麦筛选圃（WAWSN）材料的一部分分发下去（Reynolds et al.，2009）。PT 策略的基本假设是，杂交双亲携带不同的，但有潜在互补性的生理性状，在其选择的杂交后代中可以实现基因聚合，但重要的警告是有些性状可能与遗传背景和环境互作（Reynolds and Tuberosa，2008）。

研究案例 1

在已育成 PT 高代品系的情况下，有可能在控制环境下通过种植一组 PT 品系及其亲本一起评价其性状表现来检验这个假设，其亲本来自：①包括一个适应干旱的墨西哥地方品种的三重杂交；②两个优异材料间杂交。在干旱条件下，从三重杂交（WBLL4/OAX93.24.35/WEEBILL1）后代中筛选的材料比表现最好的亲本在产量和生物量方面分别提高了 5.6%和 5.5%。第一个亲本 WBLL4 携带高生物量、高蒸腾效率性状——即具有相对较低的碳同位素分辨率（CID）（Condon et al.，2004）和高叶绿素含量，这是一个与高粱延迟衰老或者持绿性相关的性状。第二个亲本 OAX93.24.35 是一个地方品种，它携带着低冠层温度相关性状（能从深层土壤中获取水分），在开花期具有高的茎秆碳水化合物含量，这有利于灌浆期向籽粒的转运。第三个亲本 WEEBILL1 的早期活力高（能有效降低土壤水分散失）、CT 低（与获取深层土壤中的水分相关）、叶片蜡质多（与光保护相关）。这些资料表明，三重杂交后代遗传了除高叶绿素含量外的所有优良性状。在连续 3 年干旱的情况下，该品系在墨西哥西北部的干旱试验中表现出较高的产量和产量潜力，并被选送参加第十七届半干旱地区小麦产量试验（SAWYT）。在优异材料间的杂交中，WEEBILL1 同样也被用作亲本，并且贡献了如上所述的相同性状。而 Sokoll 则贡献了高生物量、低碳同位素分辨率和高叶绿素含量等性状。由此产生的 3 份后代材料携带了除高叶绿素含量的所有优良性状，有时它们的表现优于最好的亲本（如获取水分和茎秆碳水化合物）；同时也表现出与亲本相似的产量和优于最好亲本的生物量（+13%）。3 个姊妹系都被选入第 27 批 SAWSN。上述两个试验均证明，PT 杂交可以实现优良性状的聚合，得到在干旱条件下增产的杂交后代（Reynolds et al.，2005，2007a；Reynolds and Tuberosa，2008）。

为确保小麦杂交的针对性，考虑到生理性状介入育种过程，应将候选亲本的特性描述放在首位，其原因如下。首先，性状测定方面必须要有大投入，一旦完成了首次特性描述，相关信息就可在随后的多轮杂交中继续使用。其次，由于杂交区组的群体数量相对较小（典型的是每个目标环境约 100 个株系），即使是相对较费时测定的性状，如土壤水分的丢失或茎秆碳水化合物含量，也能被详细地描述。然而对每次杂交而言，早代材料需要进行生理特性描述的个体数量可能达数百个，甚至上千个，因此需要有与可视筛选类似的高通量筛选方法，在相似的时间框架内完成选择。

三、早代筛选

在早期世代保持较大的分离群体是植物育种中资源密集型的一个方面。在此阶段，利用能够有效区分不同株系生理性状的技术可提高筛选效率——通过淘汰劣质材料和/或提高有用性状优势表达相关基因的频率。一双训练有素的眼睛能同时将多种表型性状综合在一起，并用来描述在农学上有用的植物的特征，因此要想超过这样一个人的筛选效率非常困难。然而，一些生理方法可以扩展其范围，如测量 CT 的红外检测仪，或高分辨率的光谱反射仪等都是能适应高通量筛选的技术平台，具有与视觉筛选相似的效率（图 2.2）。

图 2.2 早代筛选方法

A. 目测筛选；B. 叶片气孔计；C. 冠层温度；D. 光谱反射

（一）冠层温度

1982 年，Blum 和他的同事首次报道了用红外成像技术来量化不同基因型小麦的 CT 值，并表明，在炎热和灌溉条件下该方法能非常有效地预测高温、干旱及灌溉条件下农作物的产量（Reynolds et al.，1994）。在干旱条件下，该性状能解释随机近交系近 60% 的产量变异；此方法已经成为从事耐热和抗旱育种的育种家重要的筛选工具（Trethowan and Reynolds，2007）。由于 CT 测量简单、快速，且成本低廉，因此是一个多方面的、理想的生理选择性状（Cossani et al.，第六章）。CT 是一个综合性状，可同时检测多个叶片，有效降低由于叶片间的变化所带来的误差。该方法最大的缺点是测量时对环境变化太敏感，只有在相对无云、无风的天气条件下才能得到比较可靠的数据。

研究案例 2

在 CIMMYT 的干旱条件下，育种家已在 F_4 群体营养生长晚期和灌浆期评估 CT，那些 CT 值始终较低的材料被假定为符合目测标准而被筛选出来。由于 CT 值与干旱条件下材料获取土壤水分的能力显著相关（Lopes and Reynolds，2010），因此借助 CT 值选择最可能提高与深层土壤水分吸收相关的根系性状基因的频率。在炎热的环境下低冠层温度与产量相关，CT 也因此成为从高代品系中筛选能适应多个热胁迫环境材料的强有力工具（图 2.3）。例如，在比较目标环境（苏丹、印度、孟加拉国）和选择环境（墨西哥西北部）中产量与 CT 的相关性时，发现两个性状分别可以解释 60 份小麦高代品系中约 40%的产量变异（Reynolds et al.，2001）。然而，测定 CT 值所使用的是成本不足 200 美元的仪器，用时不到 10s，测定范围只是 $2m^2$ 的小区，而不是产量区试的 $8m^2$ 的小区，同时后者需要 1min 来收获和称重。此处并非说 CT 可以取代产量评估，而是说明用一些非直接的选择方法可以提高选择效率。另外，比较产量试验中用目测标准和用 CT 结合目测标准的优点，就会发现后者能筛选到产量潜力更高的基因型（图 2.4），说明结合的方法具协同作用。

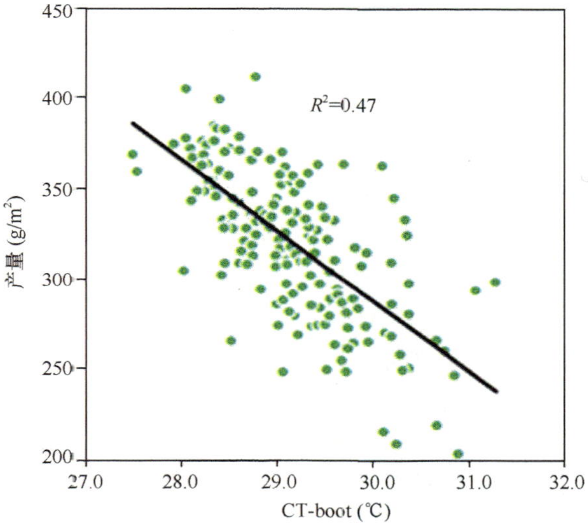

图 2.3　在墨西哥西北部炎热的灌溉条件下，Seri/Babax 姊妹系产量和冠层温度间的相关性
CT-boot：拔节期冠层温度

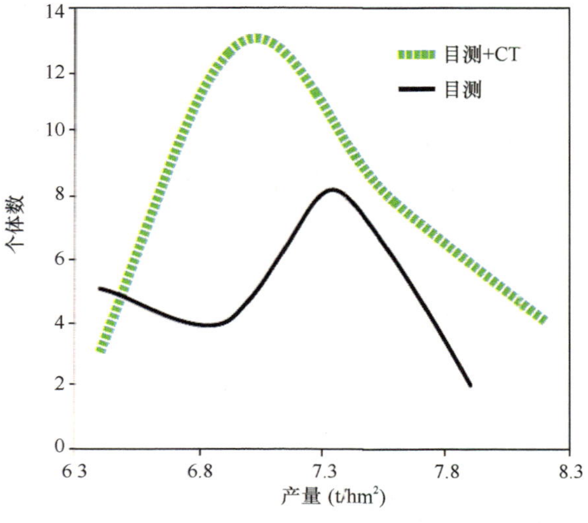

图 2.4　在墨西哥西北部利用目测或目测与生理指标（CT）结合的方法筛选得到的品系的产量（van Ginkel et al.，2008）

冠层温度是一个重要的诊断性状，在多种环境下与产量相关，能反映一个基因型对环境相对的适应能力。类似 CT 的综合性状可结合几种重要的生理和病理反应机制（Araus et al.，2002）。例如，当在早代测定遗传多样性材料时，在炎热的灌溉条件下，可能发现低冠层温度与多种重要的性状有关，这可能包括：①在高度水汽压亏缺条件下根系能满足蒸发的需求；②内在的高辐射利用效率（radiation-use efficiency，RUE）；③在全生育期维持 RUE 和绿叶面积的光保护机制。通过战略性地测量 CT 值，如在不同的物候期和一天内不同时间点测量，能够检测和淘汰掉上述 3 个方面中任意一方面存在不足的基因型，而那些冠层温度始终低的基因型，如果其他农艺性状能被接受就可以将其提升到下一代。与此类似，在干旱条件下，冠层温度低可能与在特定环境下利用深层土壤水分这一性状的遗传潜力直接相关；而在其他条件下，如微量营养元素缺乏，或土传病害影响根系生长等，只能发掘那些携带相关基因的低 CT 值基因型。

（二）光谱反射

借助 CT 测定将育种家的视力拓展到了红外线的范围，而光谱反射仪则能以很高的分辨率检测更宽的冠层光谱反射范围（基础的辐射测定仪测量范围是 400～1100nm）。利用不同的波长已经计算出与多种性状相关的数十种指标（Araus et al.，2001），包括绿色面积指数（Tucker and Sellers，1986）、叶片色素组成（Chappelle et al.，1992），以及在 950nm 波长附近反映水分强烈吸收的水分指数（Peñuelas et al.，1993）。然而，一些指标对检测性状反应灵敏，如地面覆盖也可以目测，而辐射仪则提供了非常便捷的标准化估测方法。其他指标，例如，与色素组成相关的指标太专一，由于人眼对波长的分辨率有限而不能目测，同时还有一些其他指标也在可视范围之外。多位研究人员发现，在一定的水分胁迫（Aparicio et al.，2000；Royo et al.，2003；Guttierez-Rodriguez et al.，2004；Babar et al.，2006a）和灌溉环境（Babar et al.，2006b）下，光谱指标和基因型的产量存在相关性。也可参见第七章（Mullan）。

研究案例 3

对高产条件下的基因型进行比较，发现一个由水分指数衍生的参数可以作为估算当季相对生物量的指标（Babar et al.，2006c）。这为育种家在关键生长阶段从育种材料中筛选高生物量株系提供了可能，以前认为它是测试方法精细的性状，甚至不予考虑。水分指数，NWI-3，不仅与干旱条件下的产量相关，还和一系列与水分参数的基因型差异相关，包括叶片水势（ψ_{leaf}）、冠层温度、土壤水分吸收，甚至根系的深度（Gutierrez et al.，2010）。

四、新遗传资源的鉴定

复杂性状的遗传改良主要是通过改良品系之间的杂交，在后代中筛选表达高目标性状值的株系，从而实现有利等位基因的累积，即超亲分离。然而亲本间关系越近，聚合新等位基因的概率越低。利用外来亲本能增加等位变异的多样性，从而可在后代中鉴定和筛选到新的、有利的等位基因和等位基因组合。根据育种利用的难易程度，人们定义了不同的基因库（Skovmand et al.，2001；Trethowan and Mujeeb-Kazi，2008）。最容易利用的是以种质资源为代表的初级基因库，它拥有与主流基因库相同的基因组，但与后者隔离，如地方品种。

（一）初级基因库

在育种工作中，来自地方品种的抗虫抗病基因资源已经得到了充分利用（Cox，1991），但是直到最近这些材料在小麦非生物逆境适应性方面的潜在贡献才得到系统的探索。一个很好的例子是来自墨西哥，当地的地方品种由西班牙定居者引进，随后种植在全国范围内的雨养环境下，最后收集起来作为遗传资源。实际上这些群体已经经历了500 代的自然和人工选择，最近在控制的田间条件下对幸存基因型进行了非生物逆境适应性筛选。

研究案例 4

对 3000 多份墨西哥地方品种在干旱条件下的产量筛选表明，这些材料间存在很高的表型多样性；DNA 指纹图谱确认地方品种与对照品种之间，以及地方品种之间都存在着显著的变异（Reynolds et al.，2007b）。测定了这些被选地方品种特定的干旱适应特性，其中包括从深层土壤吸取水分的能力。如上所述，被选出的地方品种已被用于 CIMMYT 的抗旱杂交项目，使用双亲本和单回交的方法得到了特别适应干旱环境的高代品系。这个例子说明了如何利用生理手段精确地找到优势表达特异生理性状的个体基因型，从而增加传统基因库中干旱适应特性的遗传基础。

（二）次级基因库

通过基因组关系较近的种间杂交引入胁迫适应性状的新等位变异是一个更具挑战性的方法。为再创造六倍体面包小麦，人们用四倍体硬粒小麦和 D 基因组的供体种材料粗山羊草杂交（Trethowan and Mujeeb-Kazi，2008）。虽然所谓的“合成”或“再合成”小麦具有适应水分亏缺环境的重要新变异，但最初的人工合成小麦在干旱条件下的产量并不一定优于现代育成品种，但能够与传统品种自由杂交，其后代中能够适应干旱胁迫的株系比例很高。

研究案例 5

最近，人们在水分胁迫和灌溉条件下对合成小麦的衍生系及其轮回亲本进行了生理学方面的比较，发现高产和高生物量与 1.2m 以内土层中水分吸收的增加量相关，平均水分利用增加了 11%（Reynolds et al.，2007b）。尽管合成小麦在其不适应的环境下没有产量优势，但这一结果可以用于筛选具有相同特性的初始合成小麦。

（三）三级基因库

三级基因库主要由一年生和多年生的草类属组成，从三级基因库中转移基因需要特殊的技术。暂且不谈技术困难，开发这些材料的主要难题是推测表型从一个基因组转到另一个基因组的不确定性。然而与复杂性状相比，遗传上比较简单的生理性状（如渗透调节、蒸腾效率和耐热代谢）和扎根深度这样的特性则很少表现为基因组间互作，因此可筛选三级基因库中物种的某些与非生物逆境适应相关的性状。

五、遗传资源潜能的量化

在考虑广泛的遗传背景时，与对照材料相比，许多胁迫适应性状常常在各自的遗传资源中优势表达，如蒸腾效率、茎秆可溶性碳水化合物含量、深层土壤水分的获取等。

研究案例 6

为量化这些性状的理论值，确定它们在对照背景下是否表达，我们做了一些尝试，发现单一性状和多个性状结合的协同作用能适度提高产量（图 2.5）。该试验的完整结果由 Reynolds 等（2007a）报道。总之，与收获指数（HI）相关的性状，包括 HI 本身和灌浆期茎秆碳水化合物的转运潜力，在遗传资源中通常较对照优先表达。在干旱和热胁迫条件下，较对照更低的冠层温度也在一些遗传资源中表达，说明提高了干旱条件下水分利用的潜力和热胁迫下的辐射利用效率（通过增加气孔导度）。此外，某些遗传资源的蒸腾效率和光谱指数 RARSc（与光保护类胡萝卜素相关的反射光谱比率分析）分别在干旱和热胁迫条件下优势表达。此外，主成分和多重回归分析证明不同组群的性状独立表达，因此有望把这些性状整合到单一背景之中。鉴于基因作用本身的复杂性，无法预测特定性状组合是被积累还是具协同作用，然而这些资料证明在干旱和热胁迫条件下，有相当一部分表型变异可以被少数几个性状所解释。这些性状的广义遗传力估算（如干旱条件下营养生长期 CT 值的广义遗传力为 0.82）和遗传相关性（干旱胁迫条件下产

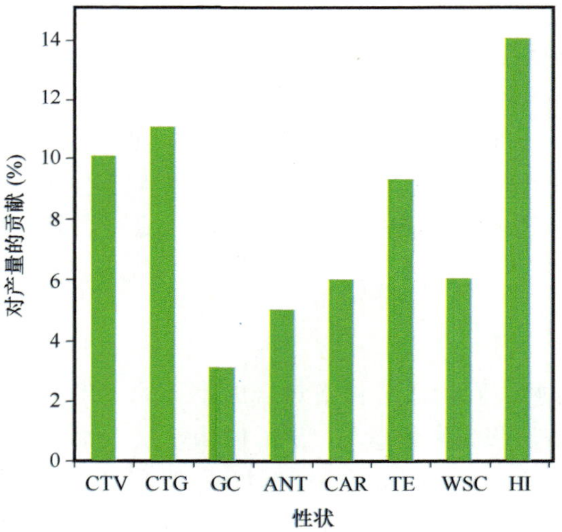

图 2.5　与对照 WEEBIL1 相比，当性状在 25 份遗传材料中充分表达时推测的对产量的潜在贡献（Reynolds et al.，2007a）

CTV/CTG：营养生长期的冠层温度/灌浆期的冠层温度；GC：苗期的地面覆盖度；ANT：播种到开花期的天数；CAR：利用光谱反射估算的叶片类胡萝卜素的含量；TE：利用碳同位素分辨率估算的蒸腾效率；WSC：开花后茎秆中可溶性碳水化合物的含量；HI：收获指数

量与 CT 的相关性为–0.90）表明，在大多数情况下，这些性状经得起在亲本中进行可靠的量化和在后代分离群体中表达的验证，因此有助于提高产量（Reynolds et al.，2007a）。

这类信息已经在 CIMMYT 生理育种的战略杂交设计中应用多年（Reynolds et al.，2009），代表了一种快速评价遗传资源的方法，包括与主流基因库隔离的遗传材料。

六、战略性生理研究

生理学研究可以战略性地用于多个方面，包括：①开发胁迫适应性应答概念模型；②通过解析性状表达的 G×E 互作，进一步加深对 G×E 的了解；③加强遗传研究，通过精准的表型分析开发分子标记，并揭示生理性状的遗传基础。

（一）开发概念基因型模型

模型一词被定义为“一个系统的程式描述，说明其已知或推断的，以及可被用于进一步特性研究的属性。前期的工作或建设将充当后期最终产品生产的计划”（dictionary.com）。

当开发作物基因型概念模型时，有几种可能的途径将决定哪些性状应当包括在其中，同时取决于如何使用模型，其本身常具一种功能，即说明有多少可用的作物环境信息。实例如下。

- 总体模型：包括综合的一套性状，性状值将极大地依赖于其所在的环境（图 2.1）。
- 一般模型：包括一套理论上在多种环境中都有用的核心性状——例如，一系列高温或干旱环境，或者复合胁迫环境，在这些环境中一般的生理/遗传策略可能都有用（图 2.6）。
- 环境-特异模型，包括适应特定目标环境的所有性状（可分解为作物对气候、土壤、生物和农学因子的反应）。
- 仿真模型：理论上可以应用于上述所有模型并具下列目的，即推断各种环境下的性状值，假设推断性状表达的极端值，估计新性状组合的理论值。

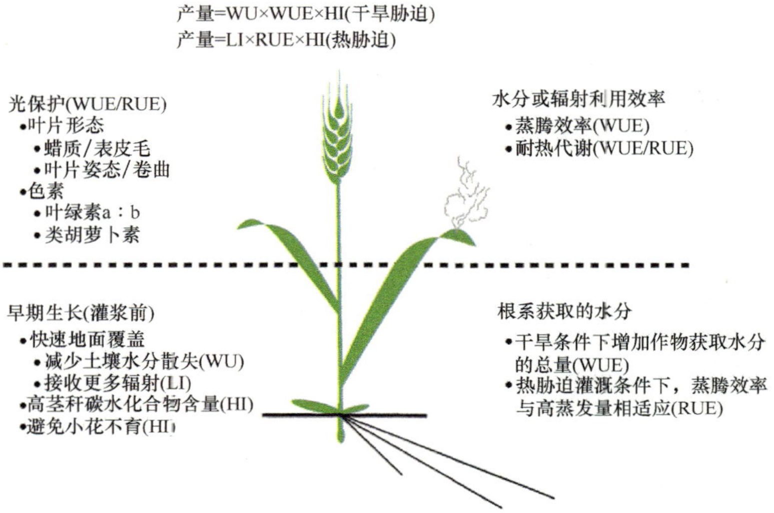

图 2.6 适应水分胁迫和/或热胁迫灌溉环境性状的一般概念模型（修改自 Reynolds et al.，2007a）
HI：收获指数；LI：光截获；RUE：辐射利用效率；WU：水分吸收；WUE：水分利用效率

1. 干旱适应性状的总体模型

CIMMYT 开发的总体模型包含许多性状，已证明其在干旱环境下的潜在作用。

研究案例 7

性状是根据产量的主要构成要素分类的（图 2.1），因此预期其在遗传上是相对离散的。基于目前对干旱适应性及其遗传基础还不完全了解，该模型有助于建立一个广义的概念框架。其所包括的性状主要与下列因素有关。①水分吸收：由于根系较深或活力较强能够获取水分，表现为冠层温度较低（Reynolds et al.，2007b）和地面覆盖较快，减少了土壤水分蒸发（Richards et al.，2002）。②水分利用效率（WUE）：蒸腾效率（TE=蒸腾 1mm 水分产生的生物量）可以用充分灌溉条件下叶片的 CID（Condon et al.，2002）、光保护解剖学性状，如叶片蜡质（Richards et al.，2002）来估算。③收获指数（HI）：应避免生殖生长的失败，否则光合作用的同化物质不能转化为产量（Turner，2004），不能从拔节期开始在茎秆中积累可溶性碳水化合物及转运和灌浆（Blum，1998），并且改变了 *Rht* 等位基因（Ellis et al.，2005；Rebetzke et al.，1999）。

除了做杂交时的决策价值外，概念平台还可以用作下列活动的决策支持工具，例如，①创建分子作图群体时定义合适的差异亲本；②量化改进性状表达的潜在收益，从而明确遗传资源利用的目标；③确定干旱和其他非生物逆境的共同生理基础（图 2.6）。

2. 逆境适应性状的一般模型

图 2.6 显示的是一套小麦适应干旱和炎热灌溉环境核心性状的一般概念模型。很明确的是，当考虑成组的性状时，许多生理机制可能对不止一种情况是有利的。例如，在开花前期受干旱胁迫，能避免土壤水分蒸发的快速地面覆盖就是一个非常有用的性状（Loss and Siddique，1994）；而在炎热和灌溉条件下，早期快速生长增加了光截获量，因此避免了由于高温分蘖减少导致的粮食减产（Rawson，1986）。当灌浆期发生热或干旱胁迫时，开花期后茎秆碳水化合物的累积，以及随后的转运为灌浆期籽粒生长提供了额外的光合产物来源（Blum，1998）。与此类似，获取更多水分的根系生长在干旱条件下益处更明显，同时使热胁迫下的冠层能应对与高温和低相对湿度的环境相联系的高蒸发量，这导致较高的叶片气体交换率和通过较低的冠层温度躲避了热胁迫（Reynolds et al.，2001）。

研究案例 8

使用这种方法，CIMMYT 与澳大利亚 CSIRO 种植业组织合作，利用 Seri/Babax 作图群体（Olivares-Villegas et al.，2007），在炎热灌溉和干旱环境下对控制 CT 的 QTL 进行了评价；位于 1B、3B 和 4A 染色体上的 QTL 表明，在两种环境下低冠层温度具有相同的遗传基础。

（二）理解 G×E 互作

气候变化致使温度和降水模式剧烈变化，了解 G×E 互作也因此变得更为迫切。甚至针对某个地区及年际之间环境条件波动增大的品种培育也需要了解 G×E 互作。为此，研究产量的 G×E 互作，将其解析为最敏感的构成因子，即特定性状（T）、对特定环境的应答（E）及应答的特定物候学（P）时期，缩写为 TEP。有了可靠的表型和环境数据，就可以利用统计手段将与 G×E 关联的变异分成独立的 TEP（Vargas et al.，1998；Brancourt-Hulmel et al.，2003；Crossa et al.，2004；Reynolds et al.，2004；Lillemo et al.，2005）。TEP 的鉴别为更精细地解析细胞和分子机制，以及产量变化的遗传基础铺平了道路。这类研究有可能在产量稳定性遗传改良方面取得突破性进展，或者至少在预测哪种基因型可能对特定或变化的环境产生应答方面有所提高。

七、通过设计试验认识非生物逆境适应性状的遗传基础

小麦作图研究中一致性 QTL 的鉴定受限于两个主要因素。首先，由于所用的遗传随机群体中含有许多通过界定农艺适应性为亚标准的基因型，致使复杂的胁迫适应效应被不利等位基因掩盖的概率增加，这些材料通常在早代筛选时被淘汰。克服上述干扰因素的途径有两条：其一，仔细挑选用于关联遗传分析的群体，以免混淆性状；其二，精心设计杂交组合，其优良亲本是以生理策略进行比对，而不是以像株高这样的等位基因进行比对。

第二个主要的干扰因素是开花期的遗传变异。如果群体的总体成熟期与目标环境吻合，花期将不再是问题。然而，这种假设常常不正确，这也解释了为什么 QTL 研究常鉴定出 *Ppd* 和 *Eps* 位点是与适应干旱强烈关联的。然而，早于花被认为是避旱的重要策略，作物中许多其他生理机制已经证明了这一点。为了确定这些可能复杂机制的遗传基础，试验中必须控制物候学的干扰效应。已经确认，小麦的关键发育过程取决于范围很窄的关键时期，如籽粒形成，该时期小麦有可能对环境因素特别敏感，包括水分胁迫（Fischer，1980，1985；Abbate et al.，1997）。所以，相邻种植关键发育时期不同的基因型，因简单气候参数的变化可能引发不同的信号转导途径和不同的胁迫适应反应。消除这一干扰因素的唯一途径是减小试验群体在开花期上的差异（Reynolds et al.，2009）。使用关联遗传方法相对容易，尤其是如果有现成的在不同环境下的开花时间数据时。如果使用 RIL 或加倍单倍体（DH）群体，有必要尽可能弄清潜在亲本的表型表达、适当目标环境下开花期的 G×E 互作，以及具有 *Ppd*、*Vrn* 和 *Eps* 等位基因的基因型。然而，尽管可以尽量减小干旱条件下发育中的混淆性变异，但有例子表明在开花期即使是相对较小的差异（如少于 10 天）（Rebetzke et al.，2010），仍然能对与产量和/或产量相关性状（如 CT 和 TE）产生干扰效应。

一旦培育的群体不受农艺性状的干扰，利用早代筛选的高通量鉴定方法就可以精准鉴定表型，进而对目标性状进行遗传解析（Olivares-Villegas et al.，2007；Pinto et al.，2010）。

（一）非生物胁迫条件下表型的遗传控制

遗传复杂性

合适的群体和强大的表型鉴定工具加速了人们对非生物胁迫环境下植物表型遗传

基础的认识。单基因和多基因性状的遗传控制可能不同，例如，单个主效基因控制的底层土壤限制因子的大效应耐性基因（如盐害）（Huang et al.，2006），多基因控制的复杂数量性状，如蒸腾效率、CT、茎秆碳水化合物或胚芽鞘长度等（表 2.1）。筛选控制根系病害抗性（Lagudah et al.，1997），或改善根系在有毒化学物质土壤中生长（Delhaize et al.，2004）的主效基因，为增加植物根系生物量提供了最简单的方法。发达的根系有助于探知和获取土壤水分，有利于提高生物量和生殖生长。尽管在这里不考虑这些因素，但新品种推广过程中预先适应多种不同的土壤至关重要。

表 2.1　有限水分条件下能够改善小麦表现特性的性状

（每个性状的遗传控制部分都有详细介绍）

性状	筛选方法	遗传力	基因的染色体位置	参考文献
物候学	简单	高	2A，2B，2D，3A，3B，5A，5B，5D，6A，6B，7A，7B	Snape 等（2001）
早期活力	简单	高	2D，4B，4D，5A	Rebetzke 等（2001）
卷叶	简单	高	未知	Sirault 等（2008）
限制分蘖	简单	高	1A	Spielmeyer 和 Richards（2004）
冠层温度	简单	中等	1B，2B，3B，4A	Pinto 等（2010）
胚芽鞘长度	简单	中等	2B，2D，4A，4B，4D，5D，6B	Rebetzke 等（2007）
有蜡质	简单	中等	2B，2D	Tsunewaki 和 Ebana（1999）
光合能力	简单	中等	1B，1D，2D，3B，4A，4B，4D，5B，6B，7A，7B	Rebetzke unpub. data
碳同位素分辨率（叶）	困难	高	1B，1D，2D，3B，4A，4B，4D，5A，7A，7B	Rebetzke 等（2008b）
碳同位素分辨率（籽粒）	困难	高	1D，2A，2D，4B，4D，6D，7B	Rebetzke unpub. data
收获指数	困难	高	2B，2D，4B，4D	Ellis 等（2002）
渗透调节	困难	中等	7A	Morgan 和 Tan（1996）
持绿性	困难	中等	2B，2D	Verma 等（2004）
茎秆碳水化合物	困难	中等	1A，2B，2D，3B，4B，5B，6B，7A，7B	Rebetzke 等（2008a）
根系生物量	困难	低	1B	Waines 和 Ehdaie（2007）
气孔导度	困难	低	1B，2A，2B，2D，4A，4B，4D，7A，7B	Rebetzke 等（2010）
灌浆速率	困难	不确定	未知	Whan 等（1996）

无论是使用育种群体还是自然群体，都证明了多数与产量和适应性相关性状的遗传基础极其复杂（Juenger et al.，2005）。不过，如果表型和基因型的相关性很强，那么在性状改良过程中基因的作用就容易体现，即高遗传力能增强育种家的信心。相反，如果相关性不强，遗传力低，表型将会受环境和/或育种家取样方式的影响。如果仅在环境协同变化条件下筛选，而没有考虑优势等位基因从亲本向后代的传递，那么就可能没有遗传增益。因此，成功的筛选取决于群体含有足够的加性遗传变异和高狭义遗传力。在群体选择中对多个家系进行大规模筛选评估时，目标性状应当比较简单，检测成本较低。狭义遗传力（h^2）可以基于品系均值计算：

$$h^2_{\text{Line-mean}}=\sigma^2_{\text{A}} / (\sigma^2_{\text{A}} + \sigma^2_{\text{AE}} / n_{\text{e}} + \sigma^2_{\text{Residual}} / n_{\text{r}}n_{\text{e}}) \tag{2.1}$$

式中，σ^2_{A}、σ^2_{AE}、$\sigma^2_{\text{Residual}}$ 分别代表加性、加性×环境和剩余方差，n_{e} 和 n_{r} 分别代表环境数量和每个环境的重复次数。

利用加性遗传方差可以检测在特定位点替代单个等位基因的效率，并可通过检测近交水平计算加性遗传方差及通过亲属间的协方差确定姊妹株系的遗传关系（Falconer and Mackay，1996）。如果遗传力低，应当考虑含较高加性遗传方差（同时高平均值）的群体，或改进取样方式降低非遗传方差。

（二）育种中生理性状的评估值

我们已证明在水分限制环境下其他能够提高产量的适应特性。这些特性能提高水分利用和/或水分利用效率以增加生物量，或者增加同化产物向籽粒的转运以提高收获指数（HI）（Passioura，1977）。这些替代特征的检测费用通常较低，遗传力高和/或能贡献新的遗传方差，这种遗传方差符合预定目标且不破坏应对逆境的构架及其适合的理想株型。如果已知两个性状（X 和 Y）间的加性遗传相关（r_A）及其狭义遗传力（h^2_X和 h^2_Y），那么性状 Y 对性状 X 选择的相关性反应（$\Delta_{GY.X}$）可以用式（2.2）预测：

$$\Delta_{GY.X}=k\ \sigma_{pY}\ h_Y\ h_X\ r_A \tag{2.2}$$

式中，k 为标准化选择微分，σ_{pY} 是性状 Y 的表型标准偏差（Falconer and Mackay，1996）。如果 $h_Y < h_X r_A$，那么相对于直接选择性状 Y，对性状 X 的选择将导致性状 Y 的较大变化。通过协方差分析可以估算两个变量的遗传相关性。连锁不平衡（群体类型）、染色体连锁和基因多效性都会对遗传上相关的两个性状有所贡献。由于重组事件的发生，只有基因多效性能在多轮杂交和育种的筛选中保持遗传关联性。大多数研究只报道表型的相关性，而表型相关性和遗传相关性是不同的，前者还包含了环境和取样协方差的组分。这种相关性中只有遗传协方差组分参与对选择的应答。

研究发现，许多性状和位于一个或多个位点的其他性状一起受多效性遗传控制。例如，CID（开花前测量）与产量和生物量之间存在很强的加性遗传相关性（Rebetzke et al.，2002）。当评估单个小区的材料时，用 CID 间接选择产量和生物量非常有效。这是因为大效应的 G×E 互作和剩余方差降低了非重复小区中产量和生物量的狭义遗传力。虽然多田块和多环境的重复试验增加了产量的遗传力，但降低了生物量的遗传力，导致相关遗传增益的相对效益降低。当种子量不足或早世代仍处于遗传上异质的时候，仍然可以在早代产量试验中通过 CID 对非重复家系进行筛选。育种家正在限制其不同环境下重复产量试验中的高费用阶段，通过对低 CID 值的选择获得干旱环境下可能高产的家系。更重要的是，通过早期固定 CID 优势等位变异，可以将更多精力放在筛选其他重要的与水分限制环境适应相关的基因上。

（三）数量性状基因座

需要注意的是，人们对干旱环境下小麦生长特性的遗传基础知之甚少。随着分子标记的开发和实用化及其整合进许多确定了基因型的群体的遗传图谱，进一步确认了在传统数量遗传研究中揭示的遗传复杂性。然而，好的遗传图谱可以将性状解析为组分 QTL，洞察一个性状变异和协同变异的潜在遗传基础。例如，对于数量性状，甚至是遗传力低的性状，都可以检测到许多基因及其互作、基因的功能等。关于育种的复杂信息，包括连锁、连锁不平衡、基因多效性等都可以通过作图研究被收集到，尤其是如果延伸到多个群体时（Rebetzke et al.，2007）。之后植物生长发育的关键过程可以用已知的生理学知识来推测。例如，对于 *Rht-B1b* 和 *Rht-D1b* 矮秆基因，基于其序列开发的完美标记已证实了它们的效应，包括对内源赤霉素的组织不敏感性，胚芽鞘长度缩短，早期叶面积发育减缓等（Rebetzke et al.，2001）。

在抗旱育种中，利用连锁标记选择的性状最有可能是难选择、遗传力低、隐性（基因表达）或检测费用高的性状，如蒸腾效率、CT 和茎秆碳水化合物浓度等（表 2.1）。在没有重组时，与目标 QTL 连锁的标记有百分之百的遗传力，因此可以加快世代的进程。由上述间接筛选公式（2.2）可知，使用 100%遗传的分子标记要优于对籽粒产量（即 $\Delta_{GY.X}/\Delta_{GY}$）的直接筛选，其效益等于 r_A/h_{yield}。这还可以延伸到多个 QTL，因此产量的绝对遗传相关性总和一定超过 h_{yield}。如果标记具有诊断功能（强大的标记和完美的基因关联），鉴定和加代的成本将与产量成本相似，在不同环境下对产量进行标记辅助选择将会产生更大的遗传增益。然而，这可能被限定于少数 QTL 控制的目标性状，以及在育种家常用的小群体中鉴定基因型，这些基因型含所有或大多数 QTL（Bonnett et al.，2005）。基因富集策略可能有助于克服基于双亲本和回交的育种项目中含有大量 QTL 的难题。

标记辅助选择可为育种家带来的最大好处是将远缘种质的性状作为新的目标性状。例如，当目标正效应基因和与之相斥的负效应基因连锁时，标记在鉴定重组体时非常有用。已经证明许多 QTL 具有选择在有限水分环境下改善生长特性的潜力（表 2.1）。在育种中成功应用连锁标记的关键是确定能增加产量的 QTL。需要评价的群体应当是在筛选条件下有代表性的目标群体；一套好的分子图谱，其基因型分析应当足够充分，标记的覆盖度和作图质量要足够好（好的标记和图谱）；表型分析数据要可靠并且能够重复，通常是在代表目标环境的环境中进行表型评价。分子标记的类型将影响其在育种中应用的成本和便捷程度。例如，微卫星标记比多样性列阵技术（DArT）和扩增片段长度多态性（AFLP）更容易应用。单核苷酸多态性（SNP）可以用于高通量筛选，但目前很少有 SNP 信息用于小麦。DArT 是一种价格低廉的高通量标记技术，可被育种家用于全基因组作图。最后，人们正在研发育种中高效标记的应用策略。这些策略可因育种项目的结构、目标、性状的遗传复杂性、标记的类型及成本等的不同而异（Wang et al.，2007）。

研究案例 9

为提高小麦抗旱性而创建的群体促进了对产量性状构成因素的解析。例如，‘Cranbrook’/‘Halberd’群体是利用 CIMMYT 来源的广适应品种‘Cranbrook’和澳大利亚的广适应品种‘Halberd’杂交创建的。在灌溉条件下，Rebetzke 等（2010）评价和研究了这个群体 DH 株系 3 年的 CT 和气孔导度。对单个株系进行基因型鉴定之后，又开展了多环境 QTL 分析。使用黏性流气孔计测量气孔导度，能在 2h 之内完成 160 个株系的检测。在 24 个采样日期中，测量了开花前后和灌溉前后的气孔导度。同样鉴定出许多控制 CT 和气孔导度的 QTL。许多气孔导度 QTL 通常共定位，与发育时期和土壤水分状况无关。重要的是，许多气孔导度和 CT 的 QTL 一致，证明了蒸腾作为 CT 基因型差异驱动者的重要性。

八、生理学应用的总结

本章重点阐述了能在育种实践中应用的整株和田间水平上的植物生理学研究。小结如下：①对潜在亲本的生理特征描述可以为聚合适应性状基因而进行的战略性杂交提供背景信息，这些信息可以添加到已经在日常杂交计划中应用的重要性状（如品质和抗病性）信息目录中；②应用生理性状可以在早代筛选以提高优势等位变异的频率，并在开展代价昂贵的产量试验之前淘汰生理性状低劣的株系，由于要对很多株系进行筛选，而且相关性状信息通常只用一次，因此对性状的测量应快速和低成本；③通过对遗传资源的鉴定评价可以从中发现有价值的基因型，它们具有优异的生理性状，即使是在次等或者过时的农艺背景下表达的性状也是有价值的。

就战略研究而言，通过下述途径能加速基因的发掘：①将概念性的逆境适应性状解析为可以测量的生理性状构成因素；②在精心设计的试验群体中应用严格的表型分析程序，从而控制如物候学等因素，以减少对性状表达的可能干扰；③通过这两种途径与统计分析的结合，能够将 G×E 互作方差分配至 TEP 组合中，从而更好地理解作物对逆境的适应过程。

参考文献

Abbate, PE., Andrade, FH., Culot, JP. and Bindraban, PS. (1997) Grain yield in wheat: Effects of radiation during spike growth period. *Field Crops Research* 54, 245–257.

Aparicio, N., Villegas, D., Casadesus, J., Araus, JL. and Royo, C. (2000) Spectral vegetation indices as nondestructive tools for determining durum wheat yield. *Agronomy Journal* 92, 83–91.

Araus, JL., Slafer, GA., Reynolds, MP. and Royo, C. (2002) Plant breeding and drought in C_3 cereals: What should we breed for? *Annals of Botany* 89, 925–940.

Araus, JL., Casadesus, J. and Bort, J. (2001) Recent tools for the screening of physiological traits determining yield. In: Reynolds, MP., Ortiz-Monasterio, JI. and McNab, A. (Eds.) *Application of physiology in wheat breeding*. pp. 59–77, CIMMYT. México, D.F.

Babar, MA., Van Ginkel, M., Klatt, AR., Prasad, B. and Reynolds, MP. (2006a) The potential of using spectral reflectance indices to estimate yield in wheat grown under reduced irrigation. *Euphytica* 150, 155–172.

Babar, MA., Reynolds, MP., Van Ginkel, M., Klatt, AR., Raun, WR. and Stone, ML. (2006b) Spectral reflectance indices as an indirect selection tool to differentiate wheat yield potential. *Crop Science* 46, 578–588.

Babar, MA., Reynolds, MP., Van Ginkel, M., Klatt, AR., Raun, WR. and Stone ML. (2006c) Spectral reflectance to estimate genetic variation for in-season biomass, leaf chlorophyll and canopy temperature in wheat. *Crop Science* 46, 1046–1057.

Barnabas, B., Jager, K. and Feher, A. (2008) The effect of drought and heat stress on reproductive processes in cereals. *Plant, Cell & Environment* 31, 11–38.

Blum, A. (1998) Improving wheat grainfilling under stress by stem reserve mobilization. *Euphytica* 100, 77–83.

Blum, A., Mayer, J. and Gozlan, G. (1982) Infrared thermal sensing of plant canopies as a screening technique for dehydration avoidance in wheat. *Field Crops Research* 5, 137–146.

Bonnett, DG., Rebetzke, GJ. and Spielmeyer, W. (2005) Strategies for efficient implementation of molecular markers in wheat breeding. *Molecular Breeding* 15, 75–85.

Borrell, AK., Hammer, GL. and Douglas, ACL. (2000) Does maintaining green leaf area in sorghum improve yield under drought? I. Leaf growth and senescence. *Crop Science* 40: 1026–1037.

Brancourt-Hulmel, M., Doussinault, G., Lecomte, C., Bérard, P., Le Buanec, B. and Trottet, M. (2003) Genetic improvement of agronomic traits of winter wheat cultivars released in France from 1946 to 1992. *Crop Science* 43, 37–45.

Braun, HJ., Atlin, G. and Payne, T. (2010) Multi-location testing as a tool to identify plant response to global climate change. In: Reynolds, MP. (Ed.) *Climate Change and Crop Production*. CABI, London, UK.

Chappelle, EW., Kim, MS. and McMurtrey, JE. (1992) Ratio analysis of reflectance spectra (RARS): an algorithm for the remote estimation of the concentrations of chlorophyll A, chlorophyll B, and carotenoids in soybean leaves. *Remote Sensing Environment* 39, 239–247.

Chaves, M., Maroco, JP. and Pereira, JS. (2003) Understanding plant responses to drought – from gene to whole plant. *Functional Plant Biology* 30, 239 –264.

Condon, AG., Richards, RA., Rebetzke, GJ. and Farquhar, GD. (2002) Improving intrinsic water-use efficiency and crop yield. *Crop Science* 42, 122 –131.

Condon, AG., Richards, RA., Rebetzke, GJ. and Farquhar, GD. (2004) Breeding for high water use efficiency. *Journal of Experimental Botany* 55: 2447–2460.

Cox, TS. (1991) The contribution of introduced germplasm to the development of U.S. wheat cultivars. In: Shands, HL. and Wiesner, LE. (Eds.) *Use of plant introductions in cultivar development, Part 1.* Special Publication No. 17. Madison, Wisconsin: CSSA.

Crossa, J., Yang, RC. and Cornelius, PL. (2004) Studying crossover genotype × environment interaction using linear-bilinear models and mixed models. *Journal of the Agricultural, Biological and Environmental Statistics* 9, 362–380.

Delhaize, E., Ryan, PR., Hebb, DM., Yamamoto, Y., Sasaki, Y and Matsumoto, H. (2004) Engineering high level aluminium tolerance in barley with the *ALTM1* gene. *Proceedings National Academy of Sciences, USA* 10, 15249–15254.

Dictionary.com. (2010) Available at: http://dictionary.reference.com/ (accessed 25 January 2010).

Ellis, MH., Rebetzke, GJ., Azanza, F., Richards, RA. and Spielmeyer, W. (2005) Molecular mapping of gibberellin-responsive dwarfing genes in bread wheat. *Theoretical and Applied Genetics* 111, 423–430.

Ellis, MH., Spielmeyer, W., Gale, K., Rebetzke, GJ. and Richards, RA. (2002) Perfect markers for the Rht-B1b and Rht-D1b dwarfing mutations in wheat (*Triticum aestivum* L.). *Theoretical and Applied Genetics* 105, 1038–1042.

Falconer, DS. and Mackay, TFC. (1996) 'Introduction to quantitative genetics'. 4th Ed. (Longman Group Ltd Essex: UK.) 464 pp.

Fischer, RA. (1985) Number of kernels in wheat crops and the influence of solar radiation and temperature. *Journal of Agricultural Science* 108, 447–461.

Fischer, RA. (1980) Influence of water stress on crop yield in semi-arid regions. In: Turner, NC. and Kramer, PJ. (Eds.) *Adaptation of plants to water and high temperature stress*. Wiley, Interscience, New York, pp. 323–339.

Gutierrez, M., Reynolds, MP. and Klatt, AR. (2010) Association of water spectral indices with plant water relations and root growth in spring wheat association between water indices and plant water content. *Journal of Experimental Botany* 61(12), 3291-3303.

Gutierrez-Rodríguez, M., Reynolds, MP., Escalante-Estradaa, JA. and Rodríguez-Gonzáleza, MT. (2004) Association between spectral reflectance indices and yield in bread wheat (*Triticum aestivum L.*) under drought and well-irrigated conditions. *Australian Journal of Agricultural Science* 55, 1139–1147.

Huang, S., Spielmeyer, W., Lagudah, ES., James, RA., Platten, JD., Dennis, ES. and Munns, R. (2006) A sodium transporter (HKT7) is a candidate for *Nax1*, a gene for salt tolerance in durum wheat. *Plant Physiology* 142, 1718–1727.

Juenger, TE., McKay, JK., Hausmann, N., Keurentjes, JJB., Sen, S., Stowe, KA., Dawson, TE., Simms, EL. and Richards, JH. (2005) Identification and characterization of QTL underlying whole-plant physiology in *Arabidopsis thaliana*: $\delta^{13}C$, stomatal conductance and transpiration efficiency. *Plant, Cell and Environment* 28, 697–708.

Lagudah, ES., Moullet, O. and Appels, R. (1997) Map-based cloning of a gene sequence encoding a nucleotide binding domain and a leucine-rich region at the Cre3 nematode resistance locus of wheat. *Genome* 40, 659–665.

Lantican, MA., Pingali, PL. and Rajaram, S. (2003) Is research on marginal lands catching up? The case of unfavourable wheat growing environments. *Agricultural Economics* 29, 353–361.

Lillemo, M., van Ginkel, M., Trethowan, RM., Hernandez, E. and Crossa, J. (2005) Differential adaptation of CIMMYT bread wheat to global high temperature environments. *Crop Science* 45, 2443–2453.

Lopes, M. and Reynolds, MP. (2010) Partitioning of assimilates to deeper roots is associated with cooler canopies and increased yield under drought in wheat. *Functional Plant Biology* 37, 147–156.

Loss, SP. and Siddique, KHM. (1994). Morphological and physiological traits associated with wheat yield increases in Mediterranean environments. *Advances in Agronomy* 52, 229–276.

Morgan, JM. and Tan, MK. (1996) Chromosomal location of a wheat osmoregulation gene using RFLP analysis. *Australian Journal of Plant Physiology* 23, 803–806.

Olivares-Villegas, JJ., Reynolds, MP. and McDonald, GK. (2007) Drought-adaptive attributes in the Seri/Babax hexaploid wheat population *Functional Plant Biology* 34, 189–203.

Passioura, JB. (1977) Grain yield, harvest index and water use of wheat. *Journal of the Australian Institute of Agricultural Science* 43, 117–120.

Peñuelas, J., Filella, I., Biel, C., Serrano, L. and Save, R. (1993) The reflectance at the 950–970 nm region as an indicator of plant water status. *International Journal of Remote Sensing*. 14, 1887–1905.

Pinto, RS., Reynolds, MP., Mathews, KL., McIntyre, CL., Olivares-Villegas, JJ. and Chapman, SC. (2010) Heat and drought adaptive QTL in a wheat population designed to minimize confounding agronomic effects. *Theoretical & Applied Genetics* 121, 1001–1021.

Rawson, HA. (1986) High temperature-tolerant wheat: a description of variation and a search for some limitations to productivity. *Field Crops Research* 14, 197–212.

Rebetzke, GJ., Condon, AG. and Richards, RA. (2010) Genomic regions for canopy temperature and their genetic association with stomatal conductance and grain yield in bread wheat (*Triticum aestivum* L.). *Functional Plant Biology* (submitted).

Rebetzke, GJ., van Herwaarden, AF., Jenkins, C., Ruuska, S., Tabe, L., Lewis, D., Weiss, M., Fettell, N. and Richards, RA. (2008a) Quantitative trait loci for water soluble carbohydrates and associations with agronomic traits in wheat. *Australian Journal of Agricultural Research* 59, 891–905.

Rebetzke, GJ., Condon, AG., Richards, RA., Appels, R. and Farquhar, GD. (2008b) Quantitative trait loci for carbon isotope discrimination are repeatable across environments and wheat mapping populations. *Theoretical and Applied Genetics* 118, 123–137.

Rebetzke, GJ., Ellis, MH., Bonnett, DG. and Richards, RA. (2007) Molecular mapping of genes for coleoptile growth in bread wheat (*Triticum aestivum* L.). *Theoretical and Applied Genetics* 114, 1173–1183.

Rebetzke, GJ., Condon, AG., Richards, RA. and Farquhar, GD. (2002) Selection for reduced carbon isotope discrimination increases aerial biomass and grain yield of rainfed bread wheat. *Crop Science* 42, 739–745.

Rebetzke, GJ., Appels, R., Morrison, A., Richards, RA., McDonald, G., Ellis, MH., Spielmeyer, W. and Bonnett, DG. (2001) Quantitative trait loci on chromosome 4B for coleoptile length and early vigour in wheat (*Triticum aestivum* L.). *Australian Journal of Agricultural Research* 52, 1221–1234.

Rebetzke, GJ., Richards, RA., Fischer, VM. and Mickelson, BJ. (1999) Breeding long coleoptile, reduced height wheats. *Euphytica* 106, 158–168.

Reynolds, M., Balota, M., Delgado, M., Amani, I. and Fischer, R. (1994) Physiological and morphological traits associated with spring wheat yield under hot, irrigated conditions. *Functional Plant Biology* 21, 717–730.

Reynolds, MP., Hays, D. and Chapman, S. (2010) Breeding for adaptation to heat and drought stress. In: Reynolds, MP. (Ed.) *Climate change and Crop Production*. CABI, London, UK.

Reynolds, MP., Mujeeb-Kazi, A. and Sawkins, M. (2005) Prospects for utilising plant-adaptive mechanisms to improve wheat and other crops in drought- and salinity-prone environments. *Annals of Applied Biology* 146, 239–259.

Reynolds, MP., Manes, Y., Izanloo, A. and Langridge, P. (2009) Phenotyping for physiological breeding and gene discovery in wheat. *Annals of Applied Biology* 155:3, 309–320.

Reynolds, MP. and Tuberosa, R. (2008) Translational research impacting on crop productivity in drought-prone environments. *Current Opinions in Plant Biology* 11, 171–179.

Reynolds, MP., Saint Pierre, C., Abu, SI., Saad, Vargas, M. and Condon, AG. (2007a) Evaluating potential genetic gains in wheat associated with stress adaptive trait expression in diverse germplasm under drought and heat stress. *Crop Science* 47(S3), 172–189.

Reynolds, MP., Dreccer, F. and Trethowan, R. (2007b) Drought adaptive mechanisms from wheat landraces and wild relatives. *Journal of Experimental Botany* 58, 177–186.

Reynolds, MP., Trethowan, R., Sayre, KD. and Crossa J. (2004) Physiological factors influencing genotype by environment interactions in wheat. *Field Crops Research* 85, 253–274.

Reynolds, MP., Nagarajan, S., Razzaque, MA. and Ageeb, OAA. (2001) Heat tolerance. In: Reynolds, MP., Ortiz-Monasterio, I. and McNab, A. (Eds.) *Application of physiology in wheat breeding*. CIMMYT, Mexico.

Richards, RA. (2006) Physiological traits used in the breeding of new cultivars for water-scarce environments. *Agricultural Water Management* 80, 197–211.

Richards, RA., Rebetzke, GJ., Condon, AG. and van Herwaarden, AF. (2002) Breeding opportunities for increasing the efficiency of water use and crop yield in temperate cereals. *Crop Science* 42, 111–121.

Royo, C., Aparicio, N., Villegas, D., Casadesus, J., Monneveux, P. and Araus, JL. (2003) Usefulness of spectral reflectance indices as durum wheat yield predictors under contrasting Mediterranean conditions. *International Journal of Remote Sensing* 24, 4403–4419.

Sirault, XRR., Condon, AG., Rebetzke, GJ. and Farquhar, GD. (2008) Genetic analysis of leaf rolling in wheat. In 'Proceedings 11th International Wheat Genetics Conference' (Eds. Appels, R., Eastwood, R., Lagudah, E., Langridge, P. and Lynne, MM.).

Skovmand, B., Reynolds, MP. and DeLacy, IH. (2001) Searching genetic resources for physiological traits with potential for increasing yield. In: Reynolds, MP., Ortiz Monasterio, JI. and McNab, A. (Eds.). *Application of physiology in wheat breeding.* p. 17–28, Mexico, DF (Mexico); CIMMYT.

Slafer, GA., Araus, JL., Royo, C. and Garcia Del Moral, L. (2005) Promising eco-physiological traits for genetic improvement of cereal yields in Mediterranean environments. *Annals of Applied Biology* 146, 61–70.

Snape, JW., Butterworth, K., Whitechurch, E. and Worland, AJ. (2001) Waiting for fine times: genetics of flowering time in wheat. *Euphytica* 119, 185–190.

Spielmeyer, W. and Richards, RA. (2004) Comparative mapping of wheat chromosome 1AS which contains the tiller inhibition gene (tin) with rice chromosome 5S. *Theoretical and Applied Genetics* 109, 1303–1310.

Trethowan, RM. and Mujeeb-Kazi, A. (2008) Novel germplasm sources for improving environmental stress tolerance of hexaploid wheat. *Crop Science* 48, 1255–1265.

Trethowan, RM. and Reynolds, MP. (2007) Drought resistance: Genetic approaches for improving productivity under stress. In: Buck, HT., Nisi, JE. and Salomón, N. (Eds.). Wheat production in stressed environments. Series: *Developments in Plant Breeding* Vol. 12.

Tsunewaki, K. and Ebana, K. (1999). Production of near-isogenic lines of common wheat for glaucousness and genetic basis of this trait clarified by their use. *Genes & Genetic Systems* 74, 33–41.

Tucker, CJ. and Sellers, PJ. (1986) Satellite remote sensing of primary production. *International. Journal of Remote Sensing* 7, 1395–1416.

Turner, NC. (2004) Agronomic options for improving rainfall-use efficiency of crops in dryland farming systems. *Journal of Experimental Botany* 55, 2413–2425.

Umezawa, T., Fujita, M., Fujita, Y., Yamaguchi-Shinozaki, K. and Shinozaki, K. (2006) Engineering drought tolerance in plants: discovering and tailoring genes to unlock the future. *Current Opinion in Biotechnology* 17, 113–122.

Vargas, M., Crossa, J., Sayre, K., Reynolds, MP., Ramírez, ME. and Talbot, M. (1998) Interpreting genotype by environment interaction in wheat by partial least square regression. *Crop Science* 38, 679–689.

van Ginkel, M., Reynolds, MP., Trethowan, R. and Hernandez, E. (2008) Complementing the breeder's eye with canopy temperature measurements. In: Reynolds, MP., Pietraglla, J. and Braun, H. (Eds.). International Symposium on Wheat Yield Potential: Challenges to International Wheat Breeding. CIMMYT.

Verma, V., Foulkes, MJ., Worland, AJ., Sylvester-Bradley, R., Caligari, PDS. and Snape, JW. (2004) Mapping quantitative trait loci for flag leaf senescence as a yield determinant in winter wheat under optimal and drought-stressed environments. *Euphytica* 135, 255–263.

Waines, JG. and Ehdaie, B. (2007) Domestication and crop physiology: roots of green-revolution wheat. *Annals of Botany* 100, 991–998.

Wang, J., Bonnett, DG., Chapman, SC., Rebetzke, GJ. and Crouch, J. (2007) Efficient use of marker-based selection in plant breeding. *Crop Science* 47, 580–588.

Whan, BR., Carlton, GP. and Anderson, WK. (1996) Potential for increasing rate of grain growth in spring wheat. I. Identification of genetic improvements. *Australian Journal of Agricultural Science* 47, 17–31.

（毛新国　译）

第三章　氮磷利用效率

Jose Ivan Ortiz-Monasterio[1]，Gunther Manske[2]，
Maarten van Ginkel[3]

摘　　要

全球小麦氮利用效率仅35%，这意味着农民施入土壤的氮大部分损失掉了，不仅增加了生产的成本而且对环境具有重大的负面效应。磷肥施入的当年其利用效率为10%～30%。育种和农业管理是有助于提高作物养分利用效率的两个主要策略。鉴定小麦种质资源养分吸收和利用效率对于更好地理解如何改进其机制将是很重要的。如果吸收是显性性状，那么应该分析根系特征，如根长密度、根深、根分泌物的产生、根结合泡囊丛枝菌根（VAM）的能力等相关性状。相反，如果利用效率是最重要的性状，那么应该研究收获指数、生物量生产效率。把养分利用效率分成吸收和利用两部分也可促进育种中分子标记的鉴定。

一、引　　言

在小麦耕作体系中，通常有两种方法可提高养分利用效率，一是采取更有效的管理措施（如养分的比率、施用时间、种类和部署）；二是选育养分利用效率高的品种。虽然这两种方法都很重要，但本章主要介绍通过育种提高作物养分利用效率的方法（特别是对氮磷的利用效率）。关于如何通过栽培管理措施提高小麦氮利用率参见 Ortiz-Monasterio（2002）。

在描述提高养分利用效率（nutrient use efficiency）方法之前，首先要明确什么是养分利用效率。Moll 等在 1982 年提出了一个定义，有助于阐明不同小麦品种氮利用效率的遗传差异（虽然这个概念是把氮利用效率作为一个例子提出的，但也适合于磷）。他们将小麦氮磷利用效率定义为土壤和/或肥料提供的每单位养分所收获的籽粒产量，并将其分成两个组分：一是吸收效率（uptake efficiency），或植物从土壤里吸取养分的能力；二是利用效率（utilization efficiency），即植物把吸收的养分转化成籽粒产量的能力。因此，

养分利用效率=养分吸收效率×利用效率

$$Gw/Ns=Nt/Ns\times Gw/Nt \quad (3.1)$$

式中，Gw 为籽粒干重；Nt 为植物成熟时地上部分的总养分；Ns 为所提供的养分；单位符号均为 g/m^2。

---

1 CIMMYT，墨西哥
2 波恩大学发展研究中心（ZEF），波恩，德国
3 ICARDA，阿拉伯叙利亚共和国

Ortiz-Monasterio 等（1997a）建议把利用效率再分成两部分，即收获指数和养分的生物量生产效率（nutrient biomass production efficiency），表示为

$$利用效率=收获指数\times养分的生物量生产效率$$

$$Gw/Nt=Gw/Tw\times Tw/Nt \tag{3.2}$$

式中，Tw 为植物成熟时的地上部分总干重。

利用效率还可以表示为

$$利用效率=收获指数\times植物总养分含量的倒数$$

$$Gw/Nt=Gw/Tw\times 1/Nct \tag{3.3}$$

式中，Nct 为植物中总养分含量的百分数。

Moll 等（1982）提出的氮利用效率概念无论在低投入还是高投入情况下都能适用。然而，还有其他养分利用效率的分类体系，这些体系考虑了植物在养分胁迫和非胁迫情况下的表现。例如，Gerloff（1977）根据对磷的反应把品种分成 4 组，它们是：①高效，应答；②低效，应答；③高效，无应答；④低效，无应答。高效指的是一个品种在低养分状况下比其他品种产量高，而应答指的是品种在高养分下表现高产。这种根据作物在养分供应水平低（高效和低效）和高（应答和无应答）条件下的表现的分类能够鉴别适合一系列土壤养分条件的品种。

自 20 世纪 40 年代以来，CIMMYT 及其前辈一直都在为发展中国家提供小麦种质。CIMMYT 选育的小麦品种最早且最快被发展中国家灌溉区利用（如墨西哥的 Yaqui 河流域，印度的 Punjab 地区，巴基斯坦的 Punjab 地区）（Byerlee，1996）。这些地区的农民大量使用（有时是以亚适宜水平施用）肥料来补充土壤养分的不足。然而在其他一些地区，农民因为没钱买肥料，或不愿投入，所以从不施肥。这就要求 CIMMYT 选育的小麦品种能够广泛适应于不同地区的土壤养分状况（低或高）。

本章将讨论如何研究不同养分状况下单组分（吸收与利用）的效率，这将有助于我们更好地认识选育高氮磷利用效率品种的机会和局限性。

二、氮

（一）小麦

20 世纪 60 年代，随着适应高水肥的抗倒伏半矮秆小麦品种的应用掀起了绿色革命，氮肥用量迅速增加，产量也提高。感谢这一新遗传材料的引入，单位氮肥所生产的籽粒产量明显增加（图 3.1）。

我们研究了 1950～1985 年 CIMMYT 在中、高水平氮肥条件下选育的普通小麦品种的氮肥利用效率的变化。结果显示，在所有的氮肥水平下，CIMMYT 近期选育的小麦品种的产量大大超过了以前的半矮秆和高秆小麦品种（Ortiz-Monasterio et al.，1997）。这说明在中、高氮肥条件下选择和评价的策略使育成的小麦种质在低或高氮水平下均具较高的产量。按照 Gerloff 于 1977 年的分类，1950～1985 年 CIMMYT 选育的普通小麦品种不仅对氮肥“应答”更强而且更“高效”。因此，CIMMYT 选育的普通小麦品种需氮量并不比早先的高秆品种多，事实上，它们往往只需要投入较少的氮肥即能获得同样

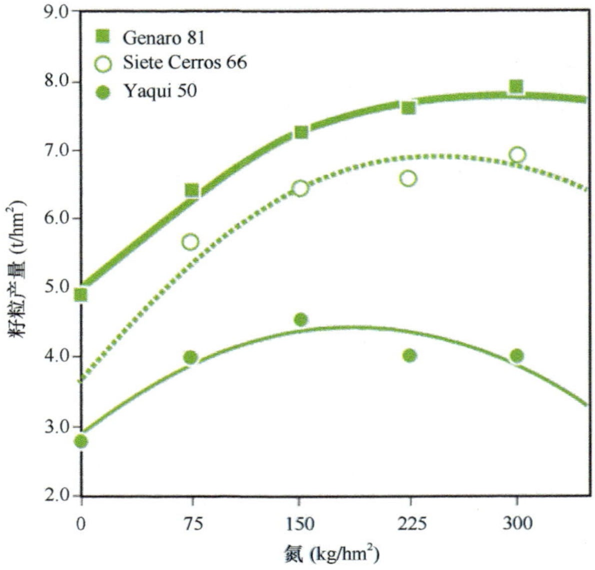

图 3.1　高秆（Yaqui 50）和半矮秆春小麦品种对氮肥增长水平的反应

的产量。此外，由于 CIMMYT 普通小麦品种对氮肥的响应性更好，因此其最适经济效益比先前的高秆品种更高（Ortiz-Monasterio et al.，1997a）。

虽然 CIMMYT 目前选育的小麦品种兼顾了适应低氮和高氮环境，但我们还需要探索更有效的选择方法。为此，我们鉴定了 CIMMYT 小麦种质氮肥利用效率的两个组分，即氮吸收和氮利用效率的特性，发现这两个性状均存在遗传多样性。

我们和其他专家的研究都发现土壤里的氮肥水平在氮吸收和氮利用效率表达上起了重要的作用（Dhugga et al.，1989；Ortiz-Monasterio et al.，1997a）。然而，不同土壤氮肥水平对春小麦氮利用效率特定组分的表达可能受基因型和/或试验地的影响。Dhugga 和 Waines（1989）发现在高氮土壤里氮吸收效率的表达较好，而在低氮条件下氮利用效率的表达较高。与此相反，Ortiz-Monasterio 等（1997）发现在低氮条件下氮吸收效率的表达较高，而高氮条件下氮利用效率的表达较高。尽管调查结果不一致，但现有资料表明，土壤氮水平可能与遗传变异共同对小麦在养分高投入和低投入条件下的品种改良发挥作用（Ortiz-Monasterio et al.，1997a；van Ginkel et al.，2001）。

（二）氮吸收与氮利用效率

鉴于上述情况，我们目前的研究重点是确定小麦具高氮吸收和高氮利用效率进而高产的选育策略，问题是侧重于高氮吸收还是高氮利用效率。

利用效率具有生态要求，这意味着植物在相同养分水平下获得较高产量或在较低养分水平下获得相同产量，它们都需要较少的资源。如前所述，利用效率可以被分解成收获指数与生物量生产效率。在过去，我们分析这两者哪一个与利用效率的提高关系更密切时发现，最大的产量是与收获指数而不是生物量生产效率的提高相关联［式（3.2)］。但是 Fischer（1981）和 Calderini 等（1995）认为通过进一步提高收获指数来提高产量的潜力是有限的。

通过提高利用效率来进一步提高产量有两条主要途径：①增加产量的同时保持或减少植物体内的养分含量；②减少植物体内总养分含量的同时增加或保持产量［式（3.2）］。CIMMYT 选育的在多种氮水平下都能高产的大多数小麦品种平均氮收获指数约为 75%。换句话说，小麦成熟时植物体内 75%的氮都集中在籽粒中。这意味着与收获指数不相关（假设收获指数不变）的高利用效率的小麦品种，其籽粒中的蛋白质含量将会下降。这将会影响籽粒的烘烤品质和营养价值，除非以提高相应的蛋白质质量来弥补蛋白质含量的下降。

面包烘烤品质在发达国家的小麦育种项目中一直被高度重视，如今在发展中国家的育种项目中也开始受到重视。之前发展中国家的小麦育种目标是提高小麦产量来养活不断增长的人口，现在已经扩展到在满足农民要求的基础上，生产高品质的小麦，以增加市场竞争力。

对小麦籽粒营养价值关注的另外一个原因是发展中国家人口的营养问题。小麦籽粒中营养成分的含量与蛋白质含量呈负相关。墨西哥和阿根廷的研究表明，纵观小麦育种的整个过程，籽粒中蛋白质的含量随着产量的提高一直在降低（Ortiz-Monasterio et al.，1997b；Calderini et al.，1995）。蛋白氮的减少与较高的肥料利用效率相关。因此，在发达国家和发展中国家，小麦育种的挑战将是继续提高氮肥的利用效率，同时保持和提高小麦的烘烤品质和/或营养成分含量。

当养分利用效率的另一组分，即吸收效率被作为一项策略应用于提高粮食产量的同时，一个左右为难的问题又产生了。对于那些连肥料都买不起的农民，只能在低投入条件下种植小麦，他们不需要高氮吸收效率的品种，因为此类品种的推广加速了土壤养分的消耗。相反，在高投入环境下，非常需要高吸收效率的小麦品种，不然的话残留在土壤里的氮（土壤中没有被作物吸收的氮）或者渗漏在土壤里的氮经硝酸化后污染地下水资源，或者形成 N_2、N_2O、NO_x 或 NH_3 释放到大气中。

在许多发达国家中，硝态氮淋失一直都有详细的文献记载（CAST，1985；Keeney，1986），这与为追求高产而施用氮肥过多有关，特别是沙壤土。然而，在发展中国家也有关于过多施用氮肥导致氮淋失的报道，这类报道将来还可能增加，因为 2006 年作物上施用的 90.86 亿 t 氮肥的 70%是被发展中国家所应用的（Heffer，2009）。

如今，全球发展中国家小麦生产体系的氮肥使用率相当高，如墨西哥、埃及，特别是中国的一些小麦种植区。墨西哥西北区是高投入的小麦生产区，当地农民的氮肥使用量平均为 250kg N/hm^2，研究人员已经发现了大量的氮肥渗漏（Riley et al.，2000）和高排放的温室气体进入大气层（Matson et al.，1998）。而加利福尼亚 Golf 地区的藻类迅速生长也是由于氮肥的过多施用，这与墨西哥 Yaqui 河谷农民过多施肥与灌溉造成的后果是一致的（Beman et al.，2005）。如果所用的品种和栽培管理体制仍像现在这样增加施氮量，那么在许多工业化国家普遍发生的氮渗漏和温室气体效应在发展中国家高投入的地区也将变得越来越广泛。

（三）提高氮肥利用效率的策略

CIMMYT 在 1950～1985 年选育的普通小麦品种产量逐渐提高。我们研究发现这些小麦品种在发展中国家灌溉区的施氮水平（75～150kg N/hm^2）下，籽粒产量的 50%与高氮吸收效率有关，另外 50%与高氮利用效率有关（Ortiz-Monasterio et al.，1997）。这清楚地表明氮吸收和利用效率的提高在过去很重要，在将来仍可能是十分重要的。

因此，选择和评价在高养分和低养分条件下氮利用效率是很重要的，研究者必须鉴定在低养分胁迫下表现好的基因型（高效型）和高投入条件下反应好的基因型（应答型）（图 3.2）。

图 3.2　在墨西哥索诺拉省 Yaqui 河谷的 CENEB 施氮（+N，每公顷 250kg 氮）与不施氮（0N）的品种（J. I. Ortiz-Monasterio 拍摄）

在 5 种氮肥水平下（低、中、高、高低交替、低高交替）对分离群体进行穿梭育种，我们发现在中或高氮肥条件下表现最高产的种质是在 Yaqui 的高氮和 Toluca 的低氮条件下交替选择（从 F_2 到 F_7）得到的；当所选品系在低氮环境下被评价时，没有观察到对氮选择的处理间存在差异（van Ginkel et al.，2001）。

因此，我们的结论是，氮吸收效率和利用效率的相对重要性是随着不同生产体系的需要而变化的，鉴于 CIMMYT 育种计划中种质的广适性是主要目标，我们将继续致力于氮吸收效率和氮利用效率两者的改善。

（四）硬粒小麦

1940～1989 年，我们在 4 种氮水平（0kg N/hm^2、75kg N/hm^2、150kg N/hm^2、300kg N/hm^2）下进行了 3 年的田间试验来研究硬粒小麦氮利用效率，在代表严重氮胁迫的 0N 处理中进展极其有限。氮胁迫条件下（0kg N/hm^2）的籽粒产量仅仅是 300kg N/hm^2 水平下的 39%，而其他 3 种氮水平下（75kg N/hm^2、150kg N/hm^2、300kg N/hm^2）的遗传增益显著且随氮水平的增长而增加。这可能与高秆品种（*Barrigion* Yaqui）的倒伏有关，特别是在每公顷 150kg 和 300kg 氮的条件下（Ortiz-Monasterio et al.，资料未发表）。相反，普通小麦育种者，在低、中、高氮水平下得到了相同水平的氮利用效率进展（Ortiz-Monasterio et al.，1997a）。有趣的是硬粒小麦和普通小麦育种者在墨西哥相同地点（如

Yaqui Toluca）的穿梭育种项目中使用相同的田间选择方法，但在严重氮胁迫条件下硬粒小麦的遗传增益似乎落后于普通小麦，这可能是因为硬粒小麦氮利用效率的遗传变异较小。

三、磷

土壤里含有大量的磷，但作物可利用的有效磷很少。Al-Abbas 和 Barber（1964）报道，土壤中磷的总量要比作物可利用的磷高出 100 倍。当把磷高效和应答作为小麦的育种目标时，我们就已经在选择这样的小麦品种，即不仅能在低磷条件下利用一般品种不能利用的磷（磷效率），而且能应答磷的施用量（磷应答能力）。

与对氮的研究情况相似，CIMMYT 一直在中到高磷的土壤条件下选育品种。结果表明，1950～1992 年 CIMMYT 选育的小麦品种在低磷和高磷水平下磷的利用效率已得到提高（Ortiz-Monasterio et al.，资料未发表）。根据 Gerloff's（1977）的研究，在这期间 CIMMYT 选育的普通小麦种质的磷效率和磷应答能力都提高了。

关于小麦的磷吸收和利用效率对总的磷利用效率的贡献几乎没有报道。CIMMYT 曾评价过春小麦在墨西哥中部高原的火山灰土壤雨养区和西北部低海拔变性土壤灌溉区两个不同的环境下对磷的吸收和利用的相对重要性。选用一套墨西哥品系研究了吸收和利用的特性。结果表明，在无铝毒的酸性火山灰土壤中，磷的吸收效率比利用效率更重要；相反，在碱性土壤中，对于同样一组基因型，利用效率更重要（Manske et al.，2001）。在这两种环境条件下，CIMMYT 的这些材料对于磷吸收和磷利用均具遗传多样性。

该研究表明，与氮的情况相似，对这一套基因型来说，环境条件在磷吸收和磷利用效率的表达中起着很重要的作用。然而，对于磷来说，并不是低磷、高磷环境影响了小麦磷吸收和磷利用效率的表达，而是地点效应。但是，我们并不清楚在地点效应中有多少来自土壤效应，有多少来自地面效应（辐射、温度等）（Manske，1997）。还要明确的是，为什么相同基因型材料磷吸收效率的遗传多样性在一些环境中表现，而在另一些环境中不表现。

在高或低养分条件下鉴定种质资源使我们能够了解在养分胁迫（低投入）下表现较好的基因型及对高养分反应较好的基因型（图 3.3，图 3.4）。初步数据表明，低磷条件下鉴定高世代遗传材料，对发现磷胁迫条件下优异的种质资源非常有用；而只在高磷条件下鉴定高世代遗传材料，有时会漏掉在低磷条件下较好的基因型，常常在高磷条件下可能淘汰了这些材料（Trethowan et al.，未发表）。因此，在高和低两种营养条件下选择和评价材料是很重要的。

在酸性土壤中，缺磷常常伴随着 Al、Mn 毒性，特别是在 pH 低于 5.4 的土壤条件下。已有证据表明，控制适应 Al 和 Mn 毒性与耐低磷的基因似乎是独立遗传的并可重组（Polle et al.，1990）。因此专家建议，如果可能的话，首先在没有 Al 和 Mn 毒性的土壤条件下筛选耐缺磷基因型。一旦在田间筛选出磷高效的优异材料，就可以在田间或水培条件下鉴定这些材料对 Al 和 Mn 毒性的耐性。

图 3.3　墨西哥米却肯州的 Patzcuaro 磷利用效率筛选小区（J. I. Ortiz-Monasterio 拍摄）
两幅图中，右图施磷 80kg P_2O_5/hm^2，左图不施磷。A. P 低效基因型；B. P 高效基因型

图 3.4　墨西哥索诺拉省 Yaqui 河谷 CENEB 的磷利用效率筛选小区（J. I. Ortiz-Monasterio 拍摄）
图下部施磷 80kg P_2O_5/ hm^2，图上部不施磷

当我们确定了在营养液培养和田间鉴定条件下磷吸收的表现显著相关后，才可避免用营养液培养来鉴定磷吸收效率。这很重要，因为极少的作物磷需求是通过总体流（蒸腾流动）提供的。扩散很重要，但在溶液培养里难以模拟。一般认为营养液培养不应作为主要筛选环境，因为它与田间鉴定结果相关性很低，而且营养液培养不能很好地模拟土壤与植物的相互关系。

（一）磷吸收与利用效率

磷利用效率是指植物中每单位磷所生产的籽粒产量，依赖于植物本身对磷的需求。增加收获指数、磷收获指数、降低籽粒中磷浓度都可以提高磷的利用效率（Jones et al.，1989；Batten，1992）。

CIMMYT 选育的大部分高产小麦品种在灌溉条件下的磷收获指数约为 80%。与氮相似，如果已知提高收获指数的余地小，则高磷利用效率品种的选育将降低籽粒磷含量。由于籽粒中的磷含量较低，其从土壤中吸收的磷量则低，对这种品种的选择有助于土地的可持续利用（Schulthess et al.，1997）。籽粒中磷含量的遗传差异在不同的环境里是相当一致的（Schulthess et al.，1997）。澳大利亚是世界上最主要的小麦出口国，但土壤中有效磷很少。如果育种者能减少小麦籽粒中的磷含量，农民将可以购买少量磷肥以补偿出口的籽粒中带走的磷。

但减少籽粒中的磷含量是有限度的。有证据表明小麦籽粒中的磷含量如果太少的话会影响种子活力，特别是在缺磷的土壤里。对 CIMMYT 选育历史上很重要的一组半矮秆普通小麦品种的研究表明，籽粒中的磷含量通过品种选育逐年显著下降（Manske，1997），阿根廷一个小麦育种项目也有相似的结果（Calderini et al.，1995）。与氮相似，籽粒中磷含量降低与其磷利用效率有关。

植物所吸收的氮大部分来自总体流（即由于植物蒸腾失水，土壤水分移向根部）。但植物对磷的吸收主要是通过根系吸收形成的梯度扩散。土壤溶液里的磷浓度（$<0.05\mu g^{-1}$）与硝态氮（$100\mu g^{-1}$）相比小得多，而且极少能通过毛细管水分运动移向根部。植物吸收的磷量受根土界面磷浓度的限制，这意味着小麦根系必须不断地生长，以与新的土壤接触来吸收磷，所以根长是吸收表面积的主要决定因素。

具有大的根长密度（root length density）的小麦品种能够从土壤里吸收更多的磷（Manske et al.，2000）。当磷浓度低的时候，根长密度与磷吸收或籽粒产量的相关系数通常为 0.50～0.60，但在磷供应充足的条件下，相关性会降低。在某些环境中，磷吸收效率比磷利用效率更重要。在磷吸收效率对磷利用效率起主要作用的地区，磷吸收效率是提高磷利用效率的巨大保障，因为全磷含量较高的土壤中速效磷含量往往较低。

（二）提高磷吸收效率的策略

可采用不同的方法提高磷的吸收（Polle et al.，1990；Johansen et al.，1995），详述如下。

1. 增加根土接触面

这可通过改变根系形态来实现。在根重不变的情况下，增加比根长（即根的直径较小）能够增加根表面积；其次是增加根毛。所以根的细度和分枝是小麦磷吸收效率的重要决定因素（Jones et al.，1989）。这条途径似乎是有保障的，有证据表明小麦根毛性状有大的遗传变异。但是，鉴定根毛性状耗时费力限制了它在育种项目中的应用，因为育种项目中需要筛选大量的基因型。

2. 增加根的有效面积

已经证明根与丛枝菌根真菌（AMF）共生增加了根的有效面积，从而增加了磷的吸收（Hayman et al.，1971）。感染AMF提高了磷的吸入（每单位根长所吸收的磷）；另外，关于小麦种质资源中囊状灌木菌（VAM）相关性状的遗传多样性的研究结果并不一致（Vlek et al.，1996）。Vlek等认为小麦品种与VAM的关联存在品种间差异。相反，CIMMYT选育的春小麦VAM菌根共生体品种间差异却很小，而且差异与高的磷吸收并非高度相关（Manske et al.，2000）。

3. 通过改变根际状况增加养分的可利用性

根系分泌物，从质子到复杂的有机分子，都能影响养分的可利用性和吸收。已经有学者报道，磷酸酶只能将较少的有效有机磷（通常占植物总供磷量的40%～50%）转化成植物可吸收利用的无机磷（Randall，1995）。根系分泌的及被根表面束缚的磷酸酶存在基因型差异（McLachlan，1980）。我们对火山灰土壤（andisol）的研究表明，在不同小麦和小黑麦品种中酸性磷酸酶与磷吸收是相关联的（Portilla-Cruz et al.，1998）。

与氮的情况相似，选育高磷利用效率品种的多数机会在于提高生物量生产效率（BPE）而不是收获指数，因此可以在保持植物体内现有磷水平的基础上增加生物产量，或在植物保持一个较低的磷浓度的基础上维持现有的物质生产。利用效率是植物利用所吸收磷的效率，而磷的吸收利用是一种功能，即磷如何有效地分配到功能位点及在该位点上细胞对磷的需求（Loneragan，1978）。

四、养分吸收效率的计算

正如先前的定义一样，吸收效率是指作物从土壤里吸收养分的能力。即

吸收效率=植株成熟时地上部的总养分（Nt）/提供的养分（Ns）　　(3.4)

在作物任何生长发育阶段都可以测量吸收效率，而在开花期和生理成熟期测量的结果特别有用。下面描述的步骤即测量吸收效率的方法。

首先，生物量样品是收获给定区域的（最小0.5m^2）地上部分的生物量，或随机收获预先确定的有代表性的一定数目的植株（建议最少50株）。Bell和Fischer（1994）描述了在不同生长发育阶段取样的详细方法。

如果取样正好在开花前后，分析氮、磷吸收时不需要将籽粒与植株地上部的其余部分分开；如果在生理成熟期前后取样，进行氮的分析时，将籽粒与地上部的其余部分分开是很重要的，因为籽粒与非籽粒生物量（叶、茎、谷壳）中营养成分浓度的百分数存在很大差异。在灌溉和施肥条件较好的春小麦中，我们观察到在该阶段籽粒含大约2%的氮，而非籽粒部分含大约0.8%的氮，因此，最好使用加权平均值计算植物的总养分。

植株成熟时地上部的总养分（Nt）=籽粒干重（g/m^2）×籽粒的养分浓度（%）
+非籽粒部分干重（g/m^2）×非籽粒部分养分浓度（%）　　(3.5)

养分吸收效率可通过植物体内全部养分除以肥料提供的养分（g/m^2）而得到。如果采集的土壤样品里的可利用养分是已知的，那么就可将其加到肥料提供的营养成分里。

养分的吸收主要依赖于根部特性，特别是对土壤里不能移动的养分，如磷。

五、养分利用效率的计算

养分利用效率是指作物把吸收的养分转化成籽粒产量的能力。

利用效率=植物成熟时的地上部分总干重（Tw）/植物成熟时地上部分的总养分（Nt）　（3.6）

如果要计算吸收效率，还需要采集一定的信息。首先按照式（3.7）计算收获指数（HI）。

HI=籽粒干重（Gw）/地上部分总干重（Tw）　（3.7）

测量时可收获一定面积或一定数量的植株，参见 Bell 和 Fischer（1994）。最后计算生物量生产效率（BPE）。

BPE=籽粒干重（Gw）/植物成熟时地上部分的总养分（Nt）　（3.8）

六、结　　论

CIMMYT 的普通小麦育种工作表明，在低、中、高氮水平下鉴定和评价遗传材料，能表现其在中、高氮水平下的遗传增益。换句话说，在适宜条件下对高产潜力小麦品种的选育中可鉴定出在低、中、高氮水平下有较高氮利用效率的品种资源。已经有证据表明，在低高交替的氮水平下能够选育出对氮更有效和反应更灵敏的种质资源。

很显然，作物的养分利用效率和对养分的反应性受遗传控制。一些研究者把这两个性状作为不同的育种目标，但两者并非不可相容，CIMMYT 普通小麦育种者的研究结果就是最好的证据之一。在最近几十年，CIMMYT 一直都在中到高氮磷水平下选育小麦品种，已选育出对氮和磷不仅具高反应性而且具高利用效率的小麦品种。

为了描述其特性和更好地理解高氮、磷利用效率的机制，建议：

- 使用由 Moll 等（1982）提出的氮、磷利用效率的概念；
- 区分有效性和反应性。这需要在低和高氮、磷条件下鉴定所有的种质资源；
- 确定目标环境中吸收效率和利用效率哪个更重要；
- 理解高吸收（更多的根、磷酸酶等）或高利用效率（生物量生产效率与收获指数）的机制，如果搞清了这些机制，就可将其作为选择标准；
- 一旦鉴定出控制这些性状的遗传标记，就可在实验室选择这些性状。

参 考 文 献

Al-Abbas, AH. and Barber, SA. (1964) A soil test for phosphorus based upon fractionation of soil phosphorus. I. Correlation of soil phosphorus fractions with plant-available phosphorus. *Soil Science Society of America Proceedings* 28, 218–221.

Batten, GD. (1992) A review of phosphorus efficiency in wheat. *Plant and Soil* 146, 163–168.

Beman, JM., Arrigo, KR. and Matson, PA. (2005) Agricultural runoff fuels large phytoplankton blooms in vulnerable areas of the ocean. *Nature* 434, 211–214.

Bell, MA. and Fischer, RA (1994) Guide to plant and crops sampling: Measurements and observations for agronomic and physiological research in small grain cereals. *Wheat Special Report No. 32.* Mexico, D.F.: CIMMYT.

Byerlee, D. (1996) Modern varieties, productivity, and sustainability: Recent experience and emerging challenges. *World Development* 24(4), 697–718.

Calderini, DF., Torres-Leon, S. and Slafer, GA. (1995) Consequences of wheat breeding on nitrogen and phosphorus yield, grain nitrogen and phosphorus concentration and associated traits. *Annals of Botany* 76, 315–322.

Council for Agricultural Science and Technology. (1985) Agricultural and ground-water quality. Report No. 103. CAST, Ames, IA.

Dhugga, KS. and Waines, JG. (1989) Analysis of nitrogen accumulation and use in bread and durum wheat. *Crop Science* 29, 1232–1239.

Fischer, RA. (1981) Optimizing the use of water and nitrogen through breeding of crops. *Plant and Soil*. 58, 249–278.

Gerloff, S. (1977) Plant efficiencies in the use of N, P and K. In: *Plant adaptation to mineral stress in problem soils*. Wright, MJ. (Ed.). Cornell University Press: New York. pp. 161–174.

Hayman, DS. and Mosse, B. (1971) Plant growth response to vesicular-arbuscular mycorrhiza. I. Growth of Endogone inoculated plants in phosphate deficient soils. *New Phytologist* 70, 19–27.

Heffer, P. (2009) Assessment of fertilizer use by crop at the global level 2006/07–2007/08. International Fertilizer Association, IFA. Paris, France. Available at: http://www.fertilizer.org/ifa/Home-Page/STATISTIC (accessed 27 October 2010).

Johansen, C., Subbarao, GV., Lee, KK. and Sharma, KK. (1995) Genetic manipulation of crop plants to enhance integrated nutrient management in cropping systems: The case of phosphorus. In: *Genetic manipulation of crop plants to enhance integrated nutrient management in cropping systems. 1.* Phosphorus: Proceedings of an FAO/ICRISAT Expert Consultancy Workshop. Johansen, C., Lee, KK., Sharma, KK., Subbarao, GV. and Kueneman, EA. (Eds.). Andhra Pradesh, India: International Crops Research Institute for the Semi-Arid Tropics. pp. 9–29.

Jones, GPD., Blair, GJ. and Jessop, RS. (1989) Phosphorus efficiency in wheat – A useful selection criteria? *Field Crops Research* 21, 257–264.

Keeney, DR. (1982) Nitrogen management for maximum efficiency and minimum pollution. In: *Nitrogen in agricultural soils*. FJ. Stevenson (Ed.). Agron. Monogr. 22. ASA, CSSA and SSSA, Madison, WI. pp. 605–649.

Loneragan, JF. (1978) The physiology of plant tolerance to low P availability. In: *Crop tolerance to suboptimal land conditions*. GA. Jung (Ed.). Am. Soc. Agron. Spec. Publ. No. 32. Madison, WI. pp. 329–343.

McLachlan, KD. (1980) Acid phosphatase activity of intact roots and phosphorus nutrition of plants. II. Variation among wheat roots. *Australian Journal of Agricultural Research* 31, 441–448.

Manske, GGB. (1997) Utilization of the genotypic variability of VAM-symbiosis and root length density in breeding phosphorus efficient wheat cultivars at CIMMYT. Final Report of Special Project No. 1-60127166, funded by BMZ, Germany.

Manske, GGB., Ortiz-Monasterio, JI., van Ginkel, M., Gonzalez, RM., Fischer, RA., Rajaram, S. and Vlek, P. (2001) Importance of P-uptake efficiency vs. P-utilization for wheat yield in acid and calcareous soils in Mexico. *European Journal of Agronomy* 14(4), 261–274.

Manske, GGB., Ortiz-Monasterio, JI., van Ginkel, M., Gonzalez, RM., Rajaram, S., Molina, E. and Vlek, PLG. (2000) Traits associated with improved P-uptake efficiency in CIMMYT's semidwarf spring bread wheat grown on an acid andisol in Mexico. *Plant and Soil* 22(1), 189–204.

Matson, PA., Naylor, R. and Ortiz-Monasterio, I. (1998) Integration of environmental, agronomic and economic aspects of fertilizer management. *Science* 280, 112–115.

Moll, RH., Kamprath, EJ. and Jackson, WA. (1982) Analysis and interpretation of factors which contribute to efficiency of nitrogen utilization. *Agronomy Journal* 74, 562–564.

Ortiz-Monasterio, JI. (2002) Nitrogen management in irrigated spring wheat. In: B. Curtis, S. Rajaram and H. Gomez Macpherson (Eds.) p.433–452. *Bread Wheat Improvement and Production*. FAO Plant Production and Protection Series No. 30, Rome, Italy. No. pp. 554.

Ortiz-Monasterio, JI., Sayre, KD., Rajaram, S. and McMahon, M. (1997a) Genetic progress in wheat yield and nitrogen use efficiency under four N rates. *Crop Science* 37(3), 898–904.

Ortiz-Monasterio, JI., Peña, RJ., Sayre, KD. and Rajaram, S. (1997b) CIMMYT's genetic progress in wheat grain quality under four N rates. *Crop Science* 37(3), 892–898.

Polle, EA. and Konzak, CF. (1990) Genetics and breeding of cereals for acid soils and nutrient efficiency. In: *Crops as enhancers of nutrient use*. Baligar, VC. and Dunca, RR. (Eds.) Academic Press. pp. 81–121.

Portilla-Cruz, I., Molina Gayosso, E., Cruz-Flores, G., Ortiz-Monasterio, I. and Manske, GGB. (1998) Colonización micorrízica arbuscular, actividad fosfatásica y longitude radical como respuesta a estrés de fósforo en trigo y triticale cultivados en un andisol. *Terra* 16(1), 55–61.

Randall, PJ. (1995) Genotypic differences in phosphate uptake. In: *Genetic manipulation of crop plants to enhance integrated management in cropping systems. 1.* Phosphorus: Proceedings of an FAO/ICRISAT Expert Consultancy Workshop. Johansen, C., Lee, KK., Sharma, KK., Subbarao, GV. and Kueneman, EA. (Eds.) Andhra Pradesh, India: International Crops Research Institute for the Semi-Arid Tropics. pp. 31–47.

Riley, WJ., Ortiz-Monasterio, I. and Matson, PA. (2001) Nitrogen leaching and soil nitrate, and ammonium levels in an irrigated wheat system in northern Mexico. *Nutrient Cycling in Agroecosystems* 61, 223–236.

Schulthess, U., Feil, B. and Jutzi, SC. (1997) Yield-independent variation in grain nitrogen and phosphorus concentration among Ethiopian wheats. *Agronomy Journal* 89, 497–506.

van Ginkel, M., Ortiz-Monasterio, I., Trethowan, R. and Hernandez, E. (2001) Methodology for selecting segregating populations for improved N-use efficiency in bread wheat. *Euphytica* 119(1-2), 223–230.

Vlek, PLG., Lüttger, AB. and Manske, GGB. (1996) The potential contribution of arbuscular mycorrhiza to the development of nutrient and water efficient wheat. In: The Ninth Regional Wheat Workshop for Eastern, Central and Southern Africa. Tanner, DG., Payne, TS. and Abdalla, OS. (Eds.). Addis Ababa, Ethiopia: CIMMYT. pp. 28–46.

（孙黛珍 译）

第四章　小麦产量潜力遗传改良的机遇

Matthew Reynolds[1]，John Foulks[2]，Robert Furbank[3]，Martin Parry[4]

摘　　要

理论上，通过对小麦光能利用效率的遗传改良能够将产量潜力提高50%以上。然而，要达到农学上的效果，还必须改良作物的组织结构和生殖发育系统。提高光能利用效率的重点是提高Rubisco的效率、导入C4植物特征性状（如CO_2浓缩机制），以及改良穗部和群体冠层的光截获和光合作用。为使额外光合同化物转化为籽粒产量的提高，生殖生长必须适应于农业生态系统的范围，以确保稳定达到高产的收获指数。植株器官间干物质的合理分配对于实现收获指数的最佳表达是必需的，并可保证较高的籽粒库容和足够的根/茎强度，避免发生倒伏。基于性状改良的杂交策略应致力于在优良农艺背景下多性状的同时改良，必要时应通过远缘杂交来增强种质的遗传多样性。使用基因组选择方法，特别是针对难以鉴定的表型性状。通过CIMMYT的国际鉴定圃系统将新创制材料释放到全世界各个国家的小麦项目组，预计将为全球粮食安全做出重要贡献。

一、引　　言

由于绿色革命技术的应用已使全世界范围内的小麦生产力得到提高（Evenson and Gollin，2003）。尽管如此，21世纪中叶世界人口将达到90亿，养活如此规模的人口群体，粮食生产力将面临新的挑战，尤其是在粮食安全方面更脆弱的欠发达国家和地区，其主要原因有三：①大多数粮食靠纯进口（Dixon et al.，2009）；②许多国家小麦科研项目不具备解决国内粮食供求矛盾的能力（Kosina et al.，2007）；③多数国家位于极端气候频发地区（Lobell et al.，2008）。最近几十年来，国际公共小麦育种项目主要关注于病害和非生物胁迫抗性的提高（Reynolds and Borlaug，2006；Braun et al.，2010），而致力于提高产量潜力的研究未受到应有的重视。事实上，提高生产力的根本瓶颈（即光能利用效率的改良）几乎没有任何改变。

理论上而言，通过光合作用的改良可以提高作物产量潜力（Long et al.，2006；Parry et al.，2007；Zhu et al.，2010）。这是考虑到，C3作物的CO_2同化效率低，而C4作物较C3作物的光能利用效率可提高50%以上。对于小麦，Rubisco的遗传修饰及其调控是改良光合效率的主要目标（Parry et al.，2007）。而对于水稻，一个非常宏大的举措是将

---

1 CIMMYT，墨西哥
2 诺丁汉大学，英国
3 CSIRO植物所，澳大利亚
4 洛桑研究所，哈普敦，英国

C4 植物光合特性导入其基因组（Furbank et al.，2009）。然而，提高光合潜力的研究应聚焦于细胞和亚细胞过程，这必须与植物组织结构和生殖生长的遗传改良同步进行，因为它们决定着光能利用效率的提高。特别是生殖过程对季节和其他环境因子变化的适应性相关知识的了解甚少，然而这却是决定光合同化物转化成籽粒产量效率的关键（Reynolds et al.，2009a）。另外，即使在目前产量潜力水平条件下，全球小麦产量的一大部分因受倒伏的困扰而损失严重（Berry et al.，2004）。总之，为了实现目前农业大环境下的增产，必须同时抓住如下几个主要目标：①通过对光能利用效率的改良提高作物生物量；②改善生育过程对主要小麦农业生态系统的目标适应性，从而允许增加 RUE，持续提高粒重；③强化植株组织结构特征，确保不因倒伏而损失籽粒产量潜力和品质。为实现这些目标，CIMMYT 开始与全球作物专家协商，最终组建了小麦产量协作网（Wheat Yield Consortium，WYC）（Reynolds et al.，2011）。通过世界范围联合且持续性的研究，小麦产量协作网将发展成为一个具有凝聚力的团队，最大可能地在农民田地里实现产量潜力的提高（图 4.1）。

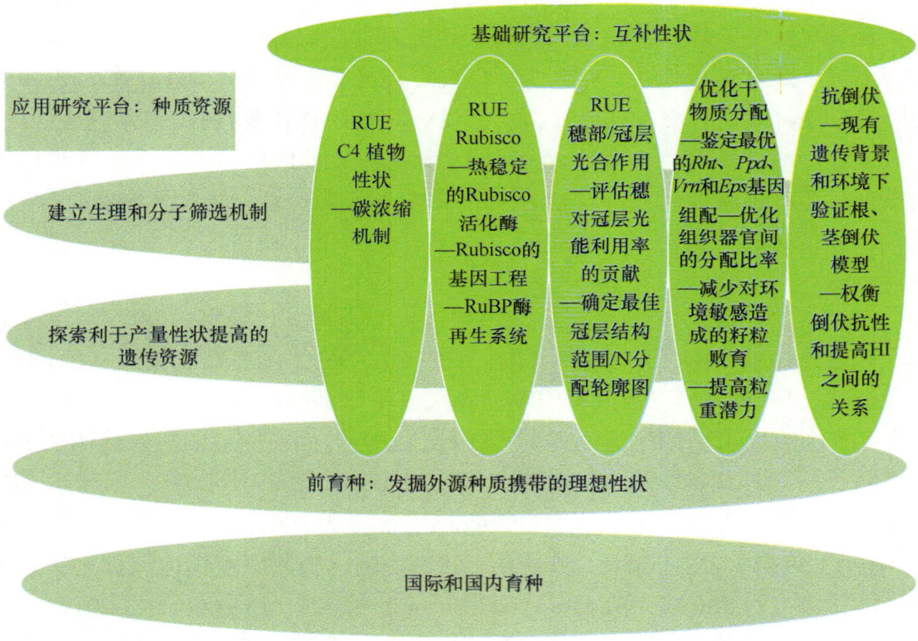

图 4.1　提高小麦产量潜力的研究策略

HI：收获指数；RUE：光能利用效率

二、概述提高小麦产量潜力的研究方法

小麦产量协作网包括 3 个相关研究专题：

（1）提高光合能力和光合效率；

（2）优化干物质向籽粒的分配，保持抗倒性；

（3）积累产量潜力性状的育种。

每个专题包括一套子专题（SP），是利用现有知识和在研项目建立起来的（表 4.1）。

在下述 3 节中，3 个专题的主要目标是研究成果如何转化为育种上可使用的新性状，事实上即产生新的小麦品种。这 3 个研究主题的更详细内容已分别发表（Parry et al.，2011；Foulkes et al.，2011；Reynolds et al.，2011）。

表 4.1　小麦产量协作网的子专题（Sub-project，SP）

专题 1：提高光合能力和光合效率	
SP 1.1	光合能力和光合效率的表型选择
SP 1.2	捕获穗部光合潜力
SP 1.3	优化冠层光合作用和光合持续时间
SP 1.4	叶绿体二氧化碳泵
SP 1.5	优化 RuBP 再生
SP 1.6	提高 Rubisco 活化酶的热稳定性
SP 1.7	将 LS Rubisco 导入植物
专题 2：优化干物质向籽粒的分配，保持抗倒性	
SP 2.1	通过提高干物质向穗生长的分配比率、穗粒数最大化，使收获指数达到最优化
SP 2.2	优化发育模式以使穗具最大育性
SP 2.3	通过改良穗发育对环境因素的敏感性提高穗的育性
SP 2.4	提高灌浆强度和潜在的籽粒库容
SP 2.5	鉴定抗倒伏相关性状，开发抗倒种质资源
SP 2.6	建立性状的最优组配模型及对性状间的权衡
专题 3：积累产量潜力性状的育种	
SP 3.1	基于性状和分子标记的育种
SP 3.2	通过远缘杂交提高光合能力
SP 3.3	通过全基因组选择提高育种效率
SP 3.4	种质的评价与释放

专题 1：提高光合能力和光合效率

实现作物产量潜力的量化提高，主要需改良其光合能力和/或效率。在水稻新类型品种上，穗粒数得到显著的提高，但仅有 40%小花可育且正常灌浆（Sheehy et al.，2007），这意味着在作物关键发育阶段，因光合产物的供给不足，使得“源”受到限制。对于小麦的研究发现，籽粒库容和光合能力可能比较协调，也有证据表明，历史上小麦产量潜力的遗传增益与光合速率的提高存在关联（Fischer et al.，1998）。此外，基础研究已证实，光合作用实质性的改良在理论上是可行的（Parry et al.，2007；Zhu et al.，2010）。

应用于提高植物总生物量的研究途径有两种，其主要目的都是提高光合能力和光合效率。瞄准其第一步，即 C3 光合作用中受 Rubisco 催化的 CO_2 固定，以及后续的酶底物 1,5-二磷酸核酮糖（RuBP）的再生。Rubisco 在低催化效率下起作用，也会催化一种氧化反应（启动光呼吸），造成碳源和能量的额外消耗（Zhu et al.，2010）。第一个途径包含多个组分（表 4.1），一个组分拟在 5 年内投入应用，它瞄准 Rubisco 蛋白的性质和相关光合机制。在全叶片或冠层条件下，直接测量与数学模型相结合可对多种小麦种质进行光合性能的表型筛选。这个表型组学鉴定方法将定义各类种质，它们具有不同 Rubisco 性能和相关调节蛋白，如 Rubisco 活化酶（表 4.1，SP 1.1，SP 1.2 和 SP 1.3）。

这将与筛选改善穗部光合能力的项目相结合，提高穗部光合能力将对籽粒碳的积累具有很大贡献（表 4.1，SP 1.2）（Schneider，1999）。

基因工程将用来改善 RuBP 的再生、Rubisco 活化酶（表 4.1，SP1.4）或者通过 Rubisco 亚基的导入来增强酶促反应能力（表 4.1，SP 1.6）。在低光照和提高 CO_2 浓度条件下，RuBP 的再生将限制光合碳同化作用。现已明确证实，在可控环境下过量表达景天庚酮糖-1,7-二磷酸酶（SBPase）操纵 RuBP 的再生能提高植物生产力。建模方法也表明，可以利用过量表达果糖-1,6-二磷酸酶（FBPA）来提高籽粒产量收益。在 SP 1.5 中，可通过过量表达 SBPase 和 FBPA 来提高小麦 RuBP 再生能力，预计改良后能增加 10%左右的产量（Reynolds et al.，2009a）。多种植物中 Rubisco 活化酶的热稳定性遗传变异已被建立，而其他的已在拟南芥中可靠定位（Salvucci and Crafts-Brander，2004；Kurek et al.，2007）。SP 1.6（表 4.1）重点改造 Rubisco 活化酶的耐热性，其目标是扩大光合作用的温度范围。

目前，在鉴定不同物种 Rubisco 活化酶催化性能的自然变异方面已取得很大进展，并开发了许多工具将 Rubisco 活化酶基因导入植物。建模研究表明，将现有的 Rubisco 酶基因导入到其他植物体内能够显著提高其光合性能（Parry et al，2007）。通过 SP 1.7 的描述（表 4.1），表明人们已意识到这方面研究的发展潜力，并将研发叶绿体转基因小麦作为一项长期策略。

另外一种途径是模拟自然界已经存在的 CO_2 浓缩系统。CO_2 富集在叶绿体膜内 Rubisco 存在的位置，消除了光呼吸并确保了 Rubisco 活化酶一直处于最佳催化状态。这一系统存在于 C4 植物中，其 CO_2 富集机制已进行了多次进化，在 Rubisco 存在的位置能使 CO_2 浓度提升到大气水平的 10 倍以上（von Caemmerer and Furbank，2003）。目前，一家国际财团正试图在水稻上建立 C4 循环系统（Furbank et al.，2009），然而，该光合机制在组织结构上和生化途径上操作的复杂性注定了这项研究任务的艰巨程度，况且其基本的一些基因尚未明确。在许多藻类和蓝细菌光合过程中，CO_2 穿过细胞膜泵入，其富集浓度可提升到比 C4 植物更高的水平，最终生成碳酸氢盐形式物质（Price et al.，2008）。其实，仅仅需要转化 1～2 个基因即可提升 CO_2 富集浓度，现在这些基因已被克隆并得到功能验证（Price et al.，2008）。如果能够将这些转运蛋白置于小麦叶绿体膜内，而且系统功能能够像藻类和蓝细菌一样的话，将会大幅度提高小麦的光合效率（表 4.1，SP 1.4）。

总之，较多的可选择性技术可用于提高小麦光能利用效率，包括转基因和非转基因策略，其中一些技术手段可能通过生理互补或遗传添加模式完成。今后，小麦近缘属内和属外的遗传多样性探索将最终确定哪种提高光能利用效率的策略最有可能在育种中被有效实施。

专题 2：优化干物质向籽粒的分配，保持抗倒性

生殖过程对环境的适应性仍被视为禾谷类作物改良中最具挑战性的方面（Barnabas et al.，2008）。“绿色革命”以来，收获指数的改良虽然已达到预期的育种目标（Sayre et al.，1997；Shearman et al.，2005），但相关的生理和遗传基础仍未完善建立。就小麦而

言，部分原因是其生长于多种温度和纬度广阔的区域内，极端气候情况下，适应性差可致严重减产，尽管其生物量能够正常积累。关键的生理组分包括发育对春化、光周期及其他环境因子的反应等，这些环境因子影响植物内生长资源的竞争（Fischer，1985；Slafer and Rawson，1994；Ugarte et al.，2007；Ghiglione et al.，2008）。已有研究表明，穗部结实率的改良能够通过提高发育中麦穗对碳同化物的可利用性来完成（Fischer，1985），从而减少发育早期籽粒的败育（Miralles and Slafer，2007）或者提高籽粒库容强度（Calderini and Reynolds，2000；Duggan and Fowler，2006）。植物光合性能，器官间对同化物的竞争，以及它们与环境信号的相互作用（这些环境信号是植物对光周期、温度、水分和营养状态的一种反应）等诸多因素均影响籽粒败育和增加库容的过程。如果穗育性得不到更好的优化，当今小麦种质资源的光合性能可能无法得到有效利用（Reynolds et al.，2009a）。

目前，一个与水稻穗育性相关的候选基因 *Gn1a* 已被鉴定，它编码细胞分裂素氧化酶，主要通过调控水稻穗部细胞分裂素水平来提高生殖发育组织的数量，最终影响穗粒数（Ashikari et al.，2005）。生长调节剂对穗粒数增加具有显著作用，较好地了解植物信号转导途径（Davies et al.，2005），才可能阐述穗育性与环境及其遗传基础三者之间的相互关系。

SP 2.1～SP 2.4（表 4.1）尤其侧重于更好地了解上述性状的相互作用，并确定可靠的生理和分子标记的选择标准，以至于使光能利用效率改良能被转化为更大的农业产量潜力。在此背景下，矮秆及春化、光周期响应相关基因特异标记的利用将为光能利用率研究提供一些有价值的遗传基础支撑。一个重要的研究目标是最大限度地增加穗发育阶段的同化物分配比率，提高穗的育性，即提高潜在的穗粒数和粒重潜力。然而，具高光合速率和高生物量的植物，似乎需要更加有效甚至更庞大的根系。因此，对于不同物质分配策略相联系的产量潜力的权衡，必须仔细评价其来龙去脉，其中限制产量最可能的因素是资源。

植物组织器官间的干物质分配也很关键，在确保具有高粒重潜力的同时，应具有足够坚韧的茎秆和根系，避免组织结构受损，发生倒伏事件（Berry et al.，2007）。倒伏是小麦生产中的常见现象，造成减产多达 80%，且降低籽粒品质（Easson et al.，1993；Berry et al.，2004）。高产作物要求具备较高强度的茎秆和根系，任何增加产量潜力的策略必须包括倒伏抗性（表 4.1，SP 2.5）。目前，抗倒伏性状的分子标记发掘是重要的，虽然这些性状在大田条件下不易进行表型鉴定，但有些倒伏相关性状是可遗传的，如扩散型根冠和茎秆材料的强度等。

综上所述，许多与优化农艺性能相关的性状，其遗传基础不受增加光能利用效率或提高生物量的控制。它们的生理机制，性状间的复杂交互及其遗传基础都将在这个专题中被解析。这些性状间交互作用（表 4.1，SP 2.6）的仿真模型将用于完善一些概念模型，并在专题 3 中用于育种决策。专题 2 的产出是一个由表型鉴定方法和分子标记构成的工具包，用以促进制定杂交策略和后代选择，于是其收获指数和抗倒伏性的表现在针对小麦主要农业生态系统的目标种质中将被优化。

专题 3：积累产量潜力性状的育种

性状选择是育种的基础，而且已通过合并如株高、花期、普通病害抗谱的抗性，以最终用途衡量的品质参数，以及基于多点试验的产量等简单遗传的农艺性状取得持续发展（Braun et al.，2010）。为了加快未来产量的遗传增益，现在必须将所有复杂生理性状（PTS）作为附加标准合并进来。专题 3 的主要目的是整合复杂生理性状，令其后代包含所有性状，以其产生最大化农业效益的等位基因来提高光能利用效率，将与收获指数和抗倒伏性状相关的复杂生理性状（即抗病性和相应的品质参数等）导入优良农艺背景中。基于生理性状的育种方法已在 CIMMYT 成功地实施，新一代抗旱广适型品系已经发放到世界各地（Reynolds et al.，2009b）。其原则适于亲本杂交组配的概念性平台（图 4.2），这些杂交考虑了提高产量潜力的复杂生理性状，并结合视觉标准、精确表型鉴定和分子标记辅助选择 3 种方法选择其后代（SP 3.1）。本节也将评价全基因组选择，因为它已在玉米育种中广泛应用（Bernardo and Yu，2007），且提供了一个非常有前景的强有力的机制，用于提高互补性生理性状等位基因的累积（SP 3.3）。

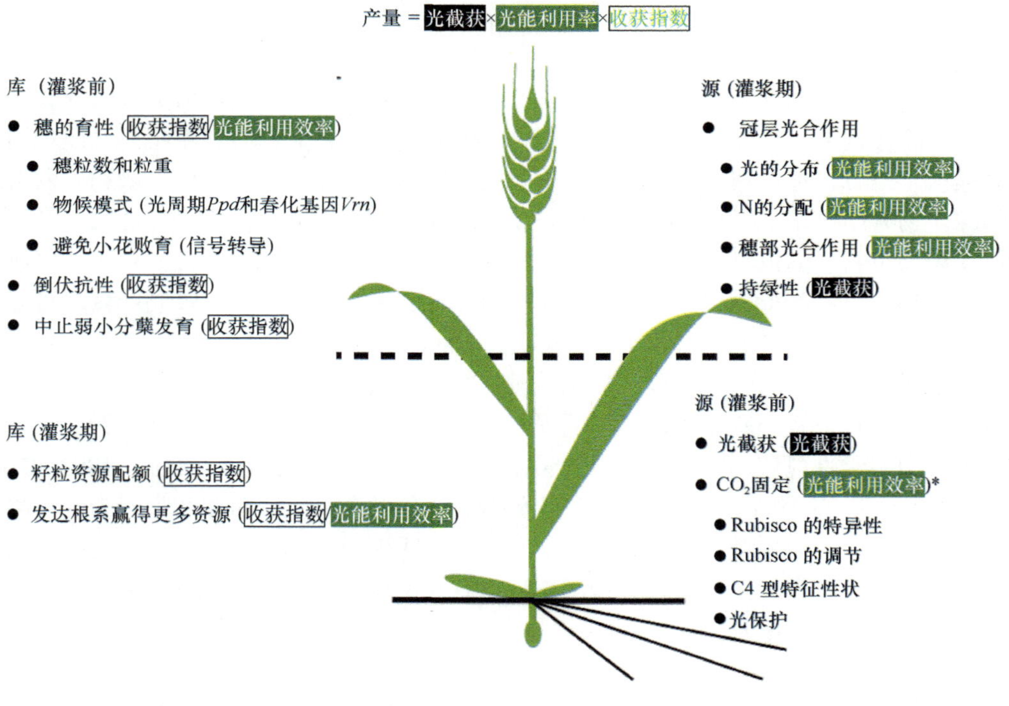

图 4.2 小麦上为产量潜力性状互补结合而设计的杂交组配概念平台

[基于 Renolds 等（2009a）评述的性状]

*表示对光合同化物的源/库及其在灌浆前/后或两个时期均优势表达的性状进行归类整理

初级小麦基因库（如普通小麦）需要从缺乏遗传多样性的传统种质以外的资源中补充一些性状。实际上，在小麦族中种间和属间杂交已经成为常规程序（Skovmand et al.，2001；Trethowan and Mujeeb-Kazi，2008）（表 4.1，SP 3.2）。除许多光合性状外，还包括一些穗部育性好、抗倒伏的种质资源，现均已了解了这些性状。由于传统基因库中现有表达水平的限制，其他“改善产量”性状的种质资源可能还必须被鉴定，这些资源将在专题 1 和专题 2 中进行研究。

通过远缘杂交进行的外源染色质导入和全基因组融合（创建人工合成的多倍体）已创建出一批小麦/外源种质基因渗入系，并在世界范围内对小麦的农艺性状改良产生了重要影响（Ortiz et al.，2008；Trethowan and Mujeeb-Kazi，2008）。小麦族以外的基因导入技术在小麦育种工作中还不是常规程序，虽然来自 C4 植物的染色质（玉米和鸭茅状摩擦禾）已成功导入到普通小麦基因组，但至今未证明其能在小麦基因组中稳定整合且遗传（Laurie and Bennett，1989；Comeau et al.，1992；Li et al.，1996；Brazauskis et al.，2004）。目前，在燕麦上已经取得较大成功，并已育成一套携带每个玉米染色体的二倍体附加系（Kynast et al.，2001）。并有研究表明，C4 植物光合作用酶能够在燕麦-玉米染色体附加系中表达（Knowles et al.，2008）。这些成功的先例和先进的分子生物学技术使得更早和更高产出地筛选和鉴定所预测的遗传导入，表明通过适当的投资，利用远缘杂交技术可将所有控制 C4 光合的染色质导入小麦染色体，使 C4 光合作用充分表达，当然实现这个目标需要艰辛的努力。

上述工作的进展结果将取决于交付产品的实用价值。作为小麦产量协作网协调机构，国际玉米和小麦改良中心具有 45 年以上的协调国际小麦育种工作的经历，每年通过国际鉴定圃系统释放新种质约 1000 份，并有针对性地满足了欠发达国家和地区育种项目的各种需求（Reynolds and Borlaug，2006；Braun et al.，2010）。对农场层面上的影响被很好地记入文献（Lipton and Longhurst，1989；Evenson and Gollin，2003）。这些技术途径将被直接应用，或必要时被修改，以确保新育成的高产品种在尽可能短的时间内通过各国育种项目交给农民（表 4.1，SP 3.4）。

参考文献

Ashikari, M., Sakakibara, H., Lin, S., Yamamoto, T., Takashi, T., Nishimura, A., Angeles, E., Qian, Q., Kitano, H. and Matsuoka, M. (2005) Cytokinin oxidase regulates rice grain production. *Science* 309, 741–745.

Barnabas, B., Jager, K. and Feher, A. (2008) The effect of drought and heat stress on reproductive processes in cereals. *Plant, Cell & Environment* 31, 11–38.

Bernardo, R. and Yu, J. (2007) Prospects for genomewide selection for quantitative traits in maize. *Crop Science* 47, 1082–1090.

Berry, PM., Sterling, M., Spink, JH., Baker CJ., Sylvester-Bradley, R., Mooney, SJ., Tams, AR. and Ennos, AR. (2004) Understanding and reducing lodging in cereals. *Advances in Agronomy* 84, 217–271.

Berry, PM., Sylvester-Bradley, R. and Berry, S. (2007) Ideotype design for lodging-resistant wheat. *Euphytica* 154, 165–179.

Braun, HJ., Atlin, G. and Payne, T. (2010) Multi-location testing as a tool to identify plant response to global climate change. In: Reynolds, MP. (Ed.) *Climate Change and Crop Production*, CABI, London, UK.

Brazauskas, G., Pasakinskiene, I.and Jahcor, A. (2004) AFLP analysis indicates no introgression of maize DNA in wheat × maize crosses. *Plant Breeding* 123(2), 117–121.

Calderini, DF. and Reynolds, MP. (2000) Changes in grain weight as a consequence of de-graining treatments at pre- and post-anthesis in synthetic hexaploid lines of wheat (*Triticum durum × T. tauschii*). *Australian Journal of Plant Physiology* 27, 183–191.

Comeau, A., Nadeau, P., Plourde, A., Simard, R., Maës, O., Lettre, J., Landry, B. and St-Pierre, C-A. (1992) Media for the in ovulo culture of proembryos of wheat and wheat-derived interspecific hybrids or haploids. *Plant Science* 81, 117–125.

Davies, WJ., Kudoyarova, G. and Hartung, W. (2005) Long-distance ABA signaling and its relation to other signaling pathways in the detection of soil drying and the mediation of the plant's response to drought. *Journal of Plant Growth Regulation* 24, 285–295.

Dixon, J., Braun, H-J., Kosina, P. and Crouch, J. (2009) *Wheat facts and futures*. CIMMYT, Mexico, D.F.

Duggan, BL. and Fowler, DB. (2006) Yield structure and kernel potential of winter wheat on the Canadian prairies. *Crop Science* 46, 1479–1487.

Easson, DL., White, EM. and Pickles, SJ. (1993) The effects of weather, seed rate and cultivar on lodging and yield in winter wheat. *Journal of Agricultural Science* 121, 145–156.

Evenson, RE. and Gollin D. (2003) Assessing the impact of the green revolution, 1960 to 2000. *Science* 300, 758–762.

Foulkes, MJ., Slafer, GA., Davies, WJ., Berry, PM., Sylvester-Bradley, R., Martre, P., Calderini, DF., Griffiths, S. and Reynolds, MP. (2011) Raising yield potential of wheat. III. Optimizing partitioning to grain while maintaining lodging resistance. *Journal of Experimental Botany* 62, 469–486.

Fischer, RA. (1985) Number of kernels in wheat crops and the influence of solar radiation and temperature. *Journal of Agricultural Science* 105, 447–461.

Fischer, RA., Rees, D., Sayre, KD., Lu, Z-M., Condon, AG. and Saavedra, AL. (1998) Wheat yield progress associated with higher stomatal conductance and photosynthetic rate and cooler canopies. *Crop Science* 38, 1467–1475.

Furbank, RT., von Caemmerer, S., Sheehy, J. and Edwards, G. (2009) C4 rice: A challenge for plant phenomics. *Functional Plant Biology* 36, 845–856.

Gebbing, T. and Schnyder, H. (1999) Pre-anthesis reserve utilization for protein and carbohydrate synthesis in grains of wheat. *Plant Physiology* 121, 871–878.

Ghiglione, HO., Gonzalez, FG., Serrago, R., Maldonado, SB., Chilcott, C., Curá, JA., Miralles, DJ., Zhu, T. and Casal, JJ. (2008) Autophagy regulated by daylength sets the number of fertile florets in wheat. *The Plant Journal* 55, 1010–1024.

Knowles, RV., Walch, MD., Minnerath, JM., Bernacchi, CJ., Stec, AO., Rines, HW. and Phillips, RW. (2008) Expression of C4 photosynthetic enzymes in oat–maize chromosme addition lines. *Maydica* 53, 69–78.

Kosina, P., Reynolds, MP., Dixon. J. and Joshi, AK. (2007) Stakeholder perception of wheat production constraints, capacity building needs, and research partnerships in developing countries. *Euphytica* 157, 475–483.

Kurek, I., Chang, TK., Bertain, SM., Madrigal, A., Liu, L., Lassner, MW. and Zhu, G. (2007) Enhanced thermostability of *Arabidopsis* Rubisco activase improves photosynthesis and growth rates under moderate heat stress. *The Plant Cell* 19, 3230–3241.

Kynast, RG., Riera-Lizarazu, O., Vales, MI., Okagaki, RJ., Maquieira, SB., Chen Gang., Ananiev, EV., Odland, WE., Russell, CD., Stec, AO., Livingston, SM., Zaia, HA., Rines, HW. and Phillips, RL. (2001) A complete set of maize individual chromosome additions to the oat genome. *Plant Physiology* 125, 1216–1227.

Laurie, DA. and Bennett, MD. (1989) The timing of chromosome elimination in wheat × maize crosses. *Genome* 32, 953–961.

Li, DW., Qio, JW., Ouyang, P., Yao, QX., Dawei, LD., Jiwen, Q., Ping, O. and Qingxiao, Y. (1996) High frequencies of fertilization and embryo formation in hexaploid wheat × *Tripsacum dactyloides* crosses. *Theoretical and Appied Genetics* 92, 1103–1107.

Lipton, M. and Longhurst, R. (1989) *New seed and poor people*. London: Unwin Hyman Ltd.

Lobell, DB., Burke, MB., Tebaldi, C., Mastrandrea, MD., Falcon, WP. and Naylor, RL. (2008) Prioritizing climate change adaptation needs for food security in 2030. *Science* 319(5863), 607–610.

Long, SP., Zhu, X-G., Naidu, SL. and Ort, DR. (2006) Can improvement of photosynthesis increase crop yields? *Plant Cell and Environment* 29, 315–330.

Miralles, DJ. and Slafer, GA. (2007) Sink limitations to yield in wheat: How could it be reduced? *Journal of Agricultural Science* 145, 139–149.

Ortiz, R., Braun, H., Crossa, J., Crouch, J., Davenport, G., Dixon, J., Dreisigacker, S., Duveiller, E., He, Z., Huerta, J., Joshi, A., Kishii, M., Kosina, P., Manes, Y., Mezzalama, M., Morgounov, A., Murakami, J., Nicol, J., Ortiz-Ferrara, G., Ortiz-Monasterio, I., Payne, T., Peña, J., Reynolds, MP., Sayre, K., Sharma, R., Singh, R., Wang, J., Warburton, M., Wu, H. and Iwanaga, M. (2008) Wheat genetic resources enhancement by the International Maize and Wheat Improvement Center (CIMMYT). *Genetic Resources and Crop Evolution* 55, 1095–1140.

Parry, MAJ., Madgwick, PJ., Carvalho, JFC. and Andralojc, PJ. (2007) Prospects for increasing photosynthesis by overcoming the limitations of Rubisco. *Journal of Agricultural Science* 145, 31–43.

Parry, MAJ., Reynolds, MP., Salvucci, ME., Raines, C., Andralojc, PJ., Zhu, XG., Price, GD., Condon, AG. and Furbank, RT. (2011) Raising yield potential of wheat. II. Increasing photosynthetic capacity and efficiency. *Journal of Experimental Botany* 62, 453–467.

Price, GD., Badger, MR., Woodger, FJ. and Long, BM. (2008) Advances in understanding the cyanobacterial CO_2-concentrating-mechanism (CCM): functional components, Ci transporters, diversity, genetic regulation and prospects for engineering into plants. *Journal of Experimental Botany* 59, 1441–1461.

Reynolds, MP. and Borlaug, NE. (2006) Impacts of breeding on international collaborative wheat improvement. *Journal of Agricultural Science* 144, 3–17.

Reynolds, MP., Manes, Y., Izanloo, A. and Langridge, P. (2009a) Phenotyping for physiological breeding and gene discovery in wheat. *Annals of Applied Biology* 155, 309–320.

Reynolds, MP., Foulkes, JM., Slafer, GA., Berry, P., Parry, MAJ., Snape, J. and Angus, WJ. (2009b) Raising yield potential in wheat. *Journal of Experimental Botany* 60, 1899–1918.

Reynolds, MP., Bonnett, D., Chapman, SC., Furbank, RT., Manes, Y., Mather, DE. and Parry, MAJ. (2011) Raising yield potential of wheat. I. Overview of a consortium approach and breeding strategies. *Journal of Experimental Botany* 62, 439–452.

Skovmand, B., Reynolds, MP. and Delacy, IH. (2001) Mining wheat germplasm collections for yield enhancing traits. *Euphytica* 119, 25–32.

Slafer, GA. and Rawson, HM. (1994) Sensitivity of wheat phasic development to major environmental factors: A re-examination of some assumptions made by physiologists and modellers. *Australian Journal of Plant Physiology* 21, 393–426.

Salvucci, ME. and Crafts-Brandner, SJ. (2004) Inhibition of photosynthesis by heat stress: the activation state of Rubisco as a limiting factor in photosynthesis. *Physiologia Plantarum* 120, 179–186.

Sayre, KD., Rajaram, S. and Fischer, RA. (1997) Yield potential progress in short bread wheats in northwest Mexico. *Crop Science* 37, 36–42.

Shearman, VJ., Sylvester-Bradley, R., Scott, RK. and Foulkes, MJ. (2005) Physiological processes associated with wheat yield progress in the UK. *Crop Science* 45, 175–185.

Sheehy, JE., Mitchell, PL. and Hardy, B. (2007) *Charting new pathways to C4 rice*. International Rice Research Institute, Los Banos, Philippines.

Slafer, GA. and Rawson, HM. (1994) Sensitivity of wheat phasic development to major environmental factors: A re-examination of some assumptions made by physiologists and modellers. *Australian Journal of Plant Physiology* 21, 393–426.

Trethowan, RM. and Mujeeb-Kazi, A. (2008) Novel germplasm resources for improving environmental stress tolerance of hexaploid wheat. *Crop Science* 48, 1255–1265.

Ugarte, C., Calderini, DF. and Slafer, GA. (2007) Grain weight and grain number responsiveness to pre-anthesis temperature in wheat, barley and triticale. *Field Crops Research* 100, 240–248.

von Caemmerer, S. and Furbank, RT. (2003) The C4 pathway: An efficient CO_2 pump. (Minireview) *Photosynthesis Research* 77, 191–207.

Zhu, X-G., Long, SP. and Ort, DR. (2010) Improving photosynthetic efficiency for greater yield. *Annual Review of Plant Biology* 61, 235–261.

（肖永贵 译）

第五章　寻找生理性状有益变异的遗传资源

Thomas Payne，Matthew Reynolds，Bent Skovmand[†1]

摘　　要

粮食和农业的植物遗传资源对养活世界人口具有重要意义。它们是农民和植物育种家提高作物品质和生产力的原材料。未来农业依赖于国际合作和农作物及其基因的开放交流，全世界的农民对此已进行了超过一万年的开发和交流。没有哪个国家可以自给自足，都要依赖于其他国家和地区的农作物及其遗传多样性。本章将讨论小麦遗传资源的本质和可用性及其在育种中的某些应用潜力。目前全球已建立 80 多个种质资源库，估计拥有超过 800 000 份小麦种质资源。在几个麦类基因库里发现了适用于小麦改良和研究的遗传资源。初级基因库的种内基因转移并不难。不幸的是，小麦的许多一年生野生近缘种群体，尤其是那些分布在极端环境下但对育种有特殊意义的群体，正由于土地利用模式的改变而受到威胁。同时，新技术的使用使一年生野生近缘种资源更容易得到利用。为此，人们已对一年生野生近缘种产生兴趣并需要将其代表性地收集保存在种质资源库中。鉴于上述原因，一年生野生近缘种应受到高度的重视，纳入新的遗传变异资源。《粮食和农业植物遗传资源国际条约》涉及小麦及其近缘种。条约积极确保了各国用于养活人们的植物遗传资源的持续可利用性。我们必须为子孙后代保护对粮食和农业至关重要的遗传多样性。

一、引　　言

扩大基因库有 3 个主要途径：①从具有适合基因组的种质资源进行基因渐渗；②种间或属间远缘杂交；③转基因。地方品种和种间杂交后代均已用于小麦育种研究，主要是引进一系列生物胁迫抗性相关的性状(Dwivedi et al.，2008；Ortiz et al.，2008；Trethowan and Mujeeb-Kazi，2008)。相对较少的作物野生近缘种被用于提高产量潜力或逆境胁迫适应性（Hajjar and Hodgkin，2007；Trethowan and Mujeeb-Kazi，2008)。转基因方法理论上对探索分类学各群间遗传多样性有无限的潜力，且已经收集了许多候选基因相关数据，这些候选基因能提高干旱环境胁迫下模式种和作物种的存活率（Umezawa et al.，2006)。本章将讨论小麦遗传资源的特性、可用性及其在育种中的潜在应用价值。

由于小麦对许多国家粮食安全和贸易上的战略重要性，以及育种在确保民族产业保持竞争力方面的至关重要性，全球已经建立了 80 多个自主种质资源库，共收集了 800 000 多份种质资源。这些种质资源库的大小和收集范围各异，最大的持有 100 000 多份种质

---

† 已故

1 CIMMYT，墨西哥

资源，最小的只有几百份种质资源。其收集范围上也有很大差异。多数种质资源库是由育种工作站发展而来的，主要含地方或区域品种——新品种、过时品种或地方品种——也有国家或地区育种家感兴趣的引进品种（表 5.1）。

表 5.1　小麦主要遗传资源库的全球分布

国家	机构组织	份数
全球	International Maize and Wheat Improvement Center（CIMMYT），El Batan，Mexico	111 681
美国	United States Department of Agriculture（USDA）-Agricultural Research Service（ARS），National Small Grains Facility，Aberdeen，Idaho	56 218
俄罗斯	N.I. Vavilov Research Institute of Plant Industry（VIR），St. Petersburg	39 880
全球	International Center for Agricultural Research in the Dry Areas（ICARDA），Aleppo，Syria	37 830
印度	National Bureau of Plant Genetic Resources（NBPGR），New Delhi	32 880
澳大利亚	Australian Winter Cereals Collection，Tamworth	23 917
法国	INRA Station d'Amelioration des Plantes，Clermont-Ferrand	15 850
伊朗	National Genebank of Iran，Genetic Resources Division，Karaj	12 169
捷克	Research Institute of Crop Production，Prague	11 018
埃塞俄比亚	Plant Genetic Resources Centre，Institute of Biodiversity Conservation and Research，Addis Ababa	10 745
保加利亚	Institute for Plant Genetic Resources "K. Malkov"，Sadovo	9 747
德国	Genebank，Institute for Plant Genetics and Crop Plant Research（IPK），Gatersleben	9 633
英国	Department of Applied Genetics，John Innes Centre，Norwich	9 584
塞浦路斯	National Genebank（CYPARI），Agricultural Research Institute，Nicosia	7 696
日本	Genetic Resources Management Section，NIAR（MAFF），Tsukuba	7 148
瑞士	Station Federale de Recherches en Production Vegetale de Changins，Nyon	6 996
土耳其	Plant Genetic Resources Department，Aegean Agricultural Research Institute，Izmir	6 381
荷兰	Centre for Genetic Resources，Wageningen	5 529
加拿大	Plant Gene Resources of Canada，Winnipeg	5 052
美国	Wheat Genetics Resource Center，Kansas State University，Manhattan	5 000
日本	Plant Germplasm Institute，Graduate School of Agriculture，Kyoto University	4 378
西班牙	Centro de Recursos Fitogeneticos，INIA，Madrid	3 183
瑞典	Nordic Gene Bank，Alnarp	1 843
总计	23 个机构组织	434 358

von Botmer 等（1992）认可的几个麦类基因库，如同心圆所示（图 5.1），包含了植物生理学家和育种家可用的遗传资源。基因库的概念最早由 Harlan 和 de Wet 于 1971 年提出（Harlan，1992），他们建议用圆形图描述基因库之间的关系。初级基因库由特定的生物种组成，对作物物种而言，包括栽培型、野生型和杂草型。初级基因库的种内基因转移并不难。

使用小麦种质资源的一个重要问题是可利用种质资源的多样性（Merezhko，1998）。一个极端想法是只使用初级基因库，它含有易于杂交的栽培种和近缘种。另一个极端想法认为在现代转基因世界中，所有的生物种都是小麦育种的潜在遗传资源，而初级、二级和三级基因库的概念是陈旧、过时的。Merezhko（1998）提出应当关注小麦种和小麦族近缘属。这个资源范围与《粮食和农业植物遗传资源国际条约》（ITPGRFA，2011）的目标是一致的。

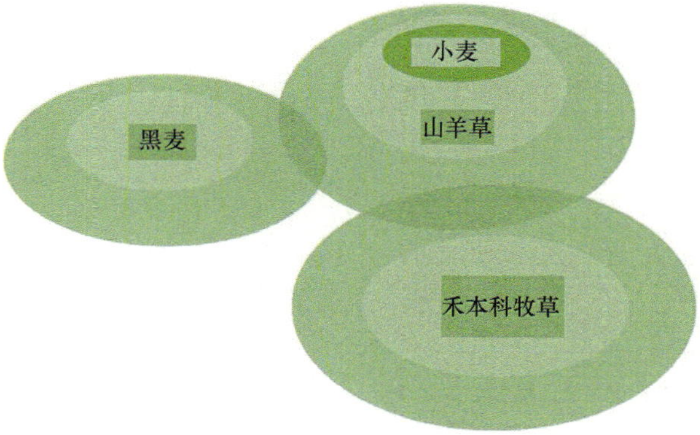

图 5.1　麦类基因库同心圆示意图（von Botmer et al.，1992）

全球小麦种质资源库通常很好地保存了现代品种和老品种，因为许多这样的种质资源库要么来源于育种家工作站，要么初建于服务当地或地区育种项目，这些种质资源多数是育种家所收集的。事实上，许多重要的品种主要保存在国家和国际资源库中。

近几年，由于改良的现代品种对地方品种的继续生存造成了日益增长的威胁，因此在联合国粮食及农业组织（FAO）、国际农业研究磋商组织（CGIAR）及其他组织的支持下，地方品种被优先收集、保存和存档。与现代品种和老品种相比，尽管地方品种在国际资源库中代表性不强，但是仍将可能是遗传变异性的主要来源。

小麦野生近缘种通常在全球小麦种质资源库中代表性也不强，主要有几个原因。第一，野生近缘种比同一物种的栽培种更难用于常规育种，通常需要一个长期的种质创新阶段。因此往往只有少量研究种间杂交的专业机构会收集、使用野生近缘种。第二，野生近缘种易落粒，因此比作物品种更难于种子扩繁和保存。也是由于这个原因，一些具杂草潜能的野生物种的分布和使用受到限制。第三，野生物种在自然界中有自我繁殖的能力，所以比地方栽培品种面临灭绝的危险性更小。

不幸的是，许多一年生小麦野生近缘种，尤其是那些分布在极端环境但对育种有特殊意义的物种，正由于土地利用模式的改变而受到威胁。同时，新技术的使用使一年生野生近缘种资源更容易得到利用，这使人们产生了兴趣，但需要持续收集一年生野生种的代表性资源。为此，一年生野生近缘种显然应当在获得遗传变异的新资源方面被赋予更大的优先权。

遗传和分子资源材料的生长规模和复杂性证明它们对保留在“传统”种质资源库中的遗传变异的有效利用有越来越多的贡献。遗传资源材料作为有益遗传变异的来源，其有用遗传变异的作用应被重新评估，在合理体制中它们应该得到比以往更多的优先权。

表 5.2 给出了小麦属栽培种及其基因组组成。值得注意的是每个倍性水平有两个有效的生物物种。二倍体一粒小麦有栽培和野生两种类型，而乌拉尔图小麦只存在野生型。两种四倍体类型均存在于栽培种和野生型中，而两种六倍体类型只存在于栽培种中。Gill 和 Friebe（2002）叙述了这些物种的分布。

表 5.2 小麦属物种及其基因组组成

小麦属物种	基因组组成	
	细胞核	细胞器
普通小麦 *Triticum aestivum* L.	ABD	B（rel. to S）
Triticum aestivum subsp. *aestivum*（common or bread wheat） *Triticum aestivum* subsp. *compactum*（Host）Mackey（club wheat） *Triticum aestivum* subsp. *macha*（Dekapr. & A. M. Menabde）Mackey *Triticum aestivum* subsp. *spelta*（L.）Thell.（large spelt or dinkel wheat） *Triticum aestivum* subsp. *sphaerococcum*（Percival）Mackey（Indian dwarf wheat）		
圆锥小麦 *Triticum turgidum* L.	AB	B（rel. to S）
Triticum turgidum subsp. *carthlicum*（Nevski）A. Love & D. Love（Persian wheat） *Triticum turgidum* subsp. *dicoccoides*（Korn. ex Asch. & Graebn.）Thell.（wild emmer） *Triticum turgidum* subsp. *dicoccum*（Schrank ex Schubl.）Thell.（emmer wheat） *Triticum turgidum* subsp. *durum*（Desf.）Husn.（macaroni or durum wheat） *Triticum turgidum* subsp. *paleocolchicum* A. Love & D. Love *Triticum turgidum* subsp. *polonicum*（L.）Thell.（Polish wheat） *Triticum turgidum* subsp. *turanicum*（Jakubz.）A. Love & D. Love（Khorassan wheat） *Triticum turgidum* subsp. *turgidum*（pollard wheat）		
茹科夫斯基小麦 *Triticum zhukovskyi* Menabde & Ericz. 提莫菲维小麦 *Triticum timopheevii*（Zhuk.）Zhuk.	A^tA^mG A^tG	A（rel. to S） G（rel. to S）
Triticum timopheevii subsp. *armeniacum*（Jakubz.）Slageren（wild form） *Triticum timopheevii* subsp. *timopheevii*（cultivated form）		
一粒小麦 *Triticum monococcum* L.	A^m	A^m
Triticum monococcum subsp. *aegilopoides*（Link）Thell.（wild form） *Triticum monococcum* subsp. *monococcum*（einkorn or small spelt wheat）		
乌拉尔图小麦 *Triticum urartu* Tumanian ex Gandilyan（wild form）	A	A

山羊草属是与小麦属亲缘关系最近的属，它被广泛用于小麦改良中。所有的山羊草都是一年生植物（表 5.3）。van Slageren（1994）讨论了其分类和分布。

表 5.3 山羊草属物种及其基因组组成

山羊草属物种	基因组组成	
	细胞核	细胞器
二角山羊草 *Aegilops bicornis*（Forssk.）Jaub. & Spach	S^b	S^b
两芒山羊草 *Aegilops biuncialis* Vis.	UM（UM^o）	U
尾状山羊草 *Aegilops caudata* L.	C	C
小亚山羊草 *Aegilops columnaris* Zhuk.	UM（UM^o）	U
顶芒山羊草 *Aegilops comosa* Sm. in Sibth. & Sm. var. *heldreichii*	M	M
肥山羊草 *Aegilops crassa* Boiss. var. *glumiaristata*	$D^{c1}M^c$（$D^{c1}X^c$）	D^2
	$D^{c1}D^{c2}M^c$（$D^{c1}D^{c2}X^c$）	—
柱穗山羊草 *Aegilops cylindrica* Host	D^cC^c	D
卵穗山羊草 *Aegilops geniculata* Roth（syn. *Ae. ovata*）	UM（UM^o）	M^o
牡山羊草 *Aegilops juvenalis*（Thell.）Eig	DMU（$D^cX^cU^j$）	D2
粘果山羊草 *Aegilops kotschyi* Boiss.	US（US^1）	S^v
高大山羊草 *Aegilops longissima* Schweinf. & Muschl.	S^l	$S^{l\ 2}$
无芒山羊草 *Aegilops mutica* Boiss.	T	T，T^2
三芒山羊草 *Aegilops neglecta* Req. ex Bertol.（syn. *Ae. triaristata*）var. *recta*（Zhuk.）Hammer	UM（UX^n）	U
	UMN（UX^tN）	U

续表

山羊草属物种	基因组组成	
	细胞核	细胞器
易变山羊草 *Aegilops peregrina*（Hack. in J. Fraser）Maire & Weiller（syn. *Ae. variabilis*）	U<u>S</u>（US[1]）	S^v
西尔斯山羊草 *Aegilops searsii* Feldman & Kislev ex Hammer	S^s	S^v
沙融山羊草 *Aegilops sharonensis* Eig	S^{sh}	S^1
拟斯卑尔脱山羊草 *Aegilops speltoides* Tausch	S	S，G，G^2
粗山羊草 *Aegilops tauschii* Coss. var. *tauschii*，var. *strangulata*	D	D
钩刺山羊草 *Aegilops triuncialis* L.	UC^t	U，C^2
伞穗山羊草 *Aegilops umbellulata* Zhuk.	U	U
单芒山羊草 *Aegilops uniaristata* Vis.	N	N
瓦维洛夫山羊草 *Aegilops vavilovii*（Zhuk.）Chennav.	DMS（$D^cX^cS^v$）	D^2
偏凸山羊草 *Aegilops ventricosa* Tausch	D^vN^v	D

注：下划线的基因组在多倍体水平进行了修饰；括号里的数据由 DNA 分析推导获得。Gill 和 Friebe（2002）修改自 Dvorak（1998），基于染色体配对和 DNA 分析

簇毛麦常被作为小麦族中重要的基因源之一，应用于小麦育种。它是一年生 V 基因组植物，容易与普通小麦或圆锥小麦杂交。每个染色体已被 E. Sears 添加到普通小麦中。

除了山羊草属，小麦族近缘属亲缘关系较远的一年生和多年生植物，包括栽培黑麦和大麦及其近缘属和多年生牧草，都是小麦育种的潜在种质资源。

二、小麦遗传资源的获取

国际农业研究磋商组织基因库、国际生物多样性中心、全球农作物多样性信托基金、ITPGRFA 秘书处和遗传资源全球门户网站（www.genesys-pgr.org）共同协作努力促进全球作物种质资源信息交流。GeneSys 门户网站能够让用户搜索到护照、环境、形态、化学、病害、昆虫、逆境胁迫、生长及物候类型等方面的数据。目前，通过与 EURISCO、CGIAR/遗传资源全球系统信息网（SINGER）和美国农业部（USDA）/种质资源资料网（GRIN）的合作，GeneSys 提供了超过两百万次的访问记录。

三、利用小麦遗传资源作为新遗传变异的来源

图 5.2 描述了将小麦遗传资源优良性状转至农民田间所需付出工作的示意图。在初级基因库内，使用成本随遗传距离的增加而增加。同一物种内，遗传资源的等级（从当前主栽的高产品种到地方品种）可能决定着种质的使用成本。

相对于初级基因库，在二级和三级基因库中利用遗传资源所需付出的努力以几何级数增长。由于使用二级和三级基因库中的物种杂交时，往往趋向于使有利基因复合体分离，从而影响其杂交，因此很难释放一个商业上可接受的品种，其系谱中不含已释放的品种（Sanjaya Rajaram 的个人观点）。新技术扩展了基因库、降低了成本。例如，前不

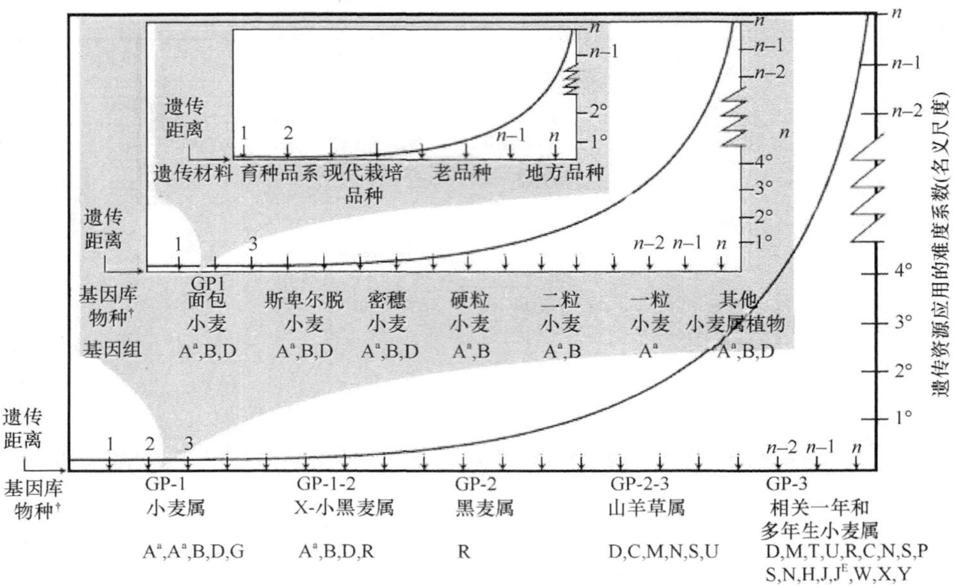

图 5.2 小麦优良性状从基因库转至农民田间所需付出工作的示意图

†无严格的系统发育顺序

久使用的胚拯救技术，以及即将使用的基因工程技术。另外，二级基因库里的物种，如山羊草也能像初级基因库里的物种一样被便捷地利用，通过胚拯救和秋水仙碱诱导染色体加倍创制六倍体合成小麦（Mujeeb-Kazi，1995）。

具有期望性状的遗传资源通常需要测试和改进以用于小麦遗传改良（图 5.2）。这些资源常常有许多不利性状，例如，除所需性状外，易感极端病害、低产和具高度专一的环境适应性。因此这些资源在用于改良工作前需要进行前育种。图 5.3 显示的是两个前育种方案，即开放亲本的循环杂交方案和旨在形成等位基因系的回交方案。这两个方案具有不同的目的和不同的最终结果，就产量潜力而言第一个方案是渐进的，而第二个方案是非渐进的。

通过基因渐渗导入一个已知价值的性状时，可以采用 Rasmusson（2001）所描述的开放亲本的循环杂交方案。Rasmusson 将二棱大麦的性状通过基因渐渗转育到六棱大麦中，结果发现第一轮杂交中没有表现优异的后代，而且最好的品系产量比改良亲本减产 20%。第二轮中改良的亲本选用目前最好的品种，后代产量为亲本的 98%左右。第三轮还是用目前最好的品种作为亲本，后代产量为对照品种的 112%～119%。利用此方案，具有期望性状的种质资源产生了在新品种审定中具有竞争力的品系。

导入一个未知价值的性状时，可以采用等位基因系的回交方案。轮回亲本与具有期望性状的遗传资源反复杂交。每个回交世代，都要对种群进行尾部选择，即对有期望性状的品系和无期望性状的品系进行选择。本方案的最终结果是能够选出上述性状存在差异的后代品系。可以开展附加试验评估期望性状的价值，但是种质资源轮回选择产生的种质不会超过轮回亲本。

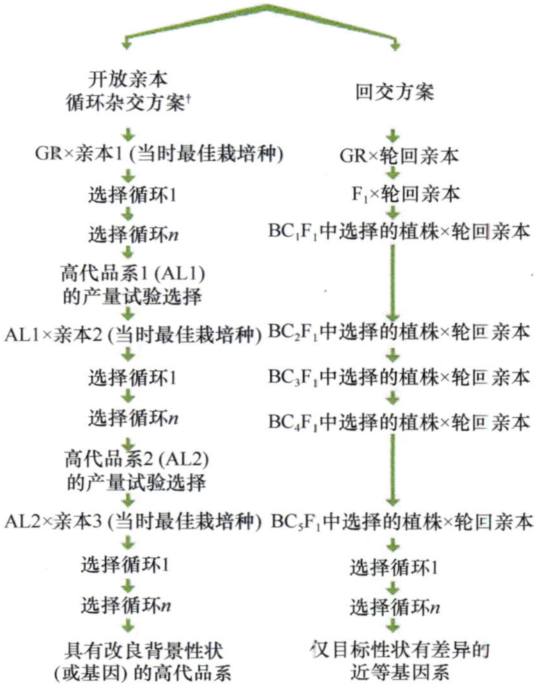

图 5.3　遗传资源的利用：前育种方案（Rasmusson，2001）

†无严格的系统发育顺序

四、遗传资源在育种中的成功应用

小麦地方品种被广泛用于改良小麦适应性，主要是转育适应生物胁迫的基因（Smale et al.，2002），而最近研究表明它们也具有干旱和高温适应性的潜力，如深根性（Reynolds et al.，2007）。另外，尽管广泛应用种间和属间杂交以应对生物胁迫（Dwivedi et al.，2008），但是通常只有少数作物的野生近缘种被用于提高非生物胁迫的适应性（Hajjar and Hodgkin，2007）。然而在此，小麦是一个相对较好的异源基因转移模型。四倍体小麦和二倍体山羊草杂交形成六倍体小麦，其在进化中产生的遗传瓶颈能通过一系列二倍体和四倍体种质资源以再合成方式的杂交来解决（Trethowan and Mujeeb-Kazi，2008）。国际玉米小麦改良中心（CIMMYT）已将山羊草的干旱适应性状用于澳大利亚半干旱环境中（Trethowan and Mujeeb-Kazi，2008）。

合成衍生系和回交亲本的比较表明，合成衍生系水分摄入的增加与其更响应水分胁迫的根系相关，它可根据可利用水分的情况改变根系深度的分布（Reynolds et al.，2007）。

在适宜条件下，携带抗叶锈病基因 *Lr19* 的长穗偃麦草（*Thinopyrum elongatum*）外源易位能使小麦产量潜力和生物量增加 15%，这是与其增加穗育性和光合速率相关联的（Reynolds et al.，2001）。有关小麦远缘杂交成功应用的进一步详细信息请参看 Trethowan 和 Mujeeb-Kazi（2008）及 Ortiz 等（2008）的描述。

五、筛选遗传资源的分子途径

最近 CIMMYT 提出一项筛选遗传资源的新倡议，命名为种子挖掘（SeeD）。SeeD 将应用新的基因组学工具，识别并使用种子库中不为人知的等位基因。CIMMYT 和其他种质资源库开展了小麦和玉米生物多样性的表型分析和分子描述工作，该工作将会分别使用高通量表型分析技术和下一代 DNA 测序平台技术。尽管 SeeD 的一个主要焦点是鉴定与适应气候变化关联的遗传变异，但是它所产生的信息预计可应用于小麦和玉米育种的各个方面（http://masagro.cimmyt.org/index.php/areas-prioritarias/descubriendo-la-diversidad-geneticade-las-semillas）。

参 考 文 献

Dvorak, J. (1998) Genomic analysis in the *Triticum-Aegilops* alliance. In *'Proceedings of the 9th International Wheat Genetics Symposium, Volume 1.'* (Ed. A.E. Slinkard) pp. 8–11. University Extension Press, University of Saskatchewan, SK Canada.

Dwivedi, SL., Stalker, HT., Blair, MW., Bertioli, DJ., Upadhyaya, H., Nielen, S. and Ortiz, R. (2008) Enhancing crop gene pools with beneficial traits using wild relatives. *Plant Breeding Reviews* 30, 179–230.

GeneSys (2011) Gateway to Genetic Resources. Available at: http://www.genesys_pgr.org (accessed 20 July 2011).

Gill, BS. and Friebe, B. (2002) Cytogenetics, phylogeny and evolution of cultivated wheats. In *'Bread Wheat Improvement and Production.'* (Eds. Curtis, BC., Rajaram, S. and Gómez Macpherson, H.) FAO Plant Production and Protection Series. FAO, Rome.

Hajjar, R. and Hodgkin, T. (2007) The use of wild relatives in crop improvement: A survey of developments over the last 20 years. *Euphytica* 156, 1–13.

Harlan, JR. (1992) *Crops and Man.* American Society of Agronomy, Madison, WI, USA. pp. 106–113.

International Treaty on Plant Genetic Resources for Food and Agriculture. (2011) The International Treaty on Plant Genetic Resources for Food and Agriculture. Available at: http://www.planttreaty.org (accessed 20 July 2011).

MasAgro (2011) Modernización Sustentable de la Agricultura Tradicional. Available at: http://masagro.cimmyt.org/index.php/areas-prioritarias/descubriendo-la-diversidad-genetica-de-las-semillas (accessed 7 August 2011).

Merezhko, AF. (1998) Impact of plant genetic resources on wheat breeding. In *'Wheat: Prospects for Global Improvement.'* (Eds. Braun, HJ. Altay, F. Kronstad, WE. and Beniwal, SPS.) pp. 361–369. Kluwer Academic Publishers, Netherlands.

Mujeeb-Kazi, A. (1995) Interspecific crosses: Hybrid production and utilization. In: 'Utilizing wild grass biodiversity in wheat improvement: 15 years of wide cross research at CIMMYT.' (Eds. Mujeeb-Kazi, A. and Hettel, GP.) CIMMYT Research Report No. 2. Mexico, D.F.: CIMMYT.

Ortiz. R., Braun, H., Crossa, J., Crouch, J., Davenport, G., Dixon, J., Dreisigacker, S., Duveiller, E., He, Z., Huerta, J., Joshi, A., Kishii, M., Kosina, P., Manes, Y., Mezzalama, M., Morgounov, A., Murakami, J., Nicol, J., Ortiz Ferrara, G., Ortiz-Monasterio, I., Payne, T., Pena, J., Reynolds, MP., Sayre, K., Sharma, R., Singh, R., Wang, J., Warburton, M., Wu, H. and Iwanaga, M. (2008) Wheat genetic resources enhancement by the International Maize and Wheat Improvement Center (CIMMYT). *Genetic Resources and Crop Evolution* 55, 1095–1140.

Rasmusson, DC. (2001) Learning about barley breeding. In *'Breeding Barley in the New Millenium.'* (Eds. Vivar, HE. and McNab, A.) pp. 1–6. Mexico, D.F.: CIMMYT.

Reynolds, MP., Calderini, DF., Condon, AG. and Rajaram, S. (2001) Physiological basis of yield gains in wheat associated with the LR19 translocation from *A. elongatum. Euphytica* 119, 137–141.

Reynolds, MP., Dreccer, F. and Trethowan, R. (2007) Drought adaptive traits derived from wheat wild relatives and landraces. *Journal of Experimental Botany* 58, 177–186.

Smale, M., Reynolds, M., Warburton, M., Skovmand, B., Trethowan, R., Singh, RP., Ortiz-Monasterio, I., Crossa, J., Khairallah, M. and Almanza, I. (2002) Dimensions of diversity in CIMMYT bread wheat from 1965 to the present. *Crop Science* 42, 1766–1779.

Trethowan, RM. and Mujeeb-Kazi, A. (2008) The use of novel germplasm resources to improve the environmental stress tolerance of hexaploid wheat. *Crop Science* 48, 1255–1265.

Umezawa, T., Fujita, M., Fujita, Y., Yamaguchi-Shinozaki, K. and Shinozaki, K. (2006) Engineering drought tolerance in plants: Discovering and tailoring genes to unlock the future. *Current Opinion in Biotechnology* 17, 113–122.

van Slageren, MW. (1994) Wild wheats: A monograph of *Aegilops* L. and *Amblyopyrum* (Jaub. & Spach) Eig (Poaceae). *Wageningen Agricultural University Papers* 94–97.

von Botmer, R., Seberg, O. and Jacobsen, N. (1992) Genetic resources in the Triticeae. *Hereditas* 116, 141–150.

（张跃强 译）

第二篇

表 型 分 析

第六章　冠层温度和植株水分相关性状

C. Mariano Cossani，Julian Pietragalla，Matthew Reynolds[1]

摘　　要

水驱动涉及植物生长的大部分过程，作物生产性能与许多水分相关性状，如叶水势、根系吸水、气孔导度、蒸腾效率、渗透调节等之间存在重要的关系。了解这些关系，可以鉴定筛选植物适应有限水环境的有效工具，包括与根系深度和水合状态有关的冠层温度（CT）和碳同位素分辨率，后者被用于非水分胁迫的组织测量时与内在蒸腾效率有关。这些性状已用于鉴定干旱适应性 QTL。水分相关性状的知识也已用于小麦适应有限水环境育种中性状互补亲本的选择。冠层温度和叶片气孔导度可以替代光合速率测量，并用于灌溉环境下的育种，特别是在产量受环境资源限制时，如热胁迫。水分相关性状如叶片水势、叶片相对含水量、根的特性和渗透调节应用于常规育种通常太耗费时间，但在田间试验中作为胁迫水平的精确指标是有用的。

一、引　　言

由于水驱动涉及植物生长发育的大部分生理过程，因此测量植物的水分状态是评估作物品种适应环境潜能的有效方法。水分状态筛选方法包括测量植物与水分相关的生理性状，如气孔导度（Gs）、冠层温度（CT）、碳同位素分辨率（CID）、相对含水量（RWC），以及直接测量叶片和土壤水势（Ψ_{leaf}；Ψ_{soil}）、渗透调节（OA）和根系。本章将讨论这些性状表达的理论基础及其在育种中的应用，本书的第Ⅱ册《生理育种Ⅱ》中将详述性状检测方法。

二、冠 层 温 度

许多植株性状和环境变量在影响冠层温度的能量平衡中发挥作用（图 6.1）。主要的环境变量有：①入射辐射，直接使植株温度升高，而云层覆盖可显著减少辐射能；②活力根所在区域的土壤湿度，它决定着蒸腾速率的潜力，因而可通过蒸腾降温；③风，可以通过减少围绕植株结构的边界层而增加蒸腾速率，另外也隔绝大气环境对植株的影响；④空气相对湿度，它影响植物器官和空气之间的蒸汽压差（VPD），温暖、干燥的空气最有利于蒸发降温（Idso et al.，1977）。在植株特性方面，决定给定环境下冠层温度基因型差异的最重要性状是：①叶、芽和根的维管束，它们决定着蒸腾能力；②气孔，

---

1 CIMMYT，墨西哥

调节蒸腾速率，可能受到来自根的激素信号影响（Davies et al.，2005）；③根系深度决定着水分的吸收，尤其在干旱情况下（Lopes and Reynolds，2010）；④如果代谢因为任何原因受到抑制（如受到热胁迫），就可以引起 CO_2 固定的反馈抑制，因此影响气孔开度（Reynolds et al.，2000）；⑤由于同化物强烈需求（如大量快速生长的籽粒）引起的源库平衡，将导致二氧化碳吸收增加，并伴随较大的气孔导度（Reynolds et al.，2005）。许多研究已经证实，冠层温度与作物产量相关（图 6.2）（Blum et al.，1982；Reynolds et al.，1994；Olivares-Villegas et al.，2007），以及与一系列的生理性状相关，包括气孔导度（Amani et al.，1996）、植物水分状态（Blum et al.，1982）和深根系（图 6.3）。由于高度综合了很多确保适应给定环境的生理功能，因此冠层温度是一个可辅助育种的通用测量指标。

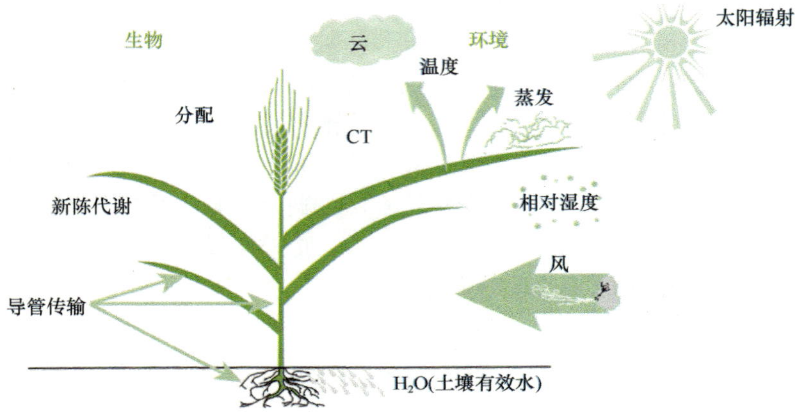

图 6.1 影响冠层温度的生物（生理）和环境因素（修改自 Reynolds et al.，2001）

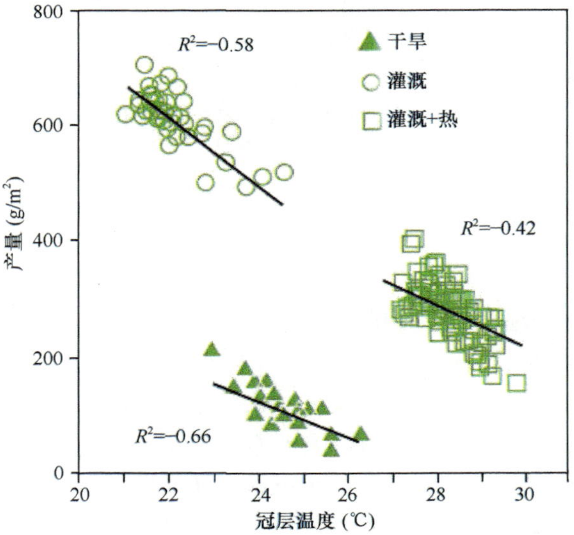

图 6.2 粮食产量和冠层温度之间的关系，数据采自 2011 年墨西哥西北部 Yaqui 流域不同环境条件下生长的小麦基因型

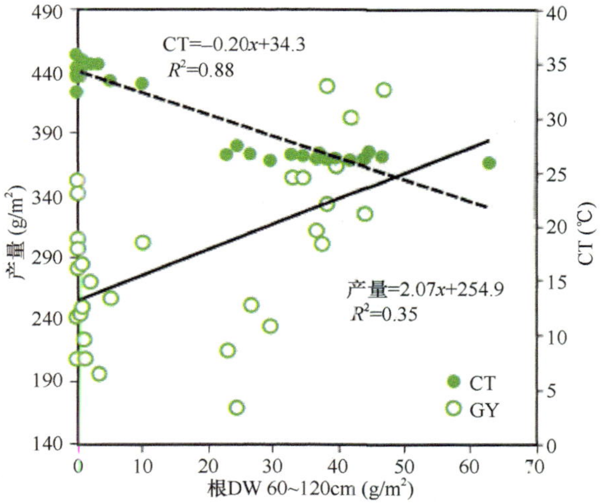

图 6.3 小麦根系深度与产量及冠层温度的关系（修改自 Lopes and Reynolds，2010）

在实际应用方面，红外（IR）法在 20 世纪 70 年代首先用于作物灌溉的安排（Jackson et al.，1977），而 Blum 在 80 年代早期使用冠层温度对抗旱性进行了筛选（Blum，1982）。20 世纪 90 年代早期国际玉米小麦改良中心开始在热胁迫灌溉环境下的育种研究中使用冠层温度（Reynolds et al.，1994），并将其作为亲本选择工具用于干旱条件下的策略性杂交及早代选择（即从 F_3 代起），最终在第 17 届 SAWYT（半干旱小麦产量鉴定试验）中释放了基于生理性状选育的品种（Reynolds et al.，2009）。

以冠层温度筛选性状的主要优点是测量迅速（每小区≈10s）、简单（只需瞄准目的物扣动扳机）、低成本（红外线温度计的成本低于 200 美元）。也由于可一次综合许多植株的数据而代表整个冠层的温度，从而减少了植株之间变异带来的误差。此外，与用气孔计和其他气体交换装置检测叶片气孔导度相比，冠层温度的测量不涉及敏感的气孔。近年来红外成像系统价格的下降，扩展了冠层温度的测量规模，使得新的表型分析平台得以发展。该平台可包括精确估计一个单株不同器官的温度或一个大试验中所有小区冠层温度的同时测量（Jones et al.，2009；Munns et al.，2010）。

当解释作物育种中的 CT 数据时需十分谨慎。例如，在许多地中海地区深层土壤水分不可被利用的干旱条件下，冠层温度可能与产量无关（Royo et al.，2002）。另外，当低 CT 直接与根系感知土壤水分的遗传潜力相关时（Lopes and Reynolds，2010），影响根系生长的因子，如微量元素缺乏或土传病害可能混淆这种关系。这已被一些事实所证实，如小麦 CT 与壳针孢菌病和斑枯病的表达有关，这些病害影响维管系统的功能（Eyal and Blum，1989；Rosyara et al.，2008）。

近年来国际玉米小麦改良中心研究了小麦作图群体对环境胁迫（主要是干旱和高温）的耐性及其遗传控制（Olivares-Villegas et al.，2007；Pinto et al.，2010）。后续报告指出位于 4A 染色体的 QTL 解释了在热胁迫灌溉环境下冠层温度约 30%的遗传变异，位于 3B 染色体的另一个 QTL 解释了 14%的遗传变异。Pinto 等（2010）发现了适应干热胁迫和灌溉条件的几个 QTL，表明在两种环境下良好的根系是一个关键的适应性状。在两种截然不同的水分条件下发现了水稻中与冠层温度相关的 QTL（Liu et al.，2005），这些 QTL 对小穗育性和穗粒数具有显著的上位性效应。

三、气 孔 导 度

气孔导度（Gs）和冠层温度之间关系密切，因为气孔导度直接影响蒸腾降温（Amani et al.，1996）。因此，这两个性状受许多相同的环境和生理因素影响（图 6.1）。在充足供水条件下，气孔调节维持内部 CO_2 最适浓度水平以满足卡尔文循环中 CO_2 固定的需要。然而，土壤水分亏缺下存在一种维持叶片功能水分状态需要的交换状态（Cornic，2000；Lawlor and Cornic，2002）。因此，在这种情况下，冠层和大气之间的蒸汽压差（VPD），以及在失水根系里合成的化学信号调节气孔开度，使水分散失到大气中。叶片温度主要取决于冠层受到的辐射量，而气孔关闭会增加叶片温度，更好地节水或增加蒸腾效率（TE）（Condon et al.，2004）。

气孔导度可即时检测或在某一生长期根据研究目的使用不同方法进行检测。可以使用气孔计、红外测温仪或红外线气体分析仪（IRGA）进行即时检测，采用同位素分辨率得到某一生长期内综合的气孔导度。手持气孔计可评估气孔导度的定量变化，尽管其检测的叶片数量有限，检测结果也不如冠层温度那样快速综合。因此，在冠层均匀的条件下，单一的 CT 测量可以更快更准确地估计整个小区的蒸腾速率和气孔导度。就如人们所知道的那样，在中到高 VPD 条件下冠层温度和气孔导度存在着紧密联系（Amani et al.，1996）。叶片和籽粒的氧同位素组成分析也被推荐为估计灌溉条件下 Gs 的综合方法，虽然与气孔计测量相比是一个不那么单调乏味的技术，但其比气孔计和 CT 的测量成本昂贵（Barbour et al.，2000）。

在灌溉条件下，小麦和其他作物的产量与气孔导度为正相关（图 6.4）（Reynolds et al.，1994；Amani et al.，1996；Fischer et al.，1998）。Condon 等（2008）检测灌溉条件下参试育种群体的叶片气孔导度，发现开花前和开花后的气孔导度分别能解释大约 50%和 65%的产量变异。在灌溉环境下，高 Gs 表示较高的蒸腾速率，因而具有干物质积累

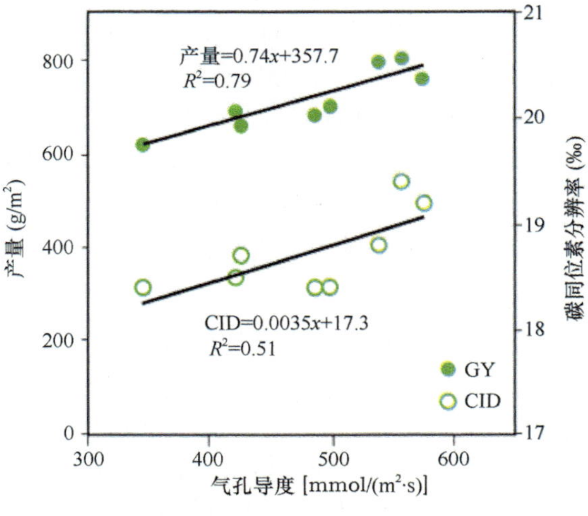

图 6.4　在墨西哥西北部小麦不同基因型气孔导度和产量（左 *Y* 轴）或碳同位素分辨率（CID）（右 *Y* 轴）的关系（修改自 Sayre et al.，1997；Fischer et al.，1998）

的潜力。干旱环境中，在营养生长阶段，由于较高的 TE 和推迟到生长后期灌水，低 Gs 可能是有好处的（Condon et al.，1990；Morgan and LeCain，1991），此时的水分利用几乎完全与灌浆相关（Kirkegaard et al.，2007）。然而，即使在水分胁迫下气孔计也是不易使用的，因为仪器对低流率不能精确地测量。值得一提的是，CT 和 Gs 之间的斜率取决于 VPD(图 6.5)，这可以解释为什么在不同环境下二者具有不同强度的关系(Blum et al.，1989；Araghi and Assad，1998)。

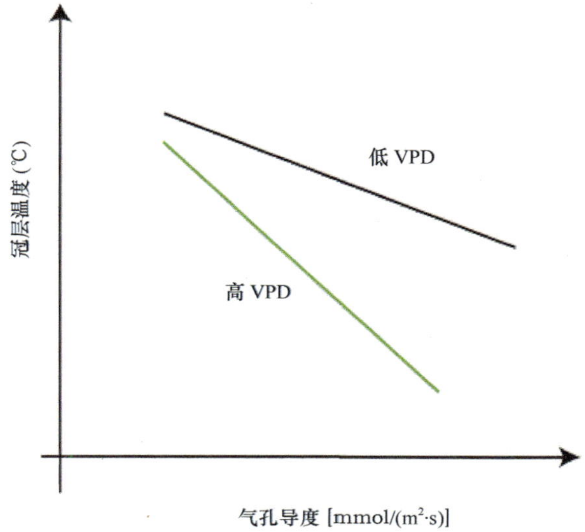

图 6.5　在两种不同蒸汽压差（VPD）环境中冠层温度和气孔导度关系示意图

四、叶片水势和相对水分含量

植物水分状况可被两个主要组分定义，即水分含量本身和能量状态。评估植物水分的能量状态的基本方法之一就是水势（ψ）。水势是给定时间的水能量状态，由渗透势(ψ_s)、衬质势(ψ_m)和压力势(ψ_p)组成。在大多数情况下，ψ_m 被最小化，叶片水势(LWP)可以表示为

$$\psi=\psi_s+\psi_p \tag{6.1}$$

一般情况下，在小麦叶片上筛选 ψ。由于时间的限制，只能评价某一生长时期目标或对照基因型试验的胁迫水平。在限制水分吸收或维管能力的环境下（如干旱、高温和盐胁迫)，不同小麦品种的 LWP 存在显著差异。灌溉条件下小麦叶片水势值一般为–1.1～–0.5MPa（Saini and Aspinall，1981；Gusta and Chen，1987）。LWP 在大约–1.0MPa 时，叶片伸长、顶端生长和小穗形成机制开始受到影响(Barlow et al.，1977；Munns and Weir，1981）。当 LWP 为–1.2MPa 或更低时，会降低最大叶面积、每穗小穗数和单位面积穗粒数（Saini and Aspinall，1981；Gusta and Chen，1987）。小麦和大麦的低 LWP 导致叶和穗的蒸腾速率降低（Johnson et al.，1974）。当植株水势在–2.8MPa 和–3.1MPa 时，旗叶和穗的蒸腾速率分别降至最低值。在决定产量的关键时期，导致低 LWP 的胁迫条件可诱导胚败育，并影响与花粉败育和胚存活率相关的结构（Ji et al.，2010）。此外，小麦

在灌浆期，当叶片水势降至–3.1MPa 时，气孔就完全关闭（Frank et al.，1973）。

RWC 指示植物组织的水合状态，用叶片含水量与饱和含水量的百分比表示。RWC 与 ψ 相关，尽管两者都依赖于植株的生长阶段和水分历史（Hsiao，1973）。小麦 RWC 表现遗传多样性和中间型遗传，检测成本低，但耗时（Khan et al.，2010）。在不同普通小麦耐旱品系中曾检测出加性基因效应（Dhanda and Sethi，1998）。

五、根　　系

根系决定从土壤摄取水分和养分的潜力。由于对根系的研究比地上器官少，一些专家认为根系生理研究会成为未来提高作物生产能力的前沿（Lynch，2007; Foulkes et al.，2009）。遗传和环境因素之间的交互作用强烈决定着有效根系的发展（Passioura，1983）。Kirkegaard 等（2007）研究表明，开花后通过提高底土层（深度超过 1.2m）的边际水分利用效率可增加粮食产量。小麦作物的根系生长发生在发芽至开花之间，其初生根和次生根的生长速率变化为 0.5～3.0cm/天（Barley，1970；Evans et al.，1975）。对大豆的研究结果表明根系大小和构造对产量的影响取决于土壤水分和冠层对资源的竞争程度（King et al.，2009）。

在资源匮乏的条件下，充满活力和更深的根系被推荐为谷物育种中提高水分生产率的目标性状之一（Richards et al.，2010）。然而，植株庞大的根系也会提高呼吸成本。在有利条件下根长存在基因型变异，而当植物处于干燥的土壤中时，庞大根系带来的好处会更重要（Blum，2005）。此外，具高效根系的基因型（投入少而获取资源更多的根系）应优于具庞大但低效根系的基因型（Lynch，2007）。对根系结构、分布和解剖学内容的筛选，增加不定根生长和使侧根更加分散，可有助于改善胁迫条件下作物的遗传增益。增加根系深度和根系分布的另外一种方法是提早播种或利用延迟开花的基因型，以延长根系生长时期。这些方法的缺点是温度（如早播遇到霜冻，或延迟开花遇到热胁迫）可能对粮食产量产生负面影响。

大田评估根系性状的方法包括取土柱（Nissen et al.，2008）或连根铲起植物（如玉米‘shovelomics’）（Trachsel et al.，2010）来估计根质量和构造（Sanguineti et al.，1998）。面对大的群体，取土柱是大量烦琐和不切实际的工作。大田研究中对根系性状数据的误解，可能与以下几点有关：①植株在土壤中非均匀性生长；②根部生长的物理和化学阻抗；③根响应土壤物理条件的可塑性；④生物感染（如线虫和真菌病害）。另外，为了减少大田研究中的变异，可在根室、花盆、水培或凝胶填充容器等可控环境下进行根的筛选（Johnson et al.，2001）。玉米在大田和可控条件下试验结果的关联性已被报道（Landi et al.，2001）。更多有关根功能和取样方法的详情，可分别见 Herrera 等（第九章）和 Lopes 等撰写的章节（《生理育种 II》第十七章）。因为在干旱情况下显示 CT 与根系吸水能力相关（Lopes and Reynolds，2010），筛选 CT 可能会增加利用深层水的根系相关性状的基因频率。

与地上部性状相比，由于受根系取样的限制，很少探索作图群体的根系性状。小麦根系性状及其变异的遗传控制已被报道（Sanguineti et al.，2007；Sayar et al.，2007）。Sanguineti 等（2007）报道了一些与根系构造显著相关的染色体区域，对种子根长度和重量的分析发现主效基因位于染色体 2AL、7AL 和 7BL 区域。

六、渗 透 调 节

渗透调节（OA）是干旱条件下植物细胞积累溶质以减少水分流失和维持细胞功能的过程。对于胁迫耐性的 OA 值已在 C3 及 C4 植物中证实（Ali et al.，1999；Blum et al.，1999；Chimenti et al.，2006）。植物积累溶质的能力是在细胞水平上对干旱适应的更重要的反应之一。OA 已被证实是在胁迫条件下（如干旱、盐碱）通过允许根系生长和维持水分养分吸收而保持作物产量的一种机制（Turner，1986）。

由于根系趋水的基因型差异带来的混淆效应，渗透调节不是基于大田评估的恰当性状。然而，在温室控制的条件下，测量叶片渗透调节可以鉴定遗传变异（Morgan，1988）。Ali 等（1999）发现在响应干旱处理方面，小麦与其他物种相比，OA 大量表达。小麦水分胁迫时期 OA 的基因型变异，可用作干旱条件的选择标准（Morgan，1977，1983；Rekika et al.，1998）。在小麦高 VPD 下，参与渗透调节的基因被认为与增产相关（Morgan，1991，2000）。对于 OA 的遗传控制，Peleg 等（2009）发现了 ψ_S 的 11 个不同的数量性状基因座（QTL），以及位于与低 ψ_S 关联的 G18-16 等位基因的 4 个不同位点（2A、2A、3B、5B）。Morgan 和他的同事（Morgan，1983，1991；Morgan and Tan，1996）以前的工作指出，这个性状可能受与叶片钾离子积累有关的单隐性基因控制。

七、碳同位素分辨率

CID（$\Delta^{13}C$）提供了对 C3 植物叶片蒸腾效率（TE）的综合评估（Farquhar et al.，1982）。它涉及生化和生理过程，如气孔的开闭、植物组织中气体的内部传导及改变气体交换和二氧化碳固定的外部环境条件（Farquhar et al.，1989）。CID（$\Delta^{13}C$）是植物材料中 $^{13}C/^{12}C$ 比率相对于大气中相同比率的度量值，其正值反映 C3 光合作用中相对于较重的稳定碳同位素（^{13}C）的差别（Δ）。这一有利的 ^{13}C 分辨率与光合组织细胞间隙的二氧化碳水平呈正相关，并给出一个恒定的组织-空气 VPD，也与水分吸收呈正相关，但与 TE 负相关。整体较大的气孔开度允许增加叶片的气体交换速率，使植物更倾向于 ^{12}C，但水分损失会较高（Condon et al.，1990）。

CID 已被确定为一种有用的性状来测量 TE 和叶片细胞间隙的 CO_2 浓度变化（Farquhar et al.，1982；Condon et al.，1987，1990；Rebetzke et al.，2008），也被成功地用于缺水条件下提高产量的育种项目（Richards et al.，2010）。实际上，CID 已被用作一种选择工具，已释放的商业品种即基于高 TE 的选择（Richards et al.，2010）。

在有利的环境下，高 CID（测量籽粒或生物量）与产量呈正相关。在水分充足条件下，高 CID 基因型通常冒着水分利用效率低的风险，通过蒸腾更多的水分而提高作物产量（Condon et al.，1987；Araus et al.，2002）。因此，选择低 CID（保守用水）的基因型有助于通过增加雨养条件下的水分利用效率而提高产量。胁迫条件下可观察到产量对 CID 响应的变异，因此，它取决于作物的物候期和受胁迫水平。一般在干旱条件下 CID 与产量呈正相关（Condon et al.，1987，2004；Ehdaie et al.，1991；Sayre et al.，1995；Araus et al.，1998，2003）。在干旱条件下，可以将高 CID 理解为一种维持较高 Gs 的能力（Condon et al.，2004），它可能与更接近深层水相关。因此当作物的生长由获得水分决定时，高 CID 可能与高产相关。另外，在产量依赖储存水的环境下，可用低 CID 检测出能够高效利用储存水的基因型（Richards et al.，2001）。

小粒谷物叶片及籽粒的基因型变异已被报道（Condon et al.，1990；Merah et al.，2001；Rebetzke et al.，2002）。利用不同小麦群体分析控制 CID 的 QTL（Rebetzke et al.，2008；Peleg et al.，2009）。Rebetzke 等（2008）在 3 个以上的不限水环境中对 3 个不同群体进行 CID 遗传作图，QTL 效应占加性变异总数的 10%以下，并提出一些与此性状相关的染色体区域（1BL、2BS、3BS、4AS、4BS、5AS、7AS 和 7BS）。他们的结果证实 CID 由多基因控制，除小效应 QTL 外，可被理解为 CID 用于小麦标记辅助选择（MAS）育种的作用有限。Peleg 等（2009）利用硬粒小麦重组自交系在 4 个不同水分处理下，得到 CID 的 12 个 QTL，这一报告支持先前多基因控制 CID 的研究结果（Rebetzke et al.，2008）。

八、结　论

如上述所作的简要回顾，植物水分状态的评估可采用不同的方法，其选择取决于育种目标、操作规模和可用资源（表 6.1）。水分充足环境下育种主要目标是产量潜力和/或耐热性。对此，光合能力和效率是应被改良的重要性状（Parry et al.，2010）。用红外气体分析的光合作用是一个耗时的筛选性状，因此可用 CT 和 Gs 高通量检测方法作为替代（Fischer et al.，1998）。这两个性状在热和灌溉环境下均与光合作用及产量表现出良好的相关性（Gutiérrez-Rodríguez et al.，2000；Reynolds et al.，2000）。

表 6.1　用于亲本选择和筛选的环境及推荐的与水分相关的性状

环境	性状
灌溉	CT***，Gs***
干旱（水在深层）	CT***，根系*，RWC*
干旱（有限的储存水）	CT*，CID***，OA**，根系*，RWC*
干旱（不可预知的降雨）	CT**，CID**，OA**，根系*，RWC*
干旱+高温	CT***，Gs***，根系*

***、**和*分别表示高、中和低度优先选用

注：CT=冠层温度；Gs=气孔导度；CID=碳同位素分辨率；OA=渗透调节；RWC=相对含水量

抗旱指标的选择应包括更好地利用或捕获水分的性状，如根系性状。然而，目前用于筛选根系性状的方法仍然烦琐和耗时。另外，以 CT 估算根系相对吸水能力远较根系采样方法更为有效（Reynolds et al.，2007；Lopes and Reynolds，2010）。可通过分析 CID（非胁迫组织的）来选择能节约用水的基因型（高 TE）。此外，尽管评估只在控制条件下可行，但对于适应有限的土壤储存水，OA 仍是评价脱水耐受潜力差异的有用性状。其他性状如 RWC 或 LWP，由于是非直接检测性状，限制了在育种中的应用。然而，它们被推荐以固定的基因型为对照，量化一个周期内或一天中胁迫水平的进程。

参 考 文 献

Ali, M., Jensen, CR., Mogensen, VO., Andersen, MN. and Henson, IE. (1999) Root signaling and osmotic adjustment during intermittent soil drying sustain grain yield of field grown wheat. *Field Crops Research* 62, 35–52.

Amani, I., Fischer, RA. and Reynolds, MP. (1996) Canopy temperature depression association with yield of irrigated spring wheat cultivars in a hot climate. *Journal of Agronomy and Crop Science* 176, 119–129.

Araghi, SG. and Assad, MT. (1998) Evaluation of four screening techniques for drought resistance and their relationship to yield reduction ratio in wheat. *Euphytica* 103, 293–299.

Araus, JL., Amaro, T., Casadesus, J., Asbati, A. and Nachit, MM. (1998) Relationships between ash content, carbon isotope discrimination and yield in durum wheat. *Australian Journal of Plant Physiology* 25, 835–842.

Araus, JL., Slafer, GA., Reynolds, MP. and Royo, C. (2002) Plant breeding and drought in C_3 cereals: what should we breed for? *Annals of Botany* 89, 925–940.

Araus, JL., Villegas, D., Aparicio, N., del Moral, LFGa., El Hani, S., Rharrabti, Y., Ferrio, JP. and Royo, C. (2003) Environmental factors determining carbon isotope discrimination and yield in durum wheat under mediterranean conditions. *Crop Science* 43, 170–180.

Barbour, MM., Fischer, RA., Sayre, KD. and Farquhar, GD. (2000) Oxygen isotope ratio of leaf and grain material correlates with stomatal conductance and grain yield in irrigated wheat. *Australian Journal of Plant Physiology* 27, 625–637.

Barley, KP. (1970) The configuration of the root system in relation to nutrient uptake. *Advances in Agronomy* 22, 159–201.

Barlow, EWR., Munns, R., Scott, RK. and Reisner, AH. (1977) Water potential, growth and polyribosome content of the stressed wheat apex. *Journal of Experimental Botany* 28, 909–916.

Blum, A. (2005) Drought resistance, water-use efficiency, and yield potential: are they compatible, dissonant, or mutually exclusive? *Australian Journal of Agricultural Research* 56, 1159–1168.

Blum, A., Mayer, J. and Gozlan, G. (1982) Infrared thermal sensing of plant canopies as a screening technique for dehydration avoidance in wheat. *Field Crops Research* 5, 137–146.

Blum, A., Shipiler, L., Golan, G. and Mayer, J. (1989) Yield stability and canopy temperature of wheat genotypes under drought stress. *Field Crops Research* 22, 289–296.

Blum, A., Zhang, JX. and Nguyen, HT. (1999) Consistent differences among wheat cultivars in osmotic adjustment and their relationships to plant production. *Field Crops Research* 64, 287–291.

Chimenti, CA., Marcantonio, M. and Hall, AJ. (2006) Divergent selection for osmotic adjustment results in improved drought tolerance in maize (*Zea mays* L.) in both early growth and flowering phases. *Field Crops Research* 95, 305–315.

Condon, AG., Farquhar, GD. and Richards, RA. (1990) Genotypic variation in carbon isotope discrimination and transpiration efficiency in wheat. Leaf gas exchange and whole plant studies. *Australian Journal of Plant Physiology* 17, 9–22.

Condon, AG., Reynolds, MP., Brennan, J., Van Ginkel, M., Trethowan, R., Rebetzke, GJ., Bonnett, D., Richards, RA. and Farquhar, GD. (2008) Stomatal aperture related traits and yield potential in bread wheat. In: '*Challenges to international wheat breeding*' Reynolds, MP. Pietragalla, J. and Braun, H.-J. (Eds.) International symposium of wheat yield potential: CIMMYT, Mexico, DF, p. 197.

Condon, AG., Richards, RA. and Farquhar, GD. (1987) Carbon isotope discrimination is positively correlated with grain yield and dry matter production in field-grown wheat. *Crop Science* 27, 996–1001.

Condon, AG., Richards, RA., Rebetzke, GJ. and Farquhar, GD. (2004) Breeding for high water-use efficiency. *Journal of Experimental Botany* 55, 2447–2460.

Cornic, G. (2000) Drought stress inhibits photosynthesis by decreasing stomatal aperture - not by affecting ATP synthesis. *Trends in Plant Science* 5, 187–188.

Davies, W., Kudoyarova, G. and Hartung, W. (2005) Long-distance ABA signalling and its relation to other signalling pathways in the detection of soil drying and the mediation of the plant's response to drought. *Journal of Plant Growth Regulation* 24, 285–295.

Dhanda, SS. and Sethi, GS. (1998) Inheritance of excised-leaf water loss and relative water content in bread wheat (*Triticum aestivum*). *Euphytica* 104, 39–47.

Ehdaie, B., Hall, AE., Farquhar, GD., Nguyen, HT. and Waines, JG. (1991) Water-use efficiency and carbon isotope discrimination in wheat. *Crop Science* 31, 1282–1288.

Evans, LT., Wardlaw, IF. and Fischer, RA. (1975) Wheat. In: '*Crop physiology some case histories*' Evans, LT. (Ed.) Cambridge University Press, London, p. 374.

Eyal, Z. and Blum, A. (1989) Canopy temperature as a correlative measure for assessing host response to *Septoria tritici* blotch of wheat. *Plant Disease* 73, 468–471.

Farquhar, GD., Ehleringer, JR. and Hubick, KT. (1989) Carbon isotope discrimination and photosynthesis. *Annual Review of Plant Physiology and Plant Molecular Biology* 40, 503–537.

Farquhar, GD., O'Leary, MH. and Berry, JA. (1982) On the relationship between carbon isotope discrimination and the intercellular carbon dioxide concentration in leaves. *Australian Journal of Plant Physiology* 9, 121–137.

Fischer, RA., Rees, D., Sayre, KD., Lu, ZM., Condon, AG. and Saavedra, AL. (1998) Wheat yield progress associated with higher stomatal conductance and photosynthetic rate, and cooler canopies. *Crop Science* 38, 1467–1475.

Foulkes, MJ., Hawkesford, MJ., Barraclough, PB., Holdsworth, MJ., Kerr, S., Kightley, S. and Shewry, PR. (2009) Identifying traits to improve the nitrogen economy of wheat: Recent advances and future prospects. *Field Crops Research* 114, 329–342.

Frank, AB., Power, JF. and Willis, WO. (1973) Effect of temperature and plant water stress on photosyntesis, diffusion resistance, and leaf water potential in spring wheat. *Agronomy Journal* 65, 777–780.

Gusta, LV. and Chen, THH. (1987) The physiology of water and temperature stress. In: '*Wheat and wheat improvement*' Heyne, EG. (Ed.) ASA-CSSA-SSSA, Madison, USA.

Gutiérrez-Rodríguez, M., Reynolds, MP. and Larqué-Saavedra, A. (2000) Photosynthesis of wheat in a warm, irrigated environment: II. Traits associated with genetic gains in yield. *Field Crops Research* 66, 51–62.

Hsiao, TC. (1973) Plant responses to water stress. *Annual Review of Plant Physiology* 24, 519–570.

Idso, SB., Jackson, RD. and Reginato, RJ. (1977) Remote-sensing of crop yields. *Science* 196, 19–25.

Jackson, RD., Reginato, RJ. and Idso, SB. (1977) Wheat canopy temperature: A practical tool for evaluating water requirements. *Water Resources Research* 13, 651–656.

Ji, X., Shiran, B., Wan, J., Lewis, DC., Jenkins, CLD., Condon, AG., Richards, RA. and Dolferus, R. (2010) Importance of pre-anthesis anther sink strength for maintenance of grain number during reproductive stage water stress in wheat. *Plant, Cell & Environment* 33, 926–942.

Johnson, MG., Tingey, DT., Phillips, DL. and Storm, MJ. (2001) Advancing fine root research with minirhizotrons. *Environmental and Experimental Botany* 45, 263–289.

Johnson, RR., Frey, NM. and Moss, DN. (1974) Effect of water stress on photosynthesis and transpiration of flag leaves and spikes of barley and wheat. *Crop Science* 14, 728–731.

Jones, HG., Serraj, R., Loveys, BR., Xiong, L., Wheaton, A. and Price, AH. (2009) Thermal infrared imaging of crop canopies for the remote diagnosis and quantification of plant responses to water stress in the field. *Functional Plant Biology* 36, 978–989.

Khan, HR., Paull, JG., Siddique, KHM. and Stoddard, FL. (2010) Faba bean breeding for drought-affected environments: A physiological and agronomic perspective. *Field Crops Research* 115, 279–286.

King, CA., Purcell, LC. and Brye, KR. (2009) Differential wilting among soybean genotypes in response to water deficits. *Crop Science* 49, 290–298.

Kirkegaard, JA., Lilley, JM., Howe, GN. and Graham, JM. (2007) Impact of subsoil water use on wheat yield. *Australian Journal of Agricultural Research* 58, 303–315.

Landi, P., Giulliani, MM., Darrah, LL., Tuberosa, R., Conti, S. and Sanguinetti, MC. (2001) Variability for root and shoot traits in a maize population grown in hydroponics and in the field and their relationships with vertical root pulling resistance. *Maydica* 46, 177–182.

Lawlor, DW. and Cornic, G. (2002) Photosynthetic carbon assimilation and associated metabolism in relation to water deficits in higher plants. *Plant, Cell & Environment* 25, 275–294.

Liu, H., Zou, G., Liu, G., Hu, S., Li, M., Yu, X., Mei, H. and Luo, L. (2005) Correlation analysis and QTL identification for canopy temperature, leaf water potential and spikelet fertility in rice under contrasting moisture regimes. *Chinese Science Bulletin* 50, 317–326.

Lopes, MS. and Reynolds, MP. (2010) Partitioning of assimilates to deeper roots is associated with cooler canopies and increased yield under drought in wheat. *Functional Plant Biology* 37, 147–156.

Lynch, J. (2007) Roots of the second green revolution. *Australian Journal of Botany* 55, 493–512.

Merah, O., Deléens, E., Al Hakimi, A. and Monneveux, P. (2001) Carbon isotope discrimination and grain yield variations among tetraploid wheat species cultivated under contrasting precipitation regimes. *Journal of Agronomy and Crop Science* 186, 129–134.

Morgan, JA. and LeCain, DR. (1991) Leaf gas exchange and related leaf traits among 15 winter wheat genotypes. *Crop Science* 31, 443–448.

Morgan, JM. (1977) Differences in osmoregulation between wheat genotypes. *Nature* 270, 234–235.

Morgan, JM. (1983) Osmoregulation as a selection criterion for drought tolerance in wheat. *Australian Journal of Agricultural Research* 34, 607–614.

Morgan, JM. (1988) The use of coleoptile responses to water stress to differentiate wheat genotypes for osmoregulation, growth and yield. *Annals of Botany* 62, 193–198.

Morgan, JM. (1991) A gene controlling differences in osmoregulation in wheat. *Australian Journal of Plant Physiology* 18, 249–257.

Morgan, JM. (2000) Increases in grain yield of wheat by breeding for an osmoregulation gene: relationship to water supply and evaporative demand. *Australian Journal of Agricultural Research* 51, 971–978.

Morgan, JM. and Tan, MK. (1996) Chromosomal location of a wheat osmoregulation gene using RFLP analysis. *Australian Journal of Plant Physiology* 23, 803–806.

Munns, R., James, RA., Sirault, XRR., Furbank, RT. and Jones, HG. (2010) New phenotyping methods for screening wheat and barley for beneficial responses to water deficit. *Journal of Experimental Botany* 61, 3499–3507.

Munns, R. and Weir, R. (1981) Contribution of sugars to osmotic adjustment in elongating and expanded zones of wheat leaves during moderate water deficits at two light levels. *Australian Journal of Plant Physiology* 8, 93–105.

Nissen, T., Rodrigues, V. and Wander, M. (2008) Sampling soybean roots: A comparison of excavation and coring methods. *Communications in Soil Science and Plant Analysis* 39, 1875–1883.

Olivares-Villegas, JJ., Reynolds, MP. and McDonald, GK. (2007) Drought-adaptive attributes in the Seri/Babax hexaploid wheat population. *Functional Plant Biology* 34, 189–203.

Parry, MAJ., Reynolds, M., Salvucci, ME., Raines, C., Andralojc, PJ., Zhu, X.-G., Price, GD., Condon, AG. and Furbank, RT. (2010) Raising yield potential of wheat. II. Increasing photosynthetic capacity and efficiency. *Journal of Experimental Botany* 62, 453–467.

Passioura, JB. (1983) Roots and drought resistance. *Agricultural Water Management* 7, 265–280.

Peleg, ZVI., Fahima, T., Krugman, T., Abbo, S., Yakir, DAN., Korol, AB. and Saranga, Y. (2009) Genomic dissection of drought resistance in durum wheat × wild emmer wheat recombinant inbred line population. *Plant, Cell & Environment* 32, 758–779.

Pinto, R., Reynolds, M., Mathews, K., McIntyre, C., Olivares-Villegas, J.-J. and Chapman, S. (2010) Heat and drought adaptive QTL in a wheat population designed to minimize confounding agronomic effects. *Theoretical and Applied Genetics* 121, 1001–1021.

Rebetzke, G., Condon, A., Farquhar, G., Appels, R. and Richards, R. (2008) Quantitative trait loci for carbon isotope discrimination are repeatable across environments and wheat mapping populations. *Theoretical and Applied Genetics* 118, 123–137.

Rebetzke, GJ., Condon, AG., Richards, RA. and Farquhar, GD. (2002) Selection for reduced carbon isotope discrimination increases aeral biomass and grain yield of rainfed bread wheat. *Crop Science* 42, 739–745.

Rekika, D., Nachit, MM., Araus, JL. and Monneveux, P. (1998) Effects of water deficit on photosynthetic rate and osmotic adjustment in tetraploid wheats. *Photosynthetica* 35, 129–138.

Reynolds, M., Balota, M., Delgado, M., Amani, I. and Fischer, R. (1994) Physiological and morphological traits associated with spring wheat yield under hot, irrigated conditions. *Functional Plant Biology* 21, 717–730.

Reynolds, MP., Delgado, B, MI., Gutiérrez-Rodríguez, M. and Larqué-Saavedra, A. (2000) Photosynthesis of wheat in a warm, irrigated environment: I: Genetic diversity and crop productivity. *Field Crops Research* 66, 37–50.

Reynolds, MP., Dreccer, F. and Trethowan, R. (2007) Drought-adaptive traits derived from wheat wild relatives and landraces. *Journal of Experimental Botany* 58, 177–186.

Reynolds, MP., Manes, Y., Izanloo, A. and Langridge, P. (2009) Phenotyping for physiological breeding and gene discovery in wheat. *Annals of Applied Biology* 155:3, 309–320.

Reynolds, MP., Nagarajan, S., Razzaque, MA. and Ageeb, OAA. (2001) Heat tolerance. In: *'Application of physiology in wheat breeding'* Reynolds, MP., Ortiz-Monasterio, JI. and McNab, A. (Eds.) CIMMYT, Mexico, D.F..

Reynolds, MP., Pellegrineschi, A. and Skovmand, B. (2005) Sink-limitation to yield and biomass: a summary of some investigations in spring wheat. *Annals of Applied Biology* 146, 39–49.

Richards, RA., Condon, AG. and Rebetzke, GJ. (2001) Traits to improve yield in dry environments. In: *'Application of Physiology in Wheat Breeding'* Reynolds, MP., Ortiz-Monasterio JI. and McNab, A. (Eds.) CIMMYT, Mexico D.F., p. 240.

Richards, RA., Rebetzke, GJ., Watt, M., Condon, AG., Spielmeyer, W. and Dolferus, R. (2010) Breeding for improved water productivity in temperate cereals: phenotyping, quantitative trait loci, markers and the selection environment. *Functional Plant Biology* 37, 85–97.

Rosyara, UR., Vromman, D. and Duveiller, E. (2008) Canopy temperature depression as an indication of correlative measure of spot blotch resistance and heat stress tolerance in spring wheat. *Journal of Plant Pathology* 90, 103–107.

Royo, C., Villegas, D., Garcia del Moral, LF., Elhani, S., Aparicio, N., Rharrabti, Y. and Araus, JL. (2002) Comparative performance of carbon isotope discrimination and canopy temperature depression as predictors of genotype differences in durum wheat yield in Spain. *Australian Journal of Agricultural Research* 53, 561–569 .

Saini, HS. and Aspinall, D. (1981) Effect of water deficit on sporogenesis in wheat (*Triticum aestivum* L.). *Annals of Botany* 48, 623–633.

Sanguineti, MC., Giulliani, MM., Govi, G. and Tuberosa, R. (1998) Root and shoot traits of maize inbred lines grown in the field and in hydroponic culture and their relationships with root lodging. *Maydica* 43, 211–216.

Sanguineti, MC., Li, S., Maccaferri, M., Corneti, S., Rotondo, F., Chiari, T. and Tuberosa, R. (2007) Genetic dissection of seminal root architecture in elite durum wheat germplasm. *Annals of Applied Biology* 151, 291–305.

Sayar, R., Khemira, H. and Kharrat, M. (2007) Inheritance of deeper root length and grain yield in half-diallel durum wheat (*Triticum durum*) crosses. *Annals of Applied Biology* 151, 213–220.

Sayre, KD., Acevedo, E. and Austin, RB. (1995) Carbon isotope discrimination and grain yield for three bread wheat germplasm groups grown at different levels of water stress. *Field Crops Research* 41, 45–54.

Sayre, KD., Rajaram, S. and Fischer, RA. (1997) Yield potential progress in short bread wheats in Northwest Mexico. *Crop Science* 37, 36–42.

Trachsel, S., Kaeppler, S., Brown, K. and Lynch, J. (2010) Shovelomics: high throughput phenotyping of maize (*Zea mays* L.) root architecture in the field. *Plant and Soil* 341, 75–87.

Turner, N. (1986) Adaptation to water deficits: a changing perspective. *Australian Journal of Plant Physiology* 13, 175–190.

（李　强 译）

第七章　光谱辐射度量学

Daniel Mullan[1]

摘　　要

通过对电磁波谱和植物冠层光学特性的详细了解，科研人员已在筛选生理性状的效率上有了一个大的飞跃。在实施高额费用的产量试验前，利用光谱辐射度量学技术在低代材料中就可以鉴别出最好的基因型，也增强了对优良高代品系的选择。本章概述了支持光谱辐射度量学的理论框架和进行遥感测量与解释光谱结果时应该理解的重要观点。也详述了与植物营养生长、水分状况和光化学等生理方面相关的光谱反射指标。光谱辐射度量学是一个非常强大的筛选工具，提供了生理特征的高通量筛选。它具有提高未来遗传增益、增加小麦产量和改善作物对胁迫应答的潜能。

一、引　　言

在作物改良和研究项目中，光谱反射指标是一种用于生理性状选择的实践方法。随着分子技术和转基因技术成为许多研究领域的重要组成部分，提高作物品种抗非生物胁迫的育种方法在快速发展着。然而，为了跨越当前提高小麦产量潜力和对胁迫适应性的限制因素，需要鉴定生理性状的新变化和开发在田间研究和育种项目中集成这些生理性状的筛选工具。近年来，随着光谱辐射度量学技术的应用，使以往费力、费时和最终限制育种项目应用的生理性状筛选效率大幅度提高，取得了重大突破。在实施高额费用的产量试验前，利用这些技术在低代材料中就可以鉴别出最好的基因型（Reynolds et al.，1999），也增强了对优良高代品系的选择。通过利用光谱辐射度量学鉴定和追踪生理性状，未来遗传改良的前景将为植物育种项目提供新的机遇，增加遗传多样性，从而改善作物产量潜力和对胁迫的应答（Knipling，1970；Shorter et al.，1991）。

二、电 磁 波 谱

光谱辐射度量学是研究电磁辐射及其与物质间相互作用的一门科学，光谱辐射是波长的一种函数。电磁波谱由电磁辐射的无限多个不同频率组成。因此，如作物叶片或冠层的电磁波谱是该物体发出的或吸收的电磁辐射的特征分布状态。此外，电磁波谱是连续的，辐射波可以按照其波长和频率被表征和分类。常用的光谱区域被标于图 7.1。测量作物冠层时，主要利用电磁辐射的可见光（visible，VIS）（350～750nm）和近红外光（near-infrared，NIR）（750～2500nm）。

1 CIMMYT，墨西哥

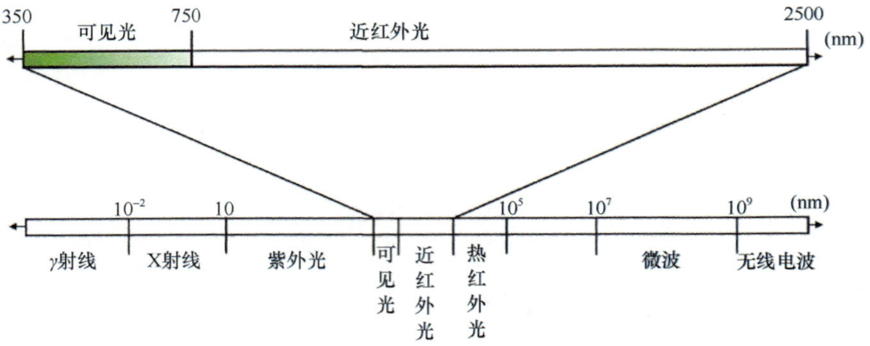

图 7.1 电磁波谱的范围，上面放大的是可用于冠层光谱反射指标测量的光谱区域

三、光谱反射的原理和应用

作物冠层的光谱辐射度量是通过测量其反射辐射来实现的。检测反射辐射的能力源自以下事实，即当单一光照射到物体上时被限定于 3 种物理过程。该光可被物体表面反射、吸收或透过（图 7.2）。然而，对于田间的作物冠层来说，许多或所有辐射的光波都照在物体表面上。在这种情况下，物体会依据光的频率及物体的原子特性，有选择地反射、吸收和透射这些光。光反射的发生是因为入射光的频率与物体振动的固有频率不匹配。如果物体是不透明的，那么电子的振动不是以从原子传递给原子的形式发生，而是振动很短时间后以反射光的形式重新散发能量。通过测量这种独特反射特性，研究人员能描述出作物结构和功能方面的特征。

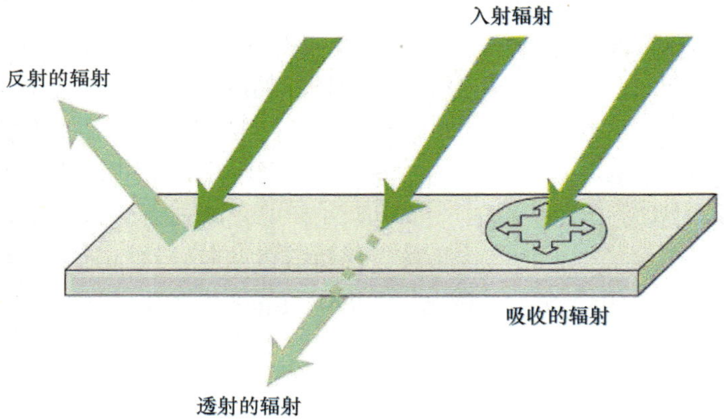

图 7.2 入射辐射等于反射的辐射、吸收的辐射和透射的辐射之和

因为受植物（如蛋白质、木质素、纤维素、糖类、淀粉等）光学特性的影响，叶片对不同波长入射光的反射光谱表现不同的光谱特征。叶片色素所吸收的光主要集中在电磁光谱的光合有效辐射（photosynthetically active radiation，PAR）区域，而不是在近红外光区（750～2500nm）（Knipling，1970）。这导致光合有效辐射区的反射辐射比近红外光区的低。例如，存在于绿色叶片中的叶绿素 a（Chla）和叶绿素 b（Chlb），主要吸收红光区（≈690nm）的光，而细胞壁主要散射（反射和透射）近红外光区（≈850nm）

的光（图 7.3）。在这两个光区间就产生了吸收的差异，这可以通过不同的指标来表示。被植物冠层反射的光谱提供了可以用于测定一系列参数的信息。这些参数包括绿色生物量、冠层光合面积大小、冠层吸收的光合有效辐射量和光合势（Wiegand and Richardson，1990；Baret and Guyot，1991；Price and Bausch，1995；Araus et al.，2001；Reynolds et al.，2001）。通过光谱反射也可测量冠层的生理状态。通过对叶绿素和类胡萝卜素浓度、光能利用率（radiation use efficiency，RUE）和含水量的测定，光谱反射也能用来评价营养缺乏和环境胁迫对作物的影响（Peñuelas et al.，1993，1995a，1995c；Araus et al.，2001；Reynolds et al.，2001；Babar et al.，2006a；Prasad et al.，2007）。在作物不同的生长时期，还可用光谱反射指标估测谷物的产量（Aparicio et al.，2002；Osborne et al.，2002；Babar et al.，2006a）。

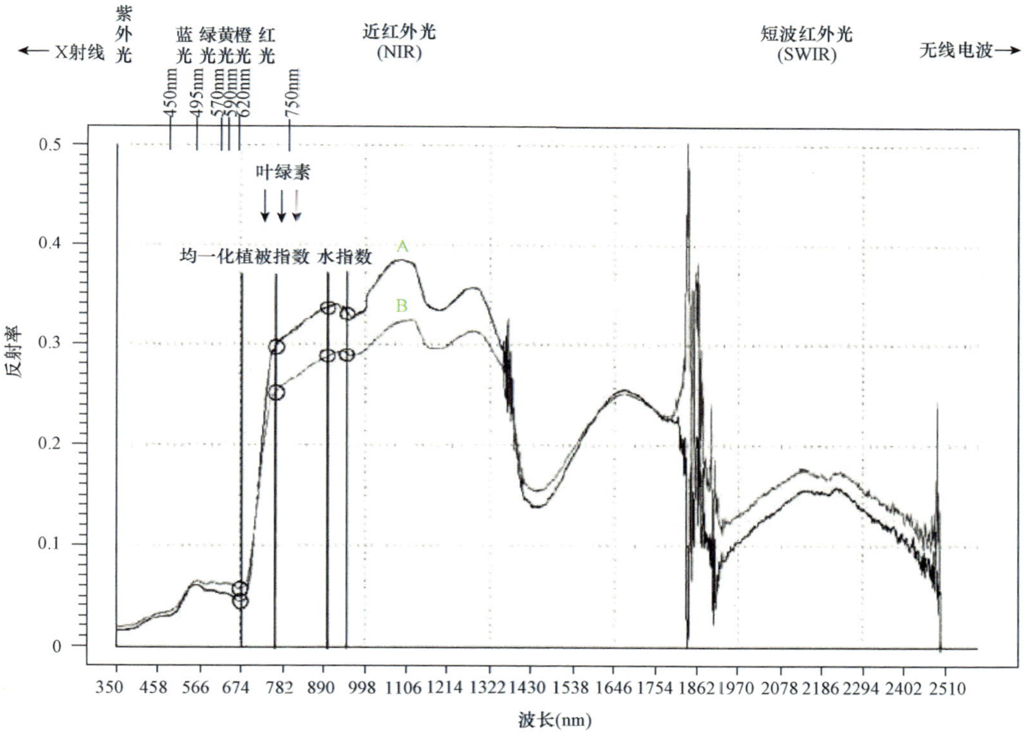

图 7.3　光谱仪测量的反射光谱的例子，已标明了关键光谱区域和指标

该光谱是测量高生物量（A）和低生物量（B）两个小麦品种得到的结果

四、方法与技术

进行光谱反射测量时，需要两个关键设备：①配有适当的前置光学镜头的田间分光辐射度计；②能够固定和保持水平位置的白色光谱参照板（图 7.4）。田间分光辐射度计通常有两种可测量的波长范围，一个是 350～1100nm，一个是范围更广的 350～2500nm。这个连续的波长范围包含可见光区和近红外光区的电磁光谱，足以测量大多数与冠层相关的指标。测量连续波长范围的优点在于，通过一个光谱反射的测量可以计算出大量的指标。然而，这就需要一种有效的数据管理方法处理从大量试验中获得的数据。

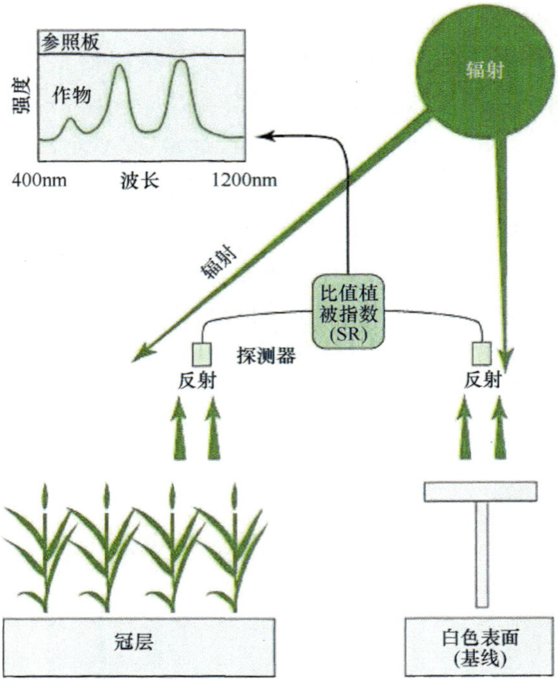

图 7.4　作物冠层的光谱反射（Araus et al.，2001）

冠层的反射辐射由前置光学镜头接收，并由一种光纤电缆传递给分光辐射谱仪。前置光学镜头提供了一个 10°～25°的固定视野（field of view，FOV）。最佳观测视野由作物的物种、实验设计和前置光学镜头与冠层之间的距离来决定。然而，在人工操作测量时，25°的视野是最常用的。在测量过程中，用手或用吊杆使前置光学镜头保持在作物冠层以上 1～2m 的距离，并保持恒定的垂直方向不变。当测量来自白色参照板的反射时，采用相同的取向，但为了确保测量时能够利用全部的视野，应使前置光学镜头更接近参照板。

白色的参照板应该是朗伯表面。这样，可使所有波长的入射光被均等地反射到各个方向，并为计算反射量提供参考（Araus et al.，2001）。当参照板的位置不理想时，应当保持参照板恒定不变的方向，并使参照板与前置光学镜头和太阳的角度同等。通过参照板测量出入射到冠层上的光谱数值，并用以获得与冠层反射光谱的比例。当入射辐射的强度持续地随天顶角和其他环境变量变化时，应执行白色参照板的常规测量。

进行遥感测量和解释光谱结果时，有几点重要的注意事项。冠层电磁辐射的反射受许多因素的影响，包含以下几方面。

（一）冠层结构与形态

基因型间的物候差异可以影响光谱指标。当取样测量的小麦分离群体处于抽穗期这种关键的表型阶段时，基因型间的物候差异是应当考虑的共性因素（Shibayama et al.，1986）。同样地，冠层中叶片的直立性也影响入射辐射反射的方向。Jackson 和 Pinter（1986）确立了可以捕获冠层内反射辐射的紧凑型冠层的垂直元素。与此相反，对于一个平展型的冠层，更大比例辐射被垂直反射。此外，植物叶片表面的差异也会影响光谱反射。当基因型间在蜡质上存在差异时，也被证实影响反射光谱（Febrero et al.，1998）。

（二）作物水分状况

作物冠层叶片中水的质量占 40%～80%。液体水的吸收谱带主要位于大约 760nm、970nm、1190nm、1450nm 和 1950nm 的波长区域，这些区域的光会被水分大量吸收，用作反射指标的光谱特征会被水掩盖。研究表明，叶片水分的差异影响了近红外光谱的反射（Gao and Goetz，1994），因此，依赖于靠近水分吸收谱带的近红外光区的光谱反射指标对于单独由叶片含水量引起的叶片反射光谱的变化非常敏感（Kokaly and Clark，1999）。

（三）冠层覆盖度

当冠层覆盖率不是 100%时，像土壤、水或人造物体等都会影响反射光谱。田间成像光谱仪的测量范围通常包括可见光区的光谱（350～750nm），在这种情况下，叶绿素的吸收量可被用于估算冠层覆盖率，并为数据的校正或质量控制提供一种方法。Kokaly 和 Clark（1999）在物种多样化采集的一项研究中阐明，当土壤覆盖率达到 40%或 40%以上时，氮的测定才对土壤背景相对不敏感。木质素测定的误差相对较低，除非半数信号包含土壤光谱。然而据报道，当土壤覆盖超过 20%时，纤维素测定的误差会大幅度增加（Kokaly and Clark，1999）。

（四）入射辐射的几何学

因为冠层结构与播种方向的相互影响，太阳方位的变化会影响作物冠层的反射光谱。对于叶面积指数（leaf area index，LAI）较低的作物冠层，这种影响表现得更为明显。然而，通过采用最小观测角度和中午取样测量的方法可以使这种影响降到最小。这种方法能尽量减少播种行的方向和太阳方位之间的相互影响，但受土壤背景光谱反射的影响更大。当受土壤背景影响显著时，可以通过维持传感器和太阳方位角间 0～90°的变化来改变观测角度（Wardley，1984）。

（五）遮光度

作物冠层的遮光程度受冠层结构、播种方向、太阳方位和光谱仪视角等因素的影响。在红光和波长较短的近红外光区，植物行向和太阳方位角度的改变可引起测量反射率百分之百的变化（Kollenkark et al.，1982）。完全暴露于入射辐射中的叶片（如冠层上部的叶片）减少了被遮掩叶片对已经被上部叶片吸收的入射光的吸收，减少了其反射光谱。因此，对于特定的观测视角，冠层遮光度越大，被光合色素吸收和不被光合色素吸收的光区间冠层反射光谱的差异越大（Araus et al.，2001）。

（六）云层

云层的存在会增加冠层入射辐射的散射量。增加散射辐射会增加冠层的渗透力和光合色素所吸收的辐射量。在这些条件下测定的植被指数会被高估，且更易受冠层结构变化（如风）所致误差的影响（Lord et al.，1985）。入射辐射的强度在多云的天气条件下也可能更加多变，需要增加白色参照板反射率测量的频次以减小误差。

（七）附近物体的存在

当测量的光谱附近有物体存在时，能够改变冠层的辐射反射率。通常，使用的仪器和操作人员是这种干扰的主要来源，但保持与观测视野的最大距离和尽可能地给附近的物体着暗色可减少其在冠层上的反射辐射（Kimes et al.，1983）。

五、光谱反射指数

光谱反射指数是使用特定波长或电磁光谱的波段来定量随生理学变量改变而变化的反射光谱的数量指标。光谱反射指数具有将大量信息总结转换成数值的优点，并可同时在每个样品中被评估。光谱反射指数的这些特性，可被用于筛选大量种质对胁迫的生理反应。

为加强理解，将田间成像光谱仪采集到的电磁光谱分为如下 3 个区域。

（1）可见光区（VIS）：包括波长 350～750nm 的光谱区域，吸收该区域光的主要物质包含叶绿素 a、叶绿素 b、胡萝卜素和叶黄素。

（2）近红外光区（NIR）：包括波长 750～1350nm 的光谱区域，对该区域光的吸收易受叶片内部结构的影响。

（3）短波红外光区（short-wave infrared，SWIR）：包括波长 1350～2500nm 的光谱区域，对该区域光的吸收受叶片结构影响较小，但受叶片组织内水溶液浓度的影响较大，其强吸收谱带在波长 1450～1950nm 的光谱区域。

（一）植被指数

植被指数基于电磁光谱红光和近红外光区的光谱反射，用于测定冠层的光合容量。健康的植被吸收大部分照射在其上面的可见光，同时反射大部分的近红外光。相反，不健康的或稀疏的植被只吸收小部分可见光和大部分近红外光（Araus et al.，2001）。因此，近红外光和红光的反射率差值越大，取样地点的植被越多。通过开发对特定波长敏感的植被指标，可将这些特有的光谱反射用于检测植物的行为状况。植被指数可以用来测定叶面积指数（LAI）、绿色生物量、绿色叶面积指数（GLAI）及其他更多的指标（Wiegand and Richardson，1990；Baret and Guyot，1991；Price and Bausch，1995；Araus et al.，2001）。在作物生长周期中定期测量叶面积的发育情况，也可作为衡量胁迫程度的指标，同时根据冠层吸收的光合有效辐射总量可以进行产量预测（Wiegand and Richardson，1990）。

其中最常用的植被指数是简单比值（simple ratio，SR）（Jordan，1969）和归一化植被指数（normalized difference vegetation index，NDVI）（表 7.1）（Rouse et al.，1973；Araus et al.，2002）。SR 是近红外光反射率除以红光反射率的简单指数，而 NDVI 则是用于说明入射辐射变化的归一化指数。归一化植被指数易于比较不同光线条件下的测量，如在高入射辐射（如全光照）条件下比在低入射辐射（如阴天）时的测量值大（红光和近红外光反射间绝对差值较大）。

表 7.1　植被指数

名称	缩写	计算公式	注释	参考文献
简单比值（比值植被指数）	SR（RVI）	R_{NIR}/R_{RED}	该指数的范围是 0 到无限大	Jordon，1969
归一化植被指数	NDVI	（R_{NIR}–R_{RED}）/（R_{NIR}+R_{RED}）	该指数的范围是–1～1	Rouse et al.，1973
土壤调节植被指数	SAVI	[（R_{NIR}–R_{RED}）/（R_{NIR}+R_{RED}）]（1+L）	L 值是可调节的，将由生长着大范围的土壤覆盖物的土壤产生的噪声减小到最小。生长的作物多时，L=0.5；而土壤覆盖物非常低时，L=1；这时较合适，土壤覆盖物非常高时，L=0.25	Huete，1988
转换型土壤调节植被指数	TSAVI	a（R_{NIR}–aR_{RED}–b）/[R_{RED}+a（R_{NIR}–b）+0.08（1+a^2）]，a 为直线 $R_{NIR\ soil}=a\times R_{RED\ soil}+b$ 的斜率，b 为截距	转换型土壤调节植被指数包括从土壤的反射光谱获得的参数	Baret and Guyot，1991
垂直植被指数	PVI	[（$R_{RED\ soil}$–$R_{RED\ vegetation}$）^{2}+（$R_{NIR\ vegetation}$–$R_{NIR\ soil}$）^{2}]$^{1/2}$	垂直植被指数部分克服了与归一化植被指数有关的饱和度问题	Richardson and Wiegand，1977

注：R_{NIR} 为近红外光区的光谱反射率；R_{RED} 为红光的光谱反射率

用于计算红光和近红外光反射率和植被指数的精确波长可以根据实验目的和/或光谱仪的规格而改变。例如，Hall 等（1990）使用波长 660nm 的红光和 770nm 的近红外光测定了光合有效辐射的吸收量，而 Peñuelas 等（1997a）使用波长 680nm 的红光和 900nm 的近红外光评价了盐分对大麦的影响。此外，Carter（1998）为提高与叶片光合能力的相关性，改进了归一化植被指数，使用波长 520nm 的红光和 701nm 的近红外光进行测定。实质上，为增强与特定的研究目标的相关性，在计算光谱指数时采用的波长是可以调整的。

植被指数的调整已纳入土壤背景对测量结果影响的补偿。土壤调节植被指数（soil adjusted vegetation index，SAVI）（Huete，1988）和转换型土壤调节植被指数（transformed soil adjusted vegetation index，TSAVI）（Baret and Guyot，1991）的创立，改进了土壤差异大的试验地点之间测量结果的重复性（表 7.1）（Araus et al.，2001）。另外，当 NDVI 超出饱和范围时，这些指标可用于叶面积指数的估算。当叶面积指数等于 1 时，归一化植被指数开始饱和，当叶面积指数大于等于 2 时，归一化植被指数对叶面积指数的变化完全不敏感。垂直植被指数（perpendicular vegetation index，PVI）能够部分克服对叶面积指数的不敏感性，尽管它对分光辐射仪观测几何学中的变化更敏感（表 7.1）（Shibayama et al.，1986）。

植被指数的测量已被成功应用于评价不同基因型小麦的叶面积指数、生物量和活力

（Wiegand and Richardson，1990；Baret and Guyot，1991；Price and Bausch，1995）。这些指标更实际的应用是在生长期间连续测量以预测产量。归一化植被指数已被用于预测大豆、硬粒小麦和普通冬小麦的籽粒产量（Aparicio et al.，2000；Ma et al.，2001；Raun et al.，2001），并且在多点试验中，归一化植被指数和比值植被指数能够解释小麦产量50%～65%的可变性（Tucker et al.，1980；Aparicio et al.，2000；Serrano et al.，2000；Raun et al.，2001）。据类似报道，植被指数与小麦籽粒产量之间的相关系数（R^2）为 0.5 和 0.66（Rudorff and Batista，1990；Wiegand and Richardson，1990）。

（二）水指数

水指数是用来测量冠层中水分状况的，包括气孔导度、叶水势、相对含水量（relative water content，RWC）和冠层温度等参数（Peñuelas et al.，1993；Babar et al.，2006c）。水可以吸收由田间成像光谱仪测量的 950～2500nm 波段的光。在波长为 1300～1500nm 的光谱区域，水对辐射的吸收非常高。当反射被饱和时，甚至冠层含水量低，也限制了这些光谱波长的应用。然而，在波长为 950～970nm 的光谱区域，水对辐射的吸收较弱，这一特点可被用于指标的开发。水指数（WI）首次来自波长为 970nm 的光谱反射（Bull，1991），因为类似地受冠层和叶片结构影响而不被水吸收，以波长为 900nm 的光谱反射作为参考（表 7.2）（Peñuelas et al.，1993，1997b）。据报道，对一年中不同时间的地中海自然环境中的各物种测量发现，WI 和相对含水量之间具有良好的相关性（R^2=0.55）（Peñuelas et al.，1997b）。另外，Peñuelas 等（1997a）证实盐胁迫下大麦的 WI 和冠层温度降低相关，Babar 等（2006c）证明小麦冠层温度和 WI 有很强的正相关性；Gutiérrez-Rodríguez 等（2004）和 Babar 等（2006b）也证明在灌溉条件下小麦的 WI 和籽粒产量高度相关。

表 7.2　水指数

名称	缩写	计算公式	参考文献
水指数	WI	R_{970}/R_{680}	Peñuelas et al.，1993
归一化水指数 1	NWI-1	$(R_{970}-R_{900})/(R_{970}+R_{900})$	Babar et al.，2006b
归一化水指数 2	NWI-2	$(R_{970}-R_{850})/(R_{970}+R_{850})$	Babar et al.，2006b
归一化水指数 3	NWI-3	$(R_{970}-R_{920})/(R_{970}+R_{920})$	Prasad et al.，2007
归一化水指数 4	NWI-4	$(R_{970}-R_{880})/(R_{970}+R_{880})$	Prasad et al.，2007

新改良的水指数可以更精确地区别高产基因型间的差异。研究表明，在墨西哥西北部节水灌溉（Babar et al.，2006a）和足水灌溉（Babar et al.，2006b）的条件下，基于近红外光的两个衍生的新指标（NWI-1 和 NWI-2）与小麦品种和随机的姊妹系（F_5、F_6 和 F_7）的籽粒产量存在强的表型和遗传相关性（表 7.2）。在节水灌溉条件下，不同指标的比较研究表明，与其他光谱指标（归一化植被指数和比值植被指数）相比，基于近红外光的指标（WI、NWI-1 和 NWI-2）始终与籽粒产量有较大的关联，可以解释籽粒产量变化的大部分原因，并鉴定出更高比率的高产品系。在足水灌溉条件下，与红光归一

化差异植被指数（red normalized difference vegetation index，RNDVI）、绿色归一化差异植被指数（green normalized difference vegetation index，GNDVI）、比值植被指数、光化学反射指数（photochemical reflectance index，PRI）相比，近红外指标与籽粒产量有更高的关联，可以解释更大比例籽粒产量变化的原因（Babar et al.，2006b）。此外，NWI-2被确定为在不同的实验条件下，选择优良基因型的最有效的指标（Babar et al.，2006b）。另两个归一化水指数 NWI-3 和 NWI-4（表 7.2）检测了雨养条件下显著比例的冬小麦最高产基因型和同等产量或较高产量基因型籽粒产量的相关响应（比直接响应显著）（Prasad et al.，2007）。

（三）叶绿素指标

光谱反射指标已被开发用于测量叶片色素的含量，如叶绿素和类胡萝卜素。有几种反射光波对叶绿素含量较敏感。波长 675nm 的光谱反射对叶绿素含量的变化非常敏感，但仅限于测定叶绿素含量非常低（小于 $10\mu g/cm^2$）的样品（Araus et al.，2001）。然而，叶绿素对波长 550nm 光波的吸收较低，这意味着它对叶绿素含量变化较不敏感，不容易饱和，可用于测定更宽范围的植物叶片和冠层的叶绿素含量。为了改良叶绿素含量的测定方法，Chappelle 等（1992）分析了生长在不同氮素水平下大豆叶绿素 a、叶绿素 b 和类胡萝卜素变化敏感的光谱。研究开发了反射光谱比值分析（ratio analysis of reflectance spectra，RARS）指标 RARSa、RARSb 和 RARSc，分别用于测定叶绿素 a、叶绿素 b 和类胡萝卜素的含量（表 7.3）。该指标已被用于测定其他物种的叶绿素和类胡萝卜素含量。例如，Babar 等（2006c）发现 SPAD 叶绿素仪测量的叶绿素含量与色素特定简单比值指标（pigment specific simple ratio，PSSR）PSSRa、反射光谱比值分析指标 RARSb、RARSc 的测量值高度相关。SPAD-502 型叶绿素仪是一种手持式单叶片测量仪，利用波长 650nm 和 940nm 光的透射比测量叶绿素含量（见《生理育种Ⅱ》第九章）。叶绿素仪的读数与从植物中萃取的叶绿素含量有强相关性（Yadava，1986；Dwyer et al.，1991）。色素特定简单比值指标 PSSRa 是由 Blackburn（1998）发明的，他报道利用波长 680nm 和 800nm 的测定明显改进了一些物种的 RARSa 指标（表 7.3）。通过冠层反射率测定叶绿素含量，提供了一个对冠层所有叶片综合测量的方法，为其他色素含量、水分状况和冠层大小等参数的测量提供了便利。

（四）红边指标

用“红边”波长的波谱比用 675nm 或 550nm 可测定更高浓度和更宽范围的叶片和冠层的叶绿素含量。红边位置（red edge position，REP）是指当波长从红光增大到近红外光时反射率达到最大值的特定波段，位于波长 680～780nm 的光区。随着叶绿素含量的增加，红边位置改变到波长更长的光区，可用于红边波长（λ_{re}）、反射光谱的一阶导数最大振幅（dR_{re}）和波长 680～780nm 光区反射光谱一阶导数的振幅总和（$\Sigma dR_{680\sim780}$）（表 7.3）（Araus et al.，2001）。与红边位置有关的参数具有受土壤背景、入射强度和观测几何学影响较小的优点（Filella and Peñuelas，1994）。

表 7.3 叶绿素指数

名称	缩写	计算公式	参数	参考文献
简单的叶绿素指数（高灵敏度）	R_{675}	R_{675}	叶绿素	Jacquemoud and Baret，1990
简单的叶绿素指数（低灵敏度）	R_{550}	R_{550}	叶绿素	Jacquemoud and Baret，1990
反射率比值	$R_{750/550}$	R_{750}/R_{550}	叶绿素	Lichtenthaler et al.，1996；Gitelson and Merzlyak，1997
	$R_{750/700}$	R_{750}/R_{700}	叶绿素	Lichtenthaler et al.，1996；Gitelson and Merzlyak，1997
绿色归一化差异植被指数	$NDVI_{green}$	（$R_{NIR}-R_{540\sim570}$）/（$R_{NIR}+R_{540\sim570}$）	叶绿素	Gitelson and Merzlyak，1997
反射光谱比值分析（叶绿素 a）	RARSa	R_{675}/R_{700}	叶绿素 a	Chapelle et al.，1992
反射光谱比值分析（叶绿素 b）	RARSb	R_{675}/（$R_{650\times}R_{700}$）	叶绿素 b	Chapelle et al.，1992
反射光谱比值分析（类胡萝卜素）	RARSc	R_{760}/R_{500}	类胡萝卜素	Chapelle et al.，1992
色素特定简单比值	PSSRa	R_{800}/R_{675}	叶绿素 a	Blackburn，1998
红边波长	λ_{re}	红光和近红外光区之间反射光谱的最大斜率	叶绿素和氮素营养	Filella et al.，1995
反射光谱的一阶导数振幅	dR_{re}	反射光谱一阶导数的最大振幅	叶绿素和氮素营养	Filella et al.，1995
680～780nm 光区反射光谱一阶导数振幅的总和	$\Sigma dR_{680\sim780}$	680～780nm 光区反射光谱一阶导数的总和	叶绿素和氮素营养	Filella et al.，1995
归一化差异红边指数	NDRE	（$R_{790}-R_{720}$）/（$R_{790}+R_{720}$）	叶绿素和氮素营养	Barnes et al.，2000；Rodriguez et al.，2006
归一化脱镁作用指数	NPQI	（$R_{415}-R_{435}$）/（$R_{415}+R_{435}$）	叶绿素的降解	Peñuelas et al.，1995b
冠层叶绿素含量指数	CCCI	作为归一化植被指数的函数，应用于归一化红边指数的校正	叶绿素和氮素营养	Barnes et al.，2000；Fitzgerald et al.，2006；Rodriguez et al.，2006
优化的光谱比值	MSR	（$R_{750}-R_{445}$）/（$R_{705}-R_{445}$）	叶绿素浓度	Sims and Gamon，2003
色素简单比值	PSR	R_{430}/R_{680}	类胡萝卜素与叶绿素比值	Peñuelas et al.，1993
归一化差异色素指数	NDPI	（$R_{680}-R_{430}$）/（$R_{680}+R_{430}$）	类胡萝卜素与叶绿素比值	Peñuelas et al.，1993
结构独立性色素指数	SIPI	（$R_{800}-R_{435}$）/（$R_{415}+R_{435}$）	类胡萝卜素与叶绿素比值	Peñuelas et al.，1995a
光化学反射指数	PRI	（$R_{531}-R_{570}$）/（$R_{531}+R_{570}$）	光能利用率	Peñuelas et al.，1995a
优化的光谱比值平面指数	MSRpi	作为归一化植被指数的函数，应用于优化的比值指数的校正	氮素营养	Rodriguez et al.，2006

注：R_{NIR} 为近红外光区的光谱反射率

另外两个指数已被开发用于测量冠层叶绿素含量和叶绿素的降解。归一化脱镁作用指数（normalized phaeophytinization index，NPQI）能被用于测定叶绿素降解，用作害虫侵袭苹果树的指标（Peñuelas et al.，1995b）及表明小麦物候期的指标（表 7.3）（Araus et al.，2001）。此外，通过与植被指数的整合，开发了冠层叶绿素含量指数（canopy chlorophyll content index，CCCI）（Barnes et al.，2000），改进了对作物冠层氮素营养状态的测定（表 7.3）。该指数结合了归一化差异植被指数和归一化差异红边（normalized difference red edge，NDRE）指数，用于测定冠层的覆盖度和叶绿素浓度。这种方法试图从随覆盖度改变的土壤背景中分离出叶片的叶绿素含量（Barnes et al.，2000；Tilling et al.，2007）。

（五）类胡萝卜素

当植物受到胁迫时，叶片中类胡萝卜素与叶绿素的比值（Car：Chl，黄绿比率）通常会增大。叶绿素和类胡萝卜素都吸收电磁光谱的蓝光，然而，只有叶绿素吸收电磁光谱的红光。应用结合上述两个区域光谱反射的指标，可测定类胡萝卜素与叶绿素的比值和评价作物受胁迫的程度。基于类胡萝卜素与叶绿素比值的指标包括色素简单比值（pigment simple ratio，PSR）和归一化差异色素指数（normalized difference pigment index，NDPI）。这些指数被进一步改良成结构独立性色素指数（structural independent pigment index，SIPI），可以避免与叶片表面和结构差异相关的误差（表 7.3）。该指数利用波长在 800nm 的反射率作为对照，因为类胡萝卜素和叶绿素都不吸收这个波长的光，所以仅受叶片结构的影响（Peñuelas et al.，1995c）。黄绿比率（Car：Chl）指数从作物的营养生长到开始衰老会逐渐增大，可以被用于评价作物的营养状况（当 N 含量低时，比值增大）和害虫侵袭的起始期（Peñuelas et al.，1995b）。

（六）光能利用效率（RUE）

植被指标和色素指标可用于测定冠层光合作用，但并不总是与实际光合作用相吻合。当植物生长在受胁迫的环境下时，应用这些指标测定实际的光合作用就变得更加困难。光化学反射指数与吸收光合有效辐射的光合辐射利用效率（photosynthetic radiation use efficiency，PRUE）相关，对冠层光合作用的测量比对植被指数的测量更可靠（表 7.3）（Peñuelas，1995c）。光化学反射指数由这样的事实导出，即被叶绿素吸收的光合有效辐射只有部分用于光合作用，而另一部分丢失于热能的散发。叶黄素循环涉及了光能的散失过程，并与靠近波长 531nm 区域的叶片反射率有关。因此，光化学反射指数可被用于测定没有冠层规模光合有效辐射操作的叶黄素状态的变化（Araus，1996）。光化学反射指数可被用于测量不同物种在营养状态和正午消退等环境因素下的光合辐射利用效率（Gamon et al.，1997）。然而，应用该指数的局限性是在如叶片萎蔫这样的冠层结构改变的条件下测定结果不准确（Gamon et al.，1992），并且只有在冠层处于全光照条件下测量才有效，当冠层处于宽泛照度条件下（例如，从晴天到阴天），测量值是不准确的（Gamon et al.，1997）。

六、结　　论

通过对电磁光谱和植物冠层光学特性的详细认识，研究人员已经能够开发一系列非常有用的测量工具和方法来选择生理性状。光谱辐射度量学是一种非常强大的生理选择工具，它具有高通量的测量能力及同时测量无限量性状的优势。随着该领域研究的不断深入，光谱辐射度量学技术将更广泛地应用于研究和植物育种实践。该技术在增加未来的遗传增益、提高小麦产量和改良作物胁迫应答方面具有应用潜力。

参 考 文 献

Aparicio, N., Villegas, D., Casadesus, J., Araus, JL. and Royo, C. (2000) Spectral vegetation indices as nondestructive tools for determining durum wheat yield. *Agronomy Journal* 92, 83–91.

Aparicio, N., Villegas, D., Araus, JL., Casadesús, J. and Royo, C. (2002) Relationship between growth traits and spectral vegetation indices in durum wheat. *Crop Science* 42, 1547–1555.

Araus, JL. (1996) Integrative physiological criteria associated with yield potential. In *'Increasing yield potential in wheat: Breaking the barriers'*. Ciudad Obregon, Sonora, Mexico. (Eds. Reynolds, M., Rajaram, S. and McNab, A.) pp. 150–166. (CIMMYT).

Araus, JL., Casadesus, J. and Bort, J. (2001) Recent tools for the screening of physiological traits determining yield. In *'Application of physiology in wheat breeding'*. (Eds. Reynolds, M., Ortiz-Monasterio, JI. and McNab, A.). pp. 59–77 (CIMMYT: Mexico D.F.).

Araus, JL., Slafer, GA., Reynolds, MP. and Royo, C. (2002) Plant breeding and drought in C_3 cereals: What should we breed for? *Annals of Botany* 89, 925–940.

Babar, MA., van Ginkel, M., Klatt, AR., Prasad, B. and Reynolds, MP. (2006a) The potential of using spectral reflectance indices to estimate yield in wheat grown under reduced irrigation. *Euphytica* 150, 155–172.

Babar, MA., Reynolds, MP., van Ginkel, M., Klatt, AR., Raun, WR. and Stone, ML. (2006b) Spectral reflectance indices as a potential indirect selection criteria for wheat yield under irrigation. *Crop Science* 46, 578–588.

Babar, MA., Reynolds, MP., van Ginkel, M., Klatt, AR., Raun, WR. and Stone, ML. (2006c) Spectral reflectance to estimate genetic variation for in-season biomass, leaf chlorophyll, and canopy temperature in wheat. *Crop Science* 46, 1046–1057.

Baret, F. and Guyot, G. (1991) Potentials and limits of vegetation indices for LAI and APAR assessment. *Remote Sensing of Environment* 35, 161–173.

Barnes, EM., Clarke, TR., Richards, SE., Colaizzi, PD., Haberland, J., Kostrzewski, M., Waller, P., Choi, C., Riley, E., Thompson, T., Lascano, RJ., Li, H. and Moran, MS. (2000) Coincident detection of crop water stress, nitrogen status and canopy density using ground-based multispectral data. In *'Proceedings of the 5th International Conference on Precision Agriculture'* pp. 1–15: Bloomington, MN, USA.

Blackburn, GA. (1998) Spectral indices for estimating photosynthetic pigment concentrations: A test using senescent tree leaves. *International Journal of Remote Sensing* 19, 657–675.

Bull, CR. (1991) Wavelength selection for near-infrared reflectance moisture meters. *Journal of Agricultural Engineering Research* 49, 113–125.

Carter, GA. (1998) Reflectance wavebands and indices for remote estimation of photosynthesis and stomatal conductance in pine canopies. *Remote Sensing of Environment* 63, 61–72.

Chappelle, EW., Kim, MS. and McMurtrey, JE.III. (1992) Ratio analysis of reflectance spectra (RARS): An algorithm for the remote estimation of the concentrations of chlorophyll A, chlorophyll B, and carotenoids in soybean leaves. *Remote Sensing of Environment* 39, 239–247.

Dwyer, LM., Tollenaar, M. and Houwing, L. (1991) A nondestructive method to monitor leaf greenness in corn. *Canadian Journal of Plant Science* 71, 505–509.

Febrero, A., Fernández, S., Molina-Cano, JL. and Araus, JL. (1998) Yield, carbon isotope discrimination, canopy reflectance and cuticular conductance of barley isolines of differing glaucousness. *Journal of Experimental Botany* 49, 1575–1581.

Filella, I. and Peñuelas, J. (1994) The red edge position and shape as indicators of plant chlorophyll content, biomass and hydric status. *International Journal of Remote Sensing* 15, 1459–1470.

Filella, I., Serrano, L., Serra, J. and Penuelas, J. (1995) Evaluating wheat nitrogen status with canopy reflectance indices and discriminant analysis. *Crop Science* 1400–1405.

Fitzgerald, GJ., Rodriguez, D., Christensen, LK., Belford, R., Sadras, V. and Clarke, T. (2006) Spectral and thermal sensing for nitrogen and water status in two wheat agroecosystems. *Precision Agriculture* 7, 233–248.

Gamon, JA., Peñuelas, J. and Field, CB. (1992) A narrow-waveband spectral index that tracks diurnal changes in photosynthetic efficiency. *Remote Sensing of Environment* 41, 35–44.

Gamon, JA., Serrano, L. and Surfus, JS. (1997) The photochemical reflectance index: An optical indicator of photosynthetic radiation use efficiency across species, functional types, and nutrient levels. *Oecologia* 112, 492–501.

Gao, BC. and Goetz, AFH. (1994) Extraction of dry leaf spectral features from reflectance spectra of green vegetation. *Remote Sensing of Environment* 47, 369–374.

Gitelson, AA. and Merzlyak, MN. (1997) Remote estimation of chlorophyll content in higher-plant leaves. *International Journal of Remote Sensing* 18, 2691–2697.

Gutiérrez-Rodríguez, M., Reynolds, MP., Escalante-Estrada, JA. and Rodríguez-González, MT. (2004) Association between canopy reflectance indices and yield and physiological traits in bread wheat under drought and well-irrigated conditions. *Australian Journal of Agricultural Research* 55, 1139–1147.

Hall, FG., Huemmrich, KF. and Goward, SN. (1990) Use of narrow-band spectra to estimate the fraction of absorbed photosynthetically active radiation. *Remote Sensing of Environment* 32, 47–54.

Huete, AR. (1988) A soil-adjusted vegetation index (SAVI). *Remote Sensing of Environment* 25, 295–309.

Jackson, RD. and Pinter, PJ, Jr. (1986) Spectral response of architecturally different wheat canopies. *Remote Sensing of Environment* 20, 43–56.

Jacquemoud, S. and Baret, F. (1990) PROSPECT: A model of leaf optical properties. *Remote Sensing of Environment* 34, 75–91.

Jordan, CF. (1969) Derivation of leaf area index from quality measurements of light on the forest floor. *Ecology* 50, 663–666.

Kimes, DS., Kirchner, JA. and Newcombe, WW. (1983) Spectral radiance errors in remote sensing ground studies due to nearby objects. *Applied Optics* 22, 8–10.

Knipling, E. (1970) Physical and physiological basis for the reflectance of visible and near-infrared radiation from vegetation. *Remote Sensing and Environment* 1, 155–159.

Kokaly, RF. and Clark, RN. (1999) Spectroscopic determination of leaf biochemistry using band-depth analysis of absorption features and stepwise multiple linear regression. *Remote Sensing of Environment* 67, 267–287.

Kollenkark, JC., Vanderbilt, VC., Daughtry, CST. and Bauer, ME. (1982) Influence of solar illumination angle on soybean canopy reflectance. *Applied Optics* 21, 1179–1184.

Lichtenthaler, HK., Gitelson, A. and Lang, M. (1996) Non-destructive determination of chlorophyll content of leaves of a green and an aurea mutant of tobacco by reflectance measurements. *Journal of Plant Physiology* 148, 483–493.

Lord, D., Desjardins, RL. and Dube, PA. (1985) Influence of wind on crop canopy reflectance measurements. *Remote Sensing and Environment* 18, 113–123.

Ma, BL., Dwyer, LM., Costa, C., Cober, ER. and Morrison, MJ. (2001) Early prediction of soybean yield from canopy reflectance measurements. *Agronomy Journal* 93, 1227–1234.

Osborne, SL., Schepers, JS., Francis, DD. and Schlemmer, MR. (2002) Use of spectral radiance to estimate in-season biomass and grain yield in nitrogen- and water-stressed corn. *Crop Science* 42, 165–171.

Peñuelas, J., Filella, I., Biel, C., Serrano, L. and Savé, R. (1993) The reflectance at the 950–970 nm region as an indicator of plant water status. *International Journal of Remote Sensing* 14, 1887–1905.

Peñuelas, J., Filella, I. and Gamon, JA. (1995a) Assessment of photosynthetic radiation-use efficiency with spectral reflectance. *New Phytologist* 131, 307–315.

Peñuelas, J., Filella, I., Lloret, P., Munoz, FJ. and Vilajeliu, M. (1995b) Reflectance assessment of plant mite attack on apple trees. *International Journal of Remote Sensing* 16, 2727–2733.

Peñuelas, J., Baret, F. and Filella, I. (1995c) Semi-empirical indices to assess carotenoids/chlorophyll *a* ratio from leaf spectral reflectance. *Photosynthetica* 31, 221–230.

Peñuelas, J., Isla, R., Filella, I. and Araus, JL. (1997a) Visible and near-infrared reflectance assessment of salinity effects on barley. *Crop Science* 37, 198–202.

Peñuelas, J., Piñol, J., Ogaya, R. and Filella, . (1997b) Estimation of plant water concentration by the reflectance Water Index WI (R900/R970). *International Journal of Remote Sensing* 18, 2869–2875.

Prasad, B., Carver, BF., Stone, ML., Babar, MA., Raun, WR. and Klatt, AR. (2007) Potential use of spectral reflectance indices as a selection tool for grain yield in winter wheat under Great Plains conditions. *Crop Science* 47, 1426–1440.

Price, JC. and Bausch, WC. (1995) Leaf area index estimation from visible and near-infrared reflectance data. *Remote Sensing of Environment* 52, 55–65.

Raun, WR., Solie, JB., Johnson, GV., Stone, ML., Lukina, EV., Thomason, WE. and Schepers, JS. (2001) In-season prediction of potential grain yield in winter wheat using canopy reflectance. *Agronomy Journal* 93, 131–138.

Reynolds, MP., Rajaram, S. and Sayre, KD. (1999) Physiological and genetic changes of irrigated wheat in the post-green revolution period and approaches for meeting projected global demand. *Crop Science* 39, 1611–1621.

Reynolds, MP., Ortiz-Monasterio, JI. and McNab, A. (2001) *'Application of Physiology in Wheat Breeding.'* (CIMMYT: Mexico, D.F.) pp. 1–240.

Richardson, AJ. and Weiegand, CL. (1977) Distinguishing vegetation from soil background information. *Photogrammetric Engineering and Remote Sensing* 43, 1541–1552.

Rodriguez, D., Fitzgerlad, GJ., Belford, R. and Christensen, L. (2006) Detection of nitrogen deficiency in wheat from spectral reflectance indices and basic crop eco-biophysical concepts. *Australian Journal of Agricultural Research* 57, 781–789.

Rouse, JW., Haas, RH., Schell, JA. and Deering, DW. (1973) Monitoring vegetation systems in the great plains with ERTS. In 'Third ERTS Symposium' pp. I:309–317. (NASA)

Rudorff, BFT. and Batista, GT (1990) Spectral response of wheat and its relationship to agronomic variables in the tropical region. *Remote Sensing of Environment* 31, 53–63.

Serrano, L., Filella, I. and Penuelas, J. (2000) Remote sensing of biomass and yield of winter wheat under different nitrogen supplies. *Crop Science* 40, 723–731.

Shibayama, M., Wiegand, CL. and Richardson, AJ. (1986) Diurnal patterns of bidirectional vegetation indices for wheat canopies. *International Journal of Remote Sensing* 7, 233–246.

Shorter, R., Lawn, RJ. and Hammer, GL. (1991) Improving genotypic adaptation in crops – a role for breeders, physiologists and modellers. *Experimental Agriculture* 27, 155–175.

Sims, DA. and Gamon, JA. (2003) Estimation of vegetation water content and photosynthetic tissue area from spectral reflectance: A comparison of indices based on liquid water and chlorophyll absorption features. *Remote Sensing of Environment* 84, 526–537.

Tilling, AK., O'Leary, GJ., Ferwerda, JG., Jones, SD., Fitzgerald, GJ., Rodriguez, D. and Belford, R. (2007) Remote sensing of nitrogen and water stress in wheat. *Field Crops Research* 104, 77–85.

Tucker, JC., Holben, BN., Elgin Jr, JH. and McMurtrey, JE., III (1980) Relationship of spectral data to grain yield variation. *Photogrammetric Engineering and Remote Sensing* 46, 657–666.

Wardley, NW. (1984) Vegetation index variability as a function of viewing geometry. *International Journal of Remote Sensing* 5, 861–870.

Wiegand, CL. and Richardson, AJ. (1990) Use of spectral vegetation indices to infer leaf area, evapotranspiration and yield: II. Results. *Agronomy Journal* 82, 630–636.

Yadava, UL. (1986) A rapid and nondestructive method to determine chlorophyll in intact leaves. *Horticultural Science* 21, 1449–1450.

（赵明辉 译）

第八章　气体交换和叶绿素荧光的原理及应用

Marta Lopes[1]，Salvador Nogués[2]，Gemma Molero[1]

摘　　要

光合作用已成为提高小麦产量的主要目标之一，因此较好地理解气体交换和叶绿素荧光等技术是重要的。然而，评价不同基因型的光合作用并非易事。理论上我们期望在叶片光合与生物量和/或产量间存在显著的正向关系，但在田间试验中并不一定总是这样。这种相关性的缺乏是由于对于任何给定时期的多种基因型，光合速率会伴随叶片冠层大小、结构、比叶面积及植物物候期等的改变而改变。此外，由叶片向茎、根及生殖系统的同化物运输（以及维持植物基本生存的最低消耗），也是产量重要的下游贡献者。换句话说，叶片 CO_2 的瞬时测量值只是体现了作物生长周期整体冠层光合在时间和空间上的即时值。在分析植物抗旱应答时，由于其气孔导度低且变化范围很大，这样在评价光合作用时，与缺乏植物均匀性相关的难度就增加了。然而，在灌溉和温暖的气候条件下，已有实例证明光合能力表现出对产量的重要正向贡献。因此，可以提供一个耐受那些环境的度量来评估灌溉和温暖环境下的光合作用。光合作用可以使用气体交换来测量和利用叶绿素荧光来估计。现在，一系列的便携式系统均可为用户实时测量叶片光合的 CO_2 吸收、蒸腾、气孔导度、胞间 CO_2 摩尔分数、光系统Ⅱ光化学效率、光化学和非光化学淬灭，也可同时测定其他叶绿素荧光参数。然而，为适当使用这些技术，必须对气体交换和叶绿素荧光系统的原理、应用、测量和局限性等有一个基本的了解。本章将介绍这些技术的原理和应用。

缩　　写

A. 净 CO_2 同化速率；ATP. 腺苷三磷酸；ATPsyn. ATP 合酶；C_a. 大气 CO_2；C_i. 胞间 CO_2；Cyt b$_6$/f. 细胞色素 b$_6$/f 复合体；Φ_{PSII}. 光系统Ⅱ光化学量子产率；F_o. 暗适应叶片初始荧光；F_o'. 光适应叶片初始荧光；F_m. 暗适应叶片最大荧光；F_m'. 光适应叶片最大荧光；F_s 或 F_t. 稳态产量；F_v. 暗适应叶片可变荧光；F_v'. 光适应叶片可变荧光；F_v/F_m. 光系统Ⅱ最大光化学量子产率；F_v'/F_m'. 光系统Ⅱ最大效率；g_m. 叶肉导度；J. 光合电子传递速率；NADPH. 还原型烟酰胺腺嘌呤二核苷酸磷酸；J_{max}. 电子传递速率最大能力；NPQ. 非光化学淬灭；PC. 铜蛋白质体蓝素；PPFD. 光合光量子通量密度；PQ. 质体醌分子；PSⅠ. 光系统Ⅰ；PSⅡ. 光系统Ⅱ；Q_A 和 Q_B. 初级醌电子受体；qP. 光化学淬灭；R_d. 日间呼吸；Rubisco. 核酮糖-1,5-二磷酸羧化酶/加氧酶；RuBP. 核酮

1 CIMMYT，墨西哥
2 巴塞罗那大学，西班牙

糖-1,5-二磷酸；TPU. 磷酸丙糖利用；$V_{c,max}$. 最大 Rubisco 羧化能力。

一、引　言

光合作用驱动着植物生产力，然而，植物生理学家意识到了在实验中获得大量基因型真实评估的困难性。另外，将光合反应与最终产量相关联则更加困难。缺乏这种关联性的原因与光合作用的动态特性和其他互作因子，如叶面积、呼吸作用和同化物分配对于产量的重要性/贡献性有关（Gaskel and Pearce，1981；Mahon and Hobbs，1981；Sinha et al.，1981；Amthor，1989；Loomis and Amthor 1999）。概括地说，植物生产力由光合作用来驱动，这个体系中的关键要素有以下几个。

（1）光合光量子通量密度的拦截（PPFD，400～700nm 光谱带）。

（2）将该能量用于 CO_2 和其他底物的还原（在光合作用过程中）。

（3）同化物从叶到茎、根和生殖结构的运输。

（4）维持植物生存所需的最低消耗（Loomis and Amthor，1999）。

此外，很难从一个单一的瞬时的叶片光合速率测量值推断作物生长周期整个冠层的情况（Reynolds et al.，2000）。光合作用和产量之间未呈现正相关已在文献中有所报道，这里只提及几个例子。例如，进化、多倍性及从野生祖先种到现代小麦的选择，导致籽粒和叶片尺寸增加、籽粒灌浆持续时间延长（与上部叶片的延迟衰老有关），以及饱和光强下净光合速率下降（Welbank et al.，1966，1968；Evans and Dunstone，1970；Khan and Tsunoda，1970；Austin et al.，1982）。在另外一项研究中，已报道小麦的驯化和育种与降低光合速率相关联（Evans and Dunstone，1970；Rawson et al.，1983）。因此，鉴于叶片光合作用和产量之间缺乏相关性，加之产量是受到库而不是源的限制，得出一种观点，即作物产量不能通过增加叶片光合速率而得以提高（Long et al.，2006）。然而，对大气中 CO_2 富集的关注提供了一个与之相对立的好例子，即增加叶片光合作用实际上可能会提高产量（Long et al.，2006）。在文献里就有叶片光合相关性状与产量呈正相关性的实例。例如，1932 年和 1988 年间释放于西北墨西哥的 8 个典型的半矮秆春小麦品种，在良好的管理和灌溉条件下，平均 3 个季节，气孔导度、最大光合速率及冠层温度降低与籽粒产量呈紧密的正相关（Fischer et al.，1998）。也有报道显示，生长在温暖、灌溉环境下小麦栽培品种的光合作用和生产力（生物量和产量）呈正向关联，表明较高的叶片光合速率可能反映高温下较高的冠层净光合作用整体速率（Reynolds et al.，2000）。最近，对 1945 年和 1955 年间在中国释放的 18 个冬小麦品种进行了不同发育时期光合速率的精细测定（在大陆性温暖环境的灌溉条件下），结果揭示出了单位叶面积光合速率的遗传增益（Jiang et al.，2003）。此外，在温暖、灌溉环境下光合与生产力间的正向关联可能与高温对光合的巨大影响相关（Law and Crafts-Brandner，1999），这暗示着在那种条件下存在一个对于生产力的重要理论界限。因此可以认为光合作用是一种辨别不同基因型对高温响应的潜在性状。

本章主要分为 3 个部分。首先，简短综述光合作用的过程；其次，介绍两个可有效评价光合作用（基于气体交换和叶绿素荧光）的主要工具；最后，详述依据目标环境选择的最适光合参数的应用。对于气体交换或叶绿素荧光等光合测量相关的实践方面，参见《生理育种Ⅱ》第十三章。

二、光合作用的基础知识

简单地说，光合作用就是将CO_2转化为糖类。这一过程所需的能量由色素（主要是叶绿素和胡萝卜素）吸收的光来提供。转化所需的电子来自于水，水转换为氧和质子，产生的还原力为还原型烟酰胺腺嘌呤二核苷酸磷酸（NADPH）。简单来说，光合作用可以分为 3 个主要部分（Allen et al.，1998）：①电子传递和类囊体膜光合磷酸化；②卡尔文循环的CO_2固定反应；③气孔对CO_2供给的控制（图 8.1）。许多光合作用组分的活性受到这三部分光合反应速率的调节，因此，对单个过程或组分的检测，如 1,5-二磷酸核酮糖羧化酶/加氧酶（Rubisco）羧化速率、光系统Ⅱ（PSⅡ）的光化学量子效率或气孔导度，并不能鉴别诱导光合限制的初级胁迫。由于这一原因，在不同情况下需要确定光合作用中的哪个组分是限制因素。

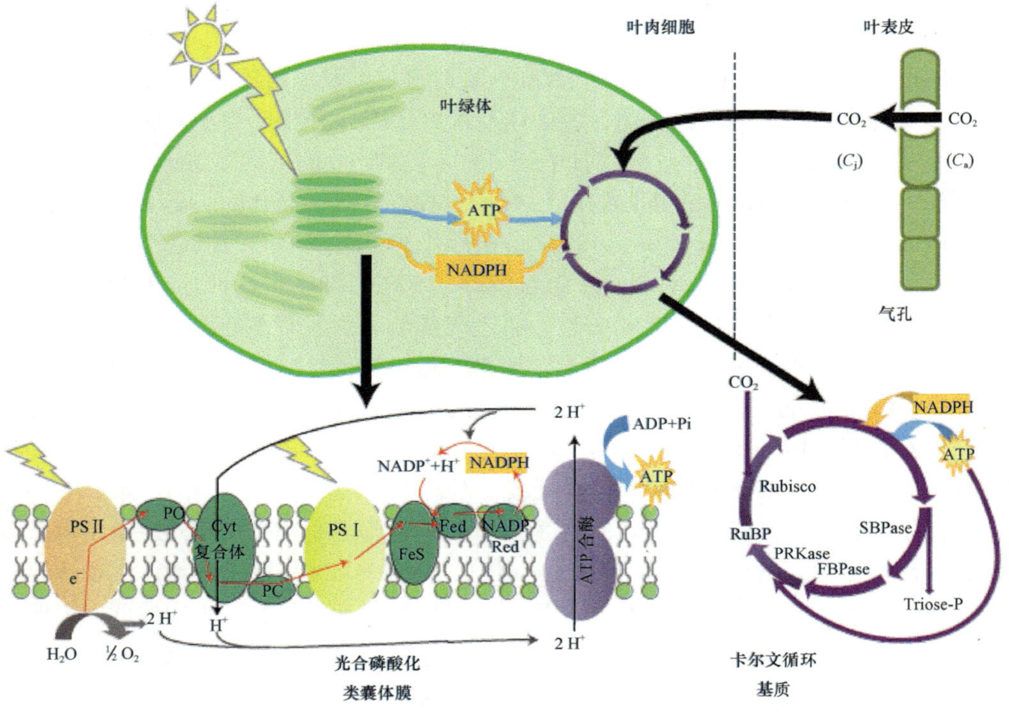

图 8.1 C3 植物光合作用主要过程表现为电子传递和光合磷酸化、卡尔文循环及气孔控制CO_2供给
光合磷酸化包括由光系统Ⅱ和Ⅰ（PSⅡ和 PSⅠ）对光的吸收，它驱动电子传递产生还原力，NADPH 和H^+质子跨膜梯度允许生产 ATP。气孔控制大气CO_2（C_a）向叶片的扩散及水分的蒸腾。叶绿体基质的卡尔文循环羧化反应中，1,5-二磷酸核酮糖羧化酶/加氧酶（Rubisco）催化胞间CO_2（C_i）与 1,5 二磷酸核酮糖（RuBP）的同化作用（A）（改编自 Allen et al.，1998）

（一）类囊体膜的电子传递和光合磷酸化反应

一个简化和改写的能量吸收与传递流程如图 8.2 所示。电子传递反应发生于叶绿体的类囊体膜上，这个过程的主要反应可能发生于蛋白质和色素复合体构成的反应中心

中。在高等植物中，存在光系统Ⅰ（PSⅠ或 P700）和光系统Ⅱ（PSⅡ或 P680）两种类型的反应中心。PSⅠ的光吸收峰是 700nm，PSⅡ的光吸收峰是 680nm。光系统包括大量位于类囊体膜的色素-蛋白质复合体，这些复合体的作用相当于光能量吸收的天线。激发光从一个叶绿素分子转移到另一个叶绿素分子，直到能量到达光系统反应中心。这将导致一个反应中心内的叶绿素分子进入一种激发态，释放电子。电子在这些大型复合体之间的传递是通过小分子移动的［在高等植物中 PSⅡ的主要醌类电子受体是 Q_A、Q_B、质体醌（PQ）和质体蓝素（PC）］。这些小分子运输电子或氢原子跨过光合膜。PQ 有两个主要功能，即将 PSⅡ反应中心的电子转移到细胞色素 b_6/f 复合体，并携带质子跨越光合膜。电子最终传递到 PSⅠ反应中心。质子释放到光合膜系统的内部空间有助于质子的化学自由能穿过膜。从细胞色素 b_6/f 复合体到 PSⅠ的电子传递过程由 PC 介导。从 PSⅠ到 $NADP^+$（氧化烟酰胺腺嘌呤二核苷酸磷酸）的电子传递需要铁氧还蛋白（一个小的 FeS 蛋白）和铁氧还蛋白-NADP 氧化还原酶（FNR，一个作用于光合膜外表面的外周黄素蛋白）。PSⅠ中被激发的电子转移到一个 NADP 分子上，伴随一个 H^+，从而还原为 NADPH。电子离开 PSⅠ，取而代之的是那些通过电子载体由 PSⅡ进入的电子，为了让这个过程继续下去，从 PSⅡ迁移的电子必须被替换。这是由 PSⅡ中一个 H_2O 分子分裂产生电子、H^+和氧气来实现的。两种类型反应中心之间的电子传递导致氢离子（H^+）跨类囊体膜的泵送，从而在类囊体内（即腔侧）形成一个高 H^+浓度梯度，在基质侧形成较低的相对浓度。于是，与这一浓度梯度相关的势能用于形成腺苷三磷酸（ATP），其机制类似于线粒体 ATP 的生成。

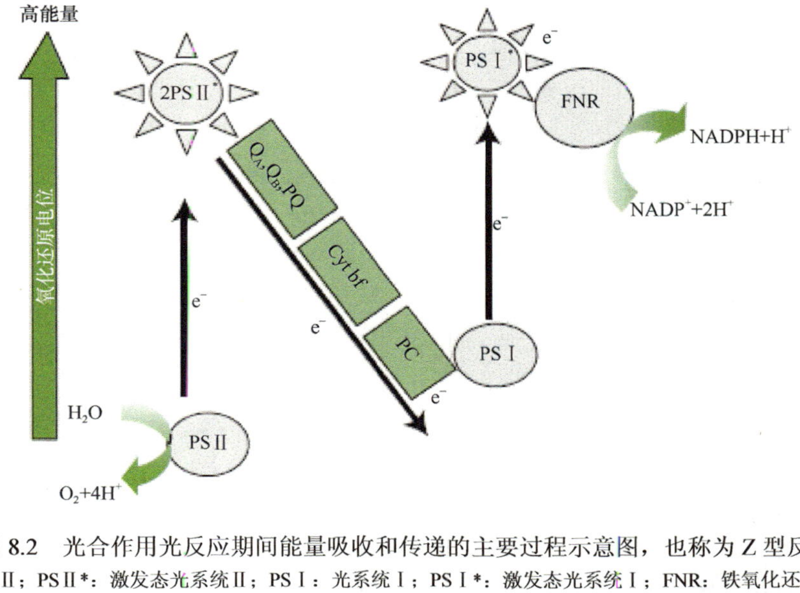

图 8.2 光合作用光反应期间能量吸收和传递的主要过程示意图，也称为 Z 型反应

PSⅡ：光系统Ⅱ；PSⅡ*：激发态光系统Ⅱ；PSⅠ：光系统Ⅰ；PSⅠ*：激发态光系统Ⅰ；FNR：铁氧化还原蛋白-NADPH 还原酶；NADPH：还原型烟酰胺腺嘌呤二核苷酸磷酸（还原力）；ATP：腺苷三磷酸；O_2：氧气；H^+：质子；Q_A和 Q_B：初级醌电子受体；PQ：质体醌分子；PC：铜蛋白质体蓝素；Cyt：细胞色素 b_6/f 复合体（现在也被称为细胞色素 b_6/c 或简称为 bf）（改编自 http://www.life.illinois.edu/govindjee/ZSchemeG.html）

总之，在类囊体膜发生电子传递和光合磷酸化反应期间，产生两种化学物质，即 ATP 和 NADPH。这两种物质是光合反应途径中后续反应还原力的来源。

（二）卡尔文循环的 CO_2 固定反应

卡尔文循环（也称为 Calvin-Benson-Bassham 循环或还原磷酸戊糖途径）是一种代谢途径，该途径将大气中 CO_2 形式的碳固定并转化为糖（磷酸丙糖，triosephosphates）。Melvin Calvin 和他的同事使用 ^{14}C 明确了光合作用的主要反应（Bassham et al.，1950）。卡尔文循环使用 ATP 作为能量来源，消耗光反应中作为还原力的 NADPH，加入高能量电子以制造糖类。为简单起见，我们可以将卡尔文循环划分为第一阶段（碳的固定）、第二阶段（还原）和第三阶段（再生）3 个主要步骤。在第一阶段，CO_2 被结合进名为核酮糖二磷酸的五碳糖（RuBP）。催化这第一步反应的酶类是 1,5-二磷酸羧化酶/加氧酶，称为 Rubisco。反应的产物是一个六碳的中间产物，它分裂形成两个 3-磷酸甘油酸分子。在第二阶段，来自光反应的 ATP 和 NADPH 被用于将 3-磷酸甘油酸转化成 3-磷酸甘油醛，即 3 个碳的碳水化合物前体，将转化为葡萄糖和其他糖类。在第三阶段，更多 ATP 被用于将一些 3-磷酸甘油醛分子转化回 RuBP，即 CO_2 的受体，从而完成循环。每 3 个 CO_2 分子进入循环，最终的净产物是 1 分子的 3-磷酸甘油醛（G3P）。每合成 1 个 G3P，循环需要消耗 9 分子 ATP 和 6 分子 NADPH。RuBP 的再生涉及许多酶类，最重要的是果糖-1,6-二磷酸酶（FBPase）、景天庚酮糖-1,7-二磷酸酶（SBPase），以及磷酸核酮糖激酶（PRKase）。前两个酶加上 Rubisco，有效地催化了不可逆反应，因此，对于调节循环的速率十分重要。

（三）气孔控制 CO_2 的供给

气孔的开放和关闭调节 Rubisco 一侧可利用的 CO_2 数量，因此胁迫条件也会限制光合作用。气孔对光合作用的限制被定义为饱和光下光合作用的下降比例，这被归因于气孔导度（Farquhar and Sharkey，1982）。根据 von Caemmerer 和 Farquhar（1981）模型对净 CO_2 同化（A）和胞间 CO_2 浓度（C_i）之间关系的分析，可以区分气孔、Rubisco 羧化速率、RuBP 再生能力所引起的叶片光合作用的相对限制（图 8.1）。C_i 减少表明叶片光合速率下降的主要原因是气孔导度下降。与此相反，C_i 的增加暗示着叶肉细胞光合活性的下降缘于非气孔因素。C_i 的变化是分析光合作用气孔限制的最重要标准，比光合速率和气孔导度之间的相关性更加重要。气孔导度的变化主要是由于保卫细胞膨压的改变，并由伴随保卫细胞原生质膜的电化学梯度的 K^+ 通量调节（Zeiger，1983；Pandey et al.，2007）。几个环境因素对气孔导度有重要影响（包括光、CO_2、湿度和温度），同时内部因子，如组织水分状况及脱落酸（ABA）和细胞分裂素等植物调节因子的水平也具有重要影响。这些因素之间往往存在着复杂的相互作用，难以区分单个因素，如光和 CO_2 或者水分状态和 ABA 的相对重要性。气孔控制光合作用的 CO_2 供给，同时通过蒸腾作用控制水分散失（Cowan，1977；reviewed in Jones，1998），由此产生了蒸腾效率的概念（这里定义为净二氧化碳同化与蒸腾速率的比率），它与叶片 CO_2 固定的阻力相关，是环境和植物属性的函数，该属性与叶片固定 CO_2 的抗性有关（reviewed in Subbarao and Johansen，2002）。

（四）光呼吸和线粒体呼吸作用

光呼吸的过程，即在光存在下，光合作用期间植物消耗 O_2 释放 CO_2（由于 Rubisco 加氧酶的作用），因为该过程不产生 ATP 和不可避免的碳损失，导致光合产物减少（Zelitch and Day，1968；reviewed in Foyer et al.，2009）。Rubisco 催化 RuBP 的羧化或氧化作用，在光合作用中将 CO_2 固定为三碳化合物，在光呼吸作用中固定 O_2。O_2 与周围环境中的 CO_2 成功竞争，导致磷酸乙醇酸盐的形成，该物质在光呼吸中被分解并释放 CO_2，从而降低了光合效率。呼吸作用是指植物的线粒体呼吸，不考虑光的因素（即与光呼吸分离开来，不论光是否存在），这一过程消耗 O_2 并释放 CO_2（Amthor，1989）。已有研究表明，光呼吸速率事实上是在光合速率的 10%～30%变化（Sharkey，1988）。这个比例在胁迫条件下或者随着年龄的增长可能会显著增加（Di Marco et al.，1994）。在 C3 植物中，进行气体交换测量时只能测定净光合作用，它相当于羧化率减去光呼吸和线粒体呼吸释放的 CO_2。因此，用红外气体分析仪（IRGA）简单测量二氧化碳的交换可得到叶片净光合作用值（A_N），这包括叶片光合作用总量（A_G，消耗 CO_2）减去呼吸作用的比率，即光呼吸（PR）和线粒体呼吸（R_d，释放 CO_2），如式（8.1）所示。

$$A_N = A_G - PR - R_d \tag{8.1}$$

在利用叶片光合作用筛选种质时，常常难以检测光呼吸和线粒体呼吸。然而，应该牢记的是，不能将光呼吸和线粒体呼吸从叶片光合速率测量中区分出来。这在高温下尤其重要。有报道表明，高温时光呼吸和线粒体呼吸大幅增加（Leegood，2007；Bunce，2007），因此可能会影响最终光合作用的测量。最近对果蔬作物，如番茄上的研究显示（Nunes-Nesi et al.，2005），库容的增大不仅与 CO_2 同化增加相关，也与暗呼吸的减少有关。这一发现开启了对光合代谢中呼吸通路重要性的讨论。与此相关，对呼吸系数的理论值和原位测量值差异的评价，如浪费呼吸（Amthor，2000），表明需改进的目标可能依然存在。

三、光合作用测量

有两个主要系统用于评价叶片的光合能力，气体交换系统可用以直接测量 CO_2 和 H_2O 的交换；荧光计可通过测量叶绿素荧光来估测光合作用。光合作用被定义为叶片和空气间 CO_2 的净交换，可以直接用 IRGA 测量，包含光合作用（消耗 CO_2）和光呼吸加平时的线粒体呼吸之间的平衡［式（8.1）］。与此同时，水的交换也被测量，给出蒸腾速率和气孔导度信息（Long，1996；Long and Bernacchi，2003）。叶片被光照诱发的叶绿素荧光的变化与 CO_2 同化的变化定性相关，在某些情况下荧光发射可能与光合速率相关（Kautsky and Zedlitz，1941；Kautsky et al.，1960；MacAllister and Myers，1940）。目前，调制式叶绿素荧光计（Ogren and Baker，1985；Schreiber，2004）能有效提供最佳叶绿素荧光估算值。下文将给出这两种技术（气体交换和叶绿素荧光）的基本信息。

四、气体交换测量

（一）气体交换基础

由于发现了异型原子的气体分子在特定的红外波段具有吸收辐射，且每个分子都有一个特征吸收光谱，目前已可以检测气体交换。两个相同的原子组成的气体分子（如 O_2、N_2）不吸收长波红外（IR）辐射，因而不干扰异型原子的分子摩尔分数（reviewed in Long，1996）测定。红外气体分析被用于测量各种异型原子的气体分子，包括 CO_2、H_2O、NH_3、CO、N_2O 和气态的碳氢化合物。水蒸气是唯一存在于空气中且与 CO_2 的吸收光谱重叠的气体；这两种分子均在 2.7μm 区域吸收红外辐射。由于空气中的水蒸气通常是高度可变因素，且其摩尔分数远高于 CO_2，因此这种干扰是显著的。大多数商业的叶片气体交换系统包含 CO_2 和水蒸气红外气体分析仪，以供气体交换测量，并进一步用于计算光合速率（*A*）与蒸腾速率（*E*），该运算基于测量气体扩散速率的菲克定律。

$$A=（空气流量\times\Delta CO_2）/叶面积 \tag{8.2}$$

$$E=（空气流量\times\Delta H_2O）/叶面积 \tag{8.3}$$

气体交换系统的基本组件为气室或试管、IRGAs、流量计、气路、CO_2 和水蒸气过滤器、作为电源的电池和一个由键盘、显示器、存储器组成的控制台（图 8.3）。必须精确控制温度、CO_2 浓度、湿度和光线。IRGA 包括一个红外光源，它直接通过气体样品室，然后聚焦于一个探测器。探测器接收到的能量是进入系统的总能量减去样品室 CO_2 吸收的能量。关乎 IRGA 性能的一个主要难题是 CO_2 和水蒸气之间的辨别，因为这两种气体在相似的波长吸收能量。为了解决这个问题，在测量之前，使用干燥剂将气体样品室干燥至用户指定的某一水分含量范围。

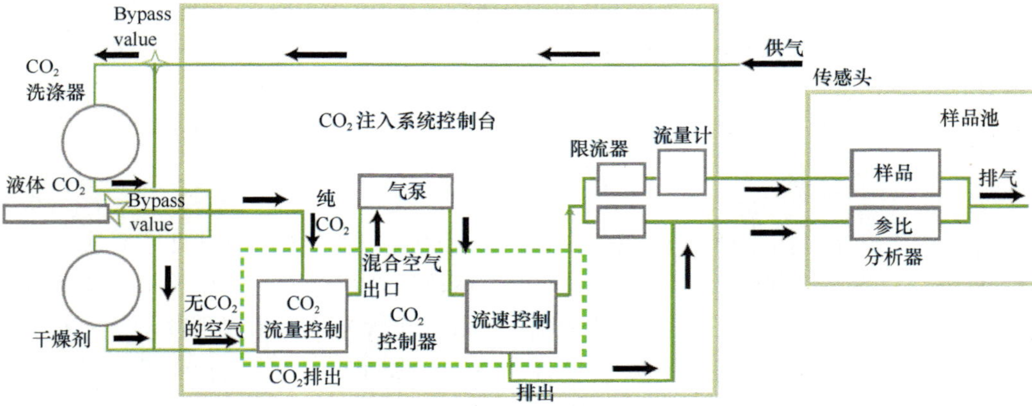

图 8.3　开放式气体交换系统示意图

在开放的模式中，空气通过封闭同化室中叶片四周的受控大气而流动。因此，空气 CO_2 浓度保持恒定。箭头指示空气/CO_2 的方向（修改自 http://www.licor.com/，参见 LI6400XT 手册）

光合作用测量系统主要有关闭和开放两类（图 8.4）。关闭或开放是指测量期间叶片封闭气室的空气是否更新。在关闭系统中，叶片被封闭在一个不补充新鲜空气的密封腔室内。室中的 CO_2 浓度由于叶片光合活性而下降，而 H_2O 的浓度增加。单位时间内 CO_2

和 H_2O 浓度的变化分别与净光合作用和蒸腾作用相关。在开放系统中，已知浓度的 CO_2 气流不断通过叶室。其目的是提供一个稳定的 CO_2 浓度。作为光合作用的结果，离开腔室的空气（通常称为“样品”）CO_2 浓度比进入腔室的空气（通常称“参比”）低，而其 H_2O 浓度高于进入的空气。开放系统的变化是一个补偿体系，在该系统中光合作用消耗的 CO_2 被注入的 CO_2 补偿，直至达到平衡（称为“零平衡”）。在平衡点，光合作用速率等于 CO_2 的注入。旧系统是关闭模式类型，但目前大多数光合作用系统主要是开放式类型（图 8.3）。开放系统的一个优势是进入的气流可以调节。也就是说，气流的湿度、CO_2 浓度、温度等在进入系统之前可以通过某些方法得以确定。市场上发现的最新的开放系统是在其传感头处包含两个 IRGA，而相比传统的开放式系统则是将它们包含于控制台中（图 8.4）。IRGA 分析仪传感头提供严格和快速的控制响应，并消除管道相关的时间延迟。由于去除了叶室和控制台之间的返回管道，可以实时测量叶片动力学。这些系统还消除了气室与控制台之间管道的水分吸收，使测量更加准确。

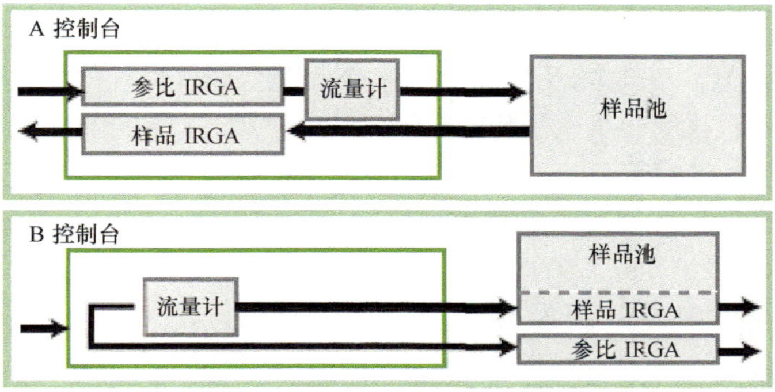

图 8.4　两个主要的开放光合系统示意图

A. 传统的开放系统——参比室和样品室远红外气体分析仪（IRGA）位于控制台内部；

B. 最近出现的开放系统——参比室和样品室 IRGA 靠近样品池

（二）气体交换参数

一个气体交换系统所能提供的最直接和最快的检测是在一瞬间测量净光合速率和蒸腾速率。从这些直接测量值中衍生出许多数学参数可以计算叶片导度（g_s）、胞间 CO_2 浓度（C_i）等。暗呼吸（R_d）也可被计算，但是在测量时植物必须是在完全的黑暗中。净光合速率与蒸腾速率或气孔导度的比率提供了一个瞬时水分利用效率的估算。为了更详细地分析光合作用，可以建立对不同 CO_2 浓度（也称为 A/C_i）和光强（A/PAR-光合有效辐射）的响应曲线。虽然建立这些曲线是耗时的，但它们可以提供大量的信息。建立这些曲线的基本原理是改变腔室内 CO_2 或 PAR 的值，并在每个浓度或光照强度下记录净光合作用（更多细节参见第十三章）。A/C_i 响应曲线可以活体计算代表光饱和条件下光合作用的主要限制因素的参数（Long and Bernacchi，2003）：Rubisco 最大羧化速率（$V_{c,max}$），驱动 RuBP 生成的电子传递（J_{max}），磷酸丙糖的利用（TPU），R_d（日间呼吸）和 g_m（叶肉导度）。Farqhuar 等（1980）对这些参数做了数学定义，最近 Sharkey 等（2007）设计并发表了一个界面友好的 excel 文件，可以直接计算上述参数。利用 A/PAR 响应曲线的初始斜率，可以提供关于光合 CO_2 吸收（ΦCO_2）或释放氧（ΦO_2）的最大量子产率（效率）的信息（Ziegler-Jons and Selinger，1987；Murchie and Niyogi，2011）。叶片的光饱和水平（A_{max}）也可以用光曲线确定。

五、叶绿素荧光

（一）单一叶绿素荧光曲线：Kaustky 效应

Kautsky 及其同事首先发现了叶绿素荧光（Kautsky et al.，1960），这里仅简要总结其研究成果。这些学者发现，当叶片从黑暗转移到光下时，在小于 1s 的时间内观察到叶绿素荧光产量的增加，随后其强度减弱（图 8.5A 显示暗适应下的叶绿素荧光检测）。图 8.5A 中，当 PSⅡ反应中心的 Q_A、Q_B 和 PQ 库日益减少时，荧光强度的初始上升（O-P）反映了光化学反应速率降低导致的叶绿素荧光产量的逐渐增加。随后，荧光下降到一个稳定的水平，在对应的时间点 CO_2 同化达到稳态。这种荧光发射与 PSⅡ下游的光合途径电子受体减少相关。一旦 PSⅡ吸收光，且 PSⅡ初级醌受体已接受电子，它便不能再接受另一个，直到它将第一个电子传递至随后的电子载体。在此期间，反应中心被认为是“关闭”的。在任何时间点，一定比例的封闭反应中心的存在会导致整体光化学效率降低，因此荧光产量相应增加［更多资料参见 Maxwell 和 Johnson（2000），Baker 和 Rosenqvist（2004）及 Baker（2008）］。

随后，由 Butler（1978）开发的一个简单模型表明，在叶片中吸收的光能有 3 种可能的去向：

（1）PSⅡ光化学；

（2）荧光反应过程；

（3）PSⅡ色素阵列激发能的热耗散。

这个模型主要说明叶绿素荧光的概念仅仅是一个当光照射到叶片时这 3 个过程之间竞争的结果。荧光量的减少是由于荧光的光化学淬灭，以及非光化学荧光淬灭的热耗散。这 3 个途径模型预测，PSⅡ荧光发射可用于检测光化学变化，前提是荧光和热耗散率不会改变。然而，现在公认的是 PSⅡ天线的热耗散率会发生巨大的变化（Kramer et al.，2004）。因此，根据荧光对 PSⅡ的光化学做出估算，其至关重要的是确定荧光淬灭是由光化学和非光化学过程而导致的。商业荧光计使用弱调制测量光束的相位和频率解码来检测荧光产量的变化。这可以实现叶片光化学和非光化学过程的常规、无损及定量测定。这些仪器使用一个简短（小于 1s）的具有足够光强的饱和光［约 9000μmol/（$m^2 \cdot s$）］以最大限度地减少初级电子受体。此外，调制叶绿素荧光计使用先进的电子学可以从环境光中分离叶绿素荧光。实际系统通过使用一个快速的脉冲光诱发相应的叶片脉冲荧光发射。荧光计使用一个高度敏感的光电二极管检测并记录脉冲荧光信号，忽略任何非脉冲信号。调制技术的价值在于它提供了一个连续测量相对荧光量子产率的途径（Schreiber，2004）。这种技术表明，在一个给定的光强下，可以应用饱和闪光前的调制荧光产量和闪光时的最大调制荧光产量估算叶片 PSⅡ光化学反应的量子产率（Genty et al.，1989）。PSⅡ光化学反应的量子产率在叶片没有光呼吸时与 CO_2 同化的量子产量直接相关，它与

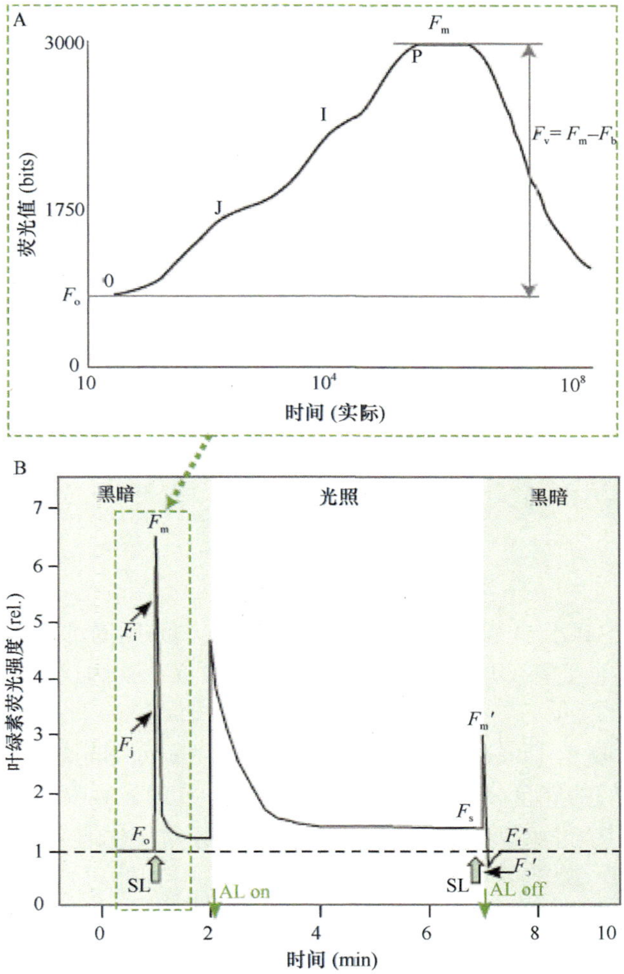

图 8.5　A. Kautsky 感应曲线缘于引起不同荧光动力学的反应，通常发生在叶片从黑暗中转移出来后照光的第一微秒。荧光的峰值由字母 O、J、I 和 P 表示，对应于 PS II 荧光产量增加后的三相动力学（O-J、J-I 和 I-P）（修改自 Maxwell and Johnson，2000）

B. 典型的调制叶绿素荧光曲线顺序。在黑暗条件下测量初始荧光（F_o）。饱和闪光（SL）用于测量最大荧光（F_m^o 或简写为 F_m）。然后施加驱动光合作用的光（AL）。一段时间后，另一个饱和闪光（SL）允许最大荧光（F_m'）被测量。饱和闪光之前的荧光水平被称为 F_t。在远红光存在时关闭光化光（AL），可以估算光下零水平的荧光指数（F_o'）（修改自 http://www.hansatechinstruments.com/fluorescence GeneralPrinciples.htm）

提供电子传递产物的 CO_2 同化构成竞争（Genty et al.，1989；Fryer et al.，1998）。在一定的条件下（光呼吸没有被特别激发），荧光提供了快速、无损的 CO_2 同化探测。

（二）调制叶绿素荧光曲线及衍生参数

调制叶绿素荧光参数的计算或许可以通过引用一个典型的实验曲线而得到最佳解释（图 8.5B）。通过接通测量光开始测量，检测荧光的 F_o（最小）值。许多用户没有考虑到强烈的光照条件会使 F_o 水平大幅改变。这种 F_o 的变化会导致不相关的光化学淬灭

（qP）值。为防止这样的错误，建议只在饱和远红光的光脉冲后测量 F_o（Büchel and Wilhelm，1993）。然后应用饱和闪光，在暗适应状态下测量 F_m（$F^o{}_m$或简写为 F_m）。接下来，应用光化光，在适当的时间间隔，进一步应用饱和闪光。每次这些光处理后便可测量 F_m'值，即光的最大荧光值。请注意，（′）符号用在荧光参数后表明，叶片样品暴露于光（光化光）下将刺激光合作用。

闪光前的稳态荧光值被定义为 F_t。闪光后，去除光化光（最好同时给予远红光）可以测量 F_o'。远红光是很重要的，因为它提供电子向 PS Ⅰ 的转移，并使 PS Ⅱ 快速再氧化。在田间条件下建议首先测定光适应的参数，随后叶片需要黑暗适应以测定暗适应参数。在下文中将分别解释来自黑暗和光适应状态下的叶绿素荧光参数。

1. *产量计算，相关方程及光化学淬灭*

在文献中有许多被定义的荧光参数，然而，我们将着重于植物生理学家最常用的那些。最常用的叶绿素荧光参数之一是测量光下 PS Ⅱ 反应中心的总体效率 $\Phi_{PS\,II}$（Genty et al.，1989）。

$$\Phi_{PS\,II}=(F_m'-F_t)/F_m' \tag{8.4}$$

此参数测量 PS Ⅱ 用于光化学相关的叶绿素吸收光的比例。通过这个参数我们可以估计光合电子传递的速率（J），它表征了体内的总体光合能力（Genty et al.，1989）。

$$J=\Phi_{PS\,II}\times \text{PPFDa}\times 0.5 \tag{8.5}$$

式中，PPFDa 是吸收光［μmol photon/（m^2·s）］，使用积分球测量；0.5 是一个因子，表示 PS Ⅱ 和 PS Ⅰ 之间的能量分配。一般来说，测量叶片的光吸收是不太现实的，然而，倘若类似的样品相比较（即吸收的光是常数），J 的相对变化通常可以通过 PS Ⅱ 与入射光简单相乘以监测。测量时只需将荧光计简单地指向叶片并闪光即可。

另一个测量光化学反应的荧光参数是光化学淬灭 qP。

$$qP=(F_m'-F_t)/(F_m'-F_o') \tag{8.6}$$

当 $\Phi_{PS\,II}$是用于光化学被吸收的部分能量时，qP 表示的是已经开放的 PS Ⅱ 反应中心的部分能量。$\Phi_{PS\,II}$和 qP 可以通过第 3 个参数相关联，即 F_v'/F_m'（Andrews et al.，1993）。

PS Ⅱ 最大效率（F_v'/F_m'）在 0～1 变化，可用于估算在给定光强下 PS Ⅱ 光化学反应的最高效率，如果所有的 PS Ⅱ 中心都是开放的（Q_A 氧化），那么这便体现了 PS Ⅱ 的运行效率。F_v'/F_m'可用光适应叶片的可变荧光（$F_v'=F_m'-F_o'$）和最大荧光（F_m'）进行计算。

qP 和 $\Phi_{PS\,II}$两者的相关性如下（Andrews et al.，1993）。

$$\Phi_{PS\,II}=F_v'/F_m'\times qP \tag{8.7}$$

式中，$\Phi_{PS\,II}$是“开放”的 PS Ⅱ 反应中心激发能捕获效率的产物，由 F_v'/F_m'估算；而开放的 PS Ⅱ 反应中心的部分由 qP 估算。F_v'/F_m'的减少与 PS Ⅱ 天线激发能淬灭的增加相关，看作显示了电子传递的“负调控”（Horton et al.，1996）。另外，qP 减少可归因于还原剂和 ATP 的消耗率下降；或 PS Ⅱ 反应中心损害。

暗适应叶片的 PS Ⅱ 最大光化学量子效率（F_v/F_m）（参见第十三章）相当于 PS Ⅱ 光吸收的最大效率，用于 Q_A 的还原。

$$F_v/F_m=(F_m-F_o)/F_m \tag{8.8}$$

如前所述，暗适应 F_v/F_m 作为植物光合性能的一个敏感指标，其最佳值≈0.83，且与植物物种无关（Björkman and Demmig，1987；Johnson et al.，1993）。其值较低时可能表明部分 PS II 反应中心受损，这种现象称为光抑制（当植物暴露在非常严重的干旱胁迫条件下时可能发生光抑制）。

预估 qP、F_v'/F_m'和 F_v/F_m，需要在测量时检测 F_o'（光下叶片的最小荧光水平）和 F_o（暗适应叶片的最小荧光水平）。在实验室里，可以通过上面提到的暗适应叶片测定 F_o值，更为常见的是，在照明结束前后几秒钟立即施加远红光照明（波长大于 680nm）。同样，远红光也应用于暴露于光下叶片 F_o'的测量。商业便携式荧光计通常包含一个远红光源。或者，像 Oxborough 和 Baker（1997）提出的，可以使用 F_o 而非直接测量来估算 F_o'，如式（8.9）所示。如果使用计算出的 F_o'值，与使用 F_o 的测量值相比，其误差比使用 F_o 小。

$$F_o'=F_o（F_v/F_m+F_o/F_m'） \tag{8.9}$$

这种方法专门被开发用于荧光成像技术，其中 F_o'的估算是个大问题。虽然这种方法似乎在特定的实验室条件下工作得很好，但它对导致荧光淬灭过程的本质进行了假设。因此，它并不一定适用于其他情况，尤其是当植物暴露于胁迫下时可能产生大量光抑制。

2. 非光化学淬灭

$$\text{光化学淬灭 NPQ}=（F_m-F_m'）/F_m' \tag{8.10}$$

NPQ 与热耗散呈线性相关，其数值范围是 0 到无穷。在一个典型的植物中，饱和光强下可能的预期值范围是 0.5～3.5；然而，这个值在物种间和植物的既往史中存在显著变化（Bilger and Björkman，1990）。比较暗适应和暴露于光化光下的叶片的非光化学猝灭时，我们只能用 NPQ 比较在暗适应状态具有相似特征的叶片，如具类似 F_v/F_m 值的叶片。

文中提到的所有参数被总结于表 8.1；然而，许多额外的计算可以被添加到该表中（参见 Baker and Rosenqvist，2004；Baker，2008）。

表 8.1　光系统 II（PS II）光化学研究中常用的叶绿素荧光参数（Baker，2008）

参数	定义	与生理学的关联
F_o	暗适应叶片初始荧光	当 PS II 初级醌电子受体（Q_A）被最大氧化（PS II 中心开放）时的荧光水平
F_o'	光适应叶片初始荧光	
F_m	暗适应叶片最大荧光	当 PS II 初级醌电子受体（Q_A）被最大还原（PS II 中心关闭）时的荧光水平
F_m'	光适应叶片最大荧光	
F_v	暗适应叶片可变荧光	反映 PS II 进行光化学反应（Q_A 还原）的能力
F_v'	光适应叶片可变荧光	
F_v/F_m	PS II 最大光化学量子产率	PS II 吸收光能被用于还原 Q_A 的最大效率
F_v'/F_m'	PS II 最大效率	提供一个给定的 PPFD 下 PS II 光化学最大效率的估值，即所有 PS II 中心“开放”（Q_A 氧化）时的 PS II 运行效率
NPQ	非光化学淬灭	评价由 F_m 到 F_m'的非光化学淬灭，监测 PS II 热耗散的表观速率常数
qP	光化学淬灭	与开放的 PS II 的部分相关
Φ_{PSII}	荧光量子产率	每个吸收的光量子的荧光事件数

（三）荧光成像

叶绿素荧光成像仪器的开发为解决叶片光合性能的空间异质性提供了一个有力的工具，在使用常规的比色皿和荧光计测量部分叶片时通常会观察到这一现象的发生。光合作用的异质性已确定存在于许多情况下，如光合作用诱导过程中碳水化合物运输的变化，衰老过程中对叶片水分状态变化、寒冷或臭氧胁迫的应答等。非荧光成像测量不会时常检测到这种异质性。代谢过程的扰动不直接涉及光合代谢，但常常诱导荧光参数的变化。成像面积大于 $100cm^2$ 的商业荧光成像仪的开发，可以同时筛选大量植物。更多有关荧光成像的详细说明参见 Baker 和 Rosenqvist（2004）。

六、气体交换和叶绿素荧光在研究中和作为筛选标准的应用

到目前为止，气体交换和叶绿素测量主要应用于研究重要非生物胁迫，如水分和热胁迫对植物的影响。在文献中有一些实例（尽管是少数），已将这些技术应用于基因型识别（Araus et al.，1998；Fischer et al.，1998；Reynolds et al.，2000；Richards，2000）。在最后一个小节中，我们将描述气体交换和叶绿素荧光如何成功地用于研究不同非生物胁迫对光合作用的影响，以及最终如何将这些技术应用于筛选，以提高叶片光合性能。

（一）增加产量潜力

理论上，小麦的产量潜力可以增加高达 50%（见第四章；Reynolds et al.，2011）。已经证明，提高光合作用具有增加作物产量的潜力，并且提供的其他抑制条件没有成为限制因素（Kruger and Violin，2006；Long et al.，2006），正在进行的研究表明作物总光合作用的实质性改善在理论上是可能的（Parry et al.，2011）。Long 等（2006）就改变 C3 作物以提高光合作用效率和能力方面进行了一些总结。其内容包括增加 RuBP 再生，增加气孔和叶肉导度，增加 Rubisco 特异性因子，降低 Rubisco 加氧酶活性，优化 Rubisco 调节，CO_2 泵和 CO_2 泵与花环解剖学。Kebeish 等（2007）表明，在拟南芥中观察到部分阻断光呼吸可以提高生物量，而 Parry 等（2008）已计划提高 Rubisco 活化酶活性。为了发展一个对农民田间影响概率最大化的有凝聚力的组合，2009 成立了小麦产量联盟（WYC）。WYC 促进那些特别着重于提高光合能力和效率的正在进行的研究平台之间的联系。毫无疑问，气体交换和叶绿素荧光将成为筛选新一代具有高光合效率及产量的小麦作物的至关重要的工具。研究人员还对开发利用新的变异来源感兴趣，如在籽粒灌浆期间穗部的光合作用可以截获 25%～30%的光，对籽粒产量贡献显著（Tambussi et al.，2007）。尽管结果表明品种之间的遗传变异非常显著（M. Reynolds et al.，未发表），但这种变异的程度和影响在穗光合作用中还未确定。在这个意义上，气体交换和叶绿素荧光在提高光合性能的筛选方面是有用的，并将成为提高小麦产量遗传潜力的重要工具（Parry et al.，2011）。对于产量潜力，几乎所有的气体交换和叶绿素荧光参数都可提供大量信息。在具产量潜力下的叶绿素荧光测定可用于筛选优良种质，同时也可以筛选叶绿素突变体（Codrea et al.，2010）。A_{max} 和 g_s 的速率在可能的条件下与产量相关（Fischer et al.，1998），可用于测定一个群体中的基因型变异。在具产量潜力的条件下，F_v/F_m 并不是一个检测基因型差异的有用参数（没有遗传方差），但 F_o、F_m 和 F_v 的简单测量可能是有价值的（Araus et al.，1998）。

（二）增强耐热性

CO_2 同化率受高温显著影响（Law and Crafts-Brandner，1999）。在热处理的植物中观察到气孔导度的增加，表明高温引起的 CO_2 同化减少并不是由于气孔关闭的限制，而是因叶肉能力的改变，这取决于 Rubisco 的活性及光合电子传递再生 Rubisco 的能力（Crafts-Brandner et al.，1997；Eckardt and Portis，1997；Feller et al.，1998）。气体交换已成功地应用于检测小麦耐热性品种或其高代品系（Reynolds et al.，2000）。

据报道，植物受到热胁迫会触发 PSⅡ失活和类囊体解体。这些变化已被跟踪，监测到 F_o 作为温度函数的激增，指示出 PSⅡ失活的临界温度（Havaux，1993）。在马铃薯栽培品种（Havaux，1995）和桦树中（Ranney and Peet，1994），F_o 的升高和 F_v/F_m 的降低已被用来判断高温下光合作用应答的差异。由于高温时 CO_2 的同化和电子传递减少，因此测量 F_v'/F_m' 在耐高温鉴定筛选方面也具有潜在的应用价值（Baker and Rosenqvist，2004）。用于检测胁迫的最常见参数是 F_v/F_m 和 Φ_{PSII}。在大多数胁迫条件下，这两个参数与 CO_2 固定速率具有很好的相关性。它们对胁迫的敏感性会随着胁迫的类型而改变，在某些情况下也会随植物的类型而变化。某些类型的胁迫不会立即影响 PSII，只有胁迫水平严重甚至达饥饿状态时，Φ_{PSII} 和 F_v/F_m 才能检测到这些胁迫。其他调制参数也有价值，可用于胁迫检测，如光合电子传递速率（J）和参与光保护、状态转换及光抑制的各种淬灭参数。在某些情况下，它们比 Φ_{PSII} 或 F_v/F_m 更敏感，因为不同类型的胁迫会影响 PSⅡ和电子传递链的不同机制。

（三）提高耐旱性

相比于热胁迫，干旱引起不同的植物响应。干旱导致叶片含水量减少，促进气孔关闭，减少对叶肉细胞的 CO_2 供应，从而导致叶片光合作用速率降低（Williams et al.，1999；Lawlor and Cornic，2002）。在好几个物种中已证明，这种气孔对光合作用的影响，不会影响 PSⅡ原初光化学事件的效率或改变相关的荧光诱导参数，如 F_v/F_m（Massacci and Jones，1990；Nogués and Alegre，2002；Lima et al.，2002）。光合作用的气孔限制将伴随着用于 CO_2 同化的 ATP 和 NADPH 消耗率降低，这可能导致线性电子传递速率下降。然而，在 C3 植物中，尽管其 CO_2 的同化率降低，胁迫条件下水-水循环的运行，以及光呼吸的增加可以维持电子传递速率，这与非胁迫叶片中观察到的类似（Leegood and Edwards，1996；Noctor et al.，2002）。当气孔导度较小时，气孔下的 CO_2 浓度降低，但在小气孔导度下会再次增加（Flexas and Medrano，2002）。Flexas 和 Medrano（2002）分析表明，气孔关闭是对干旱的最初响应，对光合作用的主要限制发生在轻度至中度干旱时，这也已被其他研究者证明（Chaves，1991；Cornic，2000；Cornic and Fresneau，2002；Lawlor and Cornic，2002）。然而，与此同时，代谢过程的逐步下调或抑制会导致 RuBP 含量减少，这成为严重干旱时的主要限制因素，从而抑制光合作用的 CO_2 同化

（Flexas and Medrano，2002）。在干旱条件下测量光合作用时的一个主要问题是一种被称为"Patchy"气孔关闭现象的发生。Patchy 气孔关闭或不均匀气孔关闭可被一系列环境因素变化诱导产生，如水分和盐胁迫、光强度的变化、周围环境 CO_2 分压的改变及较低的空气湿度（Downton et al.，1988；Beyschlag and Pfanz，1990；During，1992；Mott et al.，1993；Beyschlag and Eckstien，2001）。这种现象是干旱下测量光合作用的一个重要的误差来源。

在地中海的气候条件下，F_o、F_m 和 F_v 已被成功用于检测基因型差异并表现出高的遗传力（Araus et al.，1998）。文献里的几个例子显示，在一些物种中，F_v/F_m 是预测耐旱性的一个很好的指标（Jiang and Huang，2000），但正如前面解释的那样，该参数经常在只有胁迫水平非常严重时才会发生变化（Araus et al.，1998）。也观察到 Φ_{PSII} 的下降，并伴随着 F_v'/F_m' 的降低。这些下降与 PSⅡ天线激发能淬灭的增加相关，通常认为这是电子传递的负调节（Horton et al.，1996）。因此，在水分胁迫下，通过增加 PSⅡ天线激发能淬灭过程使 F_v'/F_m' 降低被认为是体现了电子传递的生理调节（Nogués and Baker，2000）。总之，这些最基本的参数，如 F_o、F_m 和 F_v，看来是胁迫下最适合用于表型分析的；来自这些基本数值的比值具有较低的遗传力，且只在极端的胁迫条件下才发生改变。

七、结　　论

光合作用是一个高度复杂的机制，涉及许多不同组分的知识，其研究需要昂贵的设备、专业的技术，而且耗费时间。将这个过程为植物育种所用并不是一项容易的任务，因为大规模的表型鉴定需要快速、廉价和具有可遗传的性状。然而，已有文献报道了一些成果，在本章我们提供了一些光合作用的理论基础及可用于筛选高光合性能的主要技术。光合作用正成为进一步提高小麦产量的一个主要目标，因此更好地理解气体交换和叶绿素荧光等技术是十分重要的。同时，我们也认为，光合参数不能被不加选择地使用。例如，在良好的灌溉条件下，气体交换已成功地应用于光合作用与小麦产量的相关性分析。然而，干旱条件下精确测量气孔导度和光合性能是存在困难的，不均匀的气孔关闭会产生高的实验误差；叶绿素荧光已经成功地在地中海条件下使用，特别是应用了基本荧光参数 F_o、F_m 和 F_v，而 F_v/F_m 的遗传力较差，且只有在非常严重的胁迫条件下才灵敏。Φ_{PSII} 和 F_v'/F_m' 也可有某些用途，但是在田间条件下应用仍有一些困难。例如，如何确保所有小区的所有叶片都能够全部暴露在相同的光照强度下。如果便携式系统可供使用，叶片和小区的空间变异便可得到解释，那么荧光成像将成为一项颇具前景的工具。

参 考 文 献

Allen, DJ., Nogués, S. and Baker, NR. (1998) Ozone depletion and increased UV-B: Is there a real threat to photosynthesis? *Journal of Experimental Botany* 49, 1775–1788.

Amthor, JS. (1989) Respiration and crop productivity. Berlin: Springer-Verlag.

Amthor, JS. (2000) The McCree-de Wit-Penning de Vries-Thornley respiration paradigms: 30 years later. *Annals of Botany* 86, 1–20.

Andrews, JR., Bredenkamp, GJ. and Baker, NR. (1993) Evaluation of the role of state transitions in determining the efficiency of light utilisation for CO_2 assimilation in leaves. *Photosynthesis Research* 38, 15–26.

Araus, JL., Amaro, T., Voltas, J., Nakkoul, H. and Nachit, MM. (1998) Chlorophyll fluorescence as a selection criterion for grain yield in durum wheat under Mediterranean conditions. *Field Crops Research* 55, 209–223.

Austin, RB., Morgan, CL., Ford, MA. and Bhagwat, SG. (1982) Flag leaf photosynthesis of *Triticum aestivum* and related diploid and tetraploid species. *Annals of Botany* 49, 177–189.

Baker, NR. (2008) Chlorophyll fluorescence: a probe of photosynthesis in vivo. *Annual Review of Plant Biology* 59, 89–113.

Baker, NR. and Rosenqvist, E. (2004) Applications of chlorophyll fluorescence can improve crop production strategies: an examination of future possibilities. *Journal of Experimental Botany* 55, 1607–1621.

Bassham, JA., Benson, AA. and Calvin, M. (1950) The path of carbon in photosynthesis. *Journal of Biological Chemistry* 185, 781–787.

Beyschlag, W. and Eckstien, J. (2001) Towards a causal analysis of stomatal patchiness: the role of stomatal size variability and hydrological heterogeneity. *Acta Oecologica* 22, 161–173.

Beyschlag, W. and Pfanz, H. (1990) A fast method to detect the occurrence of nonhomogenous distribution of stomatal aperture in heterobaric plant leaves. *Oecologia* 82, 52–55.

Bilger, W. and Björkman, O. (1990) Role of the xanthophyll cycle in photoprotection elucidated by measurements of light-induced absorbance changes, fluorescence and photosynthesis in leaves of *Hedera canariensis*. *Photosynthesis Research* 25, 173–185.

Björkman, O. and Demmig, B. (1987) Photon yield of O_2 evolution and chlorophyll fluorescence characteristics at 77 k among vascular plants of diverse origins. *Planta 170*, 489–504.

Bunce, JA. (2007) Direct and acclamatory responses of dark respiration and translocation to temperature. *Annals of Botany* 100, 67–73.

Butler, WL. (1978) Energy distribution in the photochemical apparatus of photosynthesis. *Annual Review of Plant Physiology* 29, 345–78.

Büchel, C. and Wilhelm, C. (1993) In vivo analysis of slow chlorophyll fluorescence induction kinetics in algae: progress, problems and perspectives. *Photochemistry and Photobiology* 58, 137–148.

Chaves, MM. (1991) Effects of water deficits on carbon assimilation. *Journal of Experimental Botany* 42, 1–16.

Codrea, MC., Hakala-Yatkin, M., Karlund-Marttila, A., Nedbal, L., Aittokallio, T., Nevalainen, OS. and Tyystjarvi, E. (2010) Mahalanobis distance screening of Arabidopsis mutants with chlorophyll fluorescence. *Photosynthesis Research* 105, 273–283.

Cornic, G. (2000) Drought stress inhibits photosynthesis by decreasing stomatal aperture – not by affecting ATP synthesis. *Trends in Plant Science* 5, 187–188.

Cornic, G. and Fresneau, C. (2002) Photosynthetic carbon reduction and carbon oxidation cycles are the main electron sinks for photosystem II activity during a mild drought. *Annals of Botany* 89, 887–894.

Cowan, IR. (1977) Stomatal behaviour and environment. *Advances in Botanical Research* 4, 117–228.

Crafts-Brandner, SJ., van de Loo, FJ. and Salvucci, ME. (1997) The two forms of ribulose-1,5-bisphosphate carboxylase/oxygenase activase differ in sensitivity to elevated temperature. *Plant Physiology* 114, 439–444.

Di Marco, G., Iannelli, MA. and Loreto, F. (1994) Relationship between photosynthesis and photorespiration in field-grown wheat leaves. *Photosynthetica* 30, 45–51.

Downton, WJS., Loveys, BR. and Grant, WJR. (1988) Stomatal closure fully accounts for the inhibition of photosynthesis by abscisic acid. *New Phytologist* 108, 263–266.

During, H. (1992) Low air humidity causes non-uniform stomatal closure in heterobaric leaves in *Vitis* species. *Vitis* 31, 1–7.

Eckardt, NA. and Portis Jr, AR. (1997) Heat denaturation profiles of ribulose-1,5-bisphosphate carboxylase/oxidase (Rubisco) and Rubisco activase and the inability of Rubisco activase to restore activity of heat-denatured Rubisco. *Plant Physiology* 113, 243–248.

Evans, LT. and Dunstone, RL. (1970) Some physiological aspects of evolution in wheat. *Australian Journal of Biological Sciences* 23, 725–741.

Farquhar, GD. and Sharkey, TD. (1982) Stomatal conductance and photosynthesis. *Annual Review of Plant Physiology* 33, 317–345.

Farquhar, GD., von Caemmerer, S. and Berry, JA. (1980) A biochemical model of photosynthetic CO_2 assimilation in leaves of C3 species. *Planta* 149, 78–90.

Feller, U., Crafts-Brandner, SJ. and Salvucci, ME. (1998) Moderately high temperature inhibits ribulose-1,5-bisphosphate carboxylase/oxygenase (Rubisco) activase-mediated activation of Rubisco. *Plant Physiology* 116, 539–546.

Flexas, J. and Medrano, H. (2002) Drought-inhibition of photosynthesis in C3 plants: Stomatal and non-stomatal limitations revisited. *Annals of Botany* 89, 183–189.

Fischer, RA., Rees, D., Sayre, KD., Lu, ZL., Condon, AG. and Saavedra, AL. (1998) Wheat yield progress associated with higher stomatal conductance and photosynthetic rate, and cooler canopies. *Crop Science* 38, 1467–1475.

Foyer, CH., Bloom, A., Queval, G. and Noctor, G. (2009) Photorespiratory metabolism: genes, mutants, energetics, and redox signalling. *Annual Review of Plant Biology* 60, 455–484.

Fryer, MJ., Andrews, JR., Oxborough, K., Blowers, DA. and Baker, NR. (1998) Relationship between CO_2 assimilation, photosynthetic electron transport, and active O_2 metabolism in leaves of maize in the field during periods of low temperature. *Plant Physiology* 116, 571–580.

Gaskel, ML. and Pearce, RB. (1981) Growth analysis of maize hybrids differing in photosynthetic capability. *Agronomy Journal* 73, 817–821.

Gerty, B., Briantais, JM. and Baker, NR. (1989) The relationship between the quantum yield of photosynthetic electron transport and quenching of chlorophyll fluorescence. *Biochimica et Biophysica Acta* 990, 87–92.

Govindjee, R. (2009) The Z-Scheme diagram of photosynthesis. Available at: http://www.life.illinois.edu/govindjee/ZSchemeG.html (accessed 30 October 2009).

Hansatech Instruments (2009) Chlorophyll fluorescence general principles. Available at http://www.hansatech-instruments.com/fluorescenceGeneralPrinciples.htm (accessed 12 November 2009).

Havaux, M. (1993) Rapid photosynthetic adaptation to wheat stress triggered in potato leaves by moderately elevated temperatures. *Plant Cell and Environment* 16, 461–467.

Havaux, M. (1995) Temperature sensitivity of the photochemical function of photosynthesis in potato (*Solanum tuberosum*) and a cultivated Andean hybrid (*Solanum × juzepczukii*) *Journal of Plant Physiology* 146, 47–53.

Horton, F., Ruban, AV. and Walters, RG. (1996) Regulation of light harvesting in green plants. *Annual Review of Plant Physiology and Plant Molecular Biology* 47, 655–684.

Jiang, GM., Sun, JZ., Liu, HQ., Qu, CM., Wang, KJ., Guo, RJ., Bai, KZ., Gao, LM. and Kuang, TY. (2003) Changes in the rate of photosynthesis accompanying the yield increase in wheat cultivars released in the past 50 years. *Journal of Plant Research* 116, 347–354.

Jiang, Y. and Huang, B. (2000) Effects of drought or heat stress alone and in combination on Kentucky Bluegrass. *Crop Science* 40, 1358–1362.

Johnson, GN., Young, AJ., Schole, JD. and Horton, P. (1993) The dissipation of excess excitation energy in British plant species. *Plant Cell and Environment* 16, 673–679.

Jones, HG. (1998) Stomatal control of photosynthesis and transpiration. *Journal of Experimental Botany* 49, 387–398.

Kautsky, H., Apel, W. and Amann, H. (1960) Chlorophyll fluoreszenz und Kohlensäureassimilation. XIII. Die Fluoreszenkurve und die Photochemie der Pflanze. *Biochem Zeit* 322, 277–292.

Kautsky, H. and Zedlitz, W. (1941) Fluoreszenzkurven von Chloroplasten-Grana *Naturwiss* 29, 101–102.

Kebeish, R., Niessen, M., Thiruveedhi, K., Bari, R., Hirsch, HJ., Rosenkranz, R., Stabler, N., Schonfeld, B., Krezaler, F. and Peterhansel, C. (2007) Chloroplastic photorespiratory bypass increases photosynthesis and biomass production in *Arabidopsis thaliana*. *Nature Biotechnology* 25, 593–599.

Khan, MA. and Tsunoda, S. (1970) Evolutionary trends in leaf photosynthesis and related leaf characters among cultivated wheat species and its wild relatives. *Japanese Journal of Breeding* 20, 133–140.

Kramer, DM., Avenson, TJ., Kanazawa, A., Cruz, JA., Ivanov, B. and Edwards, GE. (2004) The relationship between photosynthetic electron transfer and its regulation. In: '*Chlorophyll a fluorescence: a signature of photosynthesis*' (Eds. Papageorgiou, GC. and Govindjee, R.) Springer, Dordrecht, The Netherlands, pp. 251–278.

Kruger, EL. and Violin, JC. (2006) Re-examining the empirical relation between plant growth and leaf photosynthesis. *Functional Plant Biology* 33, 421–429.

Law, RD. and Crafts-Brandner, SJ. (1999) Inhibition and acclimation of photosynthesis to heat stress is closely correlated with activation of ribulose-1,5-bisphosphate carboxylase/oxygenase. *Plant Physiology* 120, 173–182.

Lawlor, DW. and Cornic, G. (2002) Photosynthetic carbon assimilation and associated metabolism in relation to water deficits in higher plants. *Plant Cell and Environment* 25, 275–294.

Leegood, RC. (2007) A welcome diversion from photorespiration. *Nature Biotechnology* 25, 539–540.

Leegood, RC. and Edwards, GE. (1996) Carbon metabolism and photorespiration: temperature dependence in relation to other environmental factors. In: 'Photosynthesis and the environment' (Ed. Baker, NR.) Kluwer Academic Publishers, Dordrecht, The Netherlands, pp. 191–221.

Li-Cor Biosciences (2009) LI-6400XT System Photosynthesis, Fluorescence, Respiration. Available at: http://www.licor.com/env/PDF/LI6400XTBrochure.pdf (accessed 12 November 2009).

Lima, ALS., DaMatta, FM., Pinheiro, HA., Totola, MR. and Loureiro, ME. (2002) Photochemical responses and oxidative stress in two clones of *Coffea canephora* under water deficit conditions. *Environmental and Experimental Botany* 47, 239–247.

Long, SP. (1996) Measurement of leaf and canopy photosynthetic CO_2 exchange in the field. *Journal of Experimental Botany* 47, 1629–1642.

Long, SP. and Bernacchi, CJ. (2003) Gas exchange measurements, what can they tell us about the underlying limitations to photosynthesis? Procedures and sources of error. *Journal of Experimental Botany* 54, 2393–2401.

Long, SP., Zhu, XG., Naidu, SL. and Ort, DR. (2006) Can improvement of photosynthesis increase crop yields? *Plant Cell and Environment* 29, 315–330.

Loomis, RS. and Amthor, JS. (1999) Yield potential, plant assimilatory capacity, and metabolic efficiencies. *Crop Science* 39, 1584–1596.

Massacci, A. and Jones, HG. (1990) Use of simultaneous analysis of gas-exchange and chlorophyll fluorescence quenching for analysing the effects of water stress on photosynthesis in apple leaves. *Trees* 4, 1–8.

MacAllister, ED. and Myers, J. (1940) The time course of photosynthesis and fluorescence observed simultaneously. Smithson. Inst. Misc. Collect. 99, 1–37.

Mahon, B. and Hobbs, SLA. (1981) Selection of peas for photosynthetic CO_2 exchange rate under field conditions. *Crop Science* 21, 616–621.

Maxwell, K. and Johnson, GN. (2000) Chlorophyll fluorescence—a practical guide. *Journal of Experimental Botany* 51, 659–668.

Mott, KA., Cardon, ZG. and Berry, JA. (1993) Asymmetric patchy stomatal closure for the two surfaces of *Xanthium strumarium* L. leaves at low humidity. *Plant Cell and Environment* 16, 25–34.

Murchie, EH. and Niyogi, KK. (2011) Manipulation of photoprotection to improve plant photosynthesis. *Plant Physiology* 155, 86–92.

Noctor, G., Veljovic-Jovanovic, S., Driscoll, S., Novitskaya, L. and Foyer, CH. (2002) Drought and oxidative load in the leaves of C3 plants: a predominant role for photorespiration? *Annals of Botany* 89, 841–850.

Nogués, S. and Alegre, L. (2002) An increase in water deficit has no impact on the photosynthetic capacity of field-grown Mediterranean plants. *Functional Plant Biology* 29, 621–630.

Nogués, S. and Baker, NR. (2000) Effects of drought on photosynthesis in Mediterranean plants grown under enhanced UV-B radiation. *Journal of Experimental Botany* 51, 1309–1317.

Nunes-Nesi, A., Carrari, F., Lytovchenko, A., Smith, AMO., Ehlers Loureiro, M., Ratcliffe, RG., Sweetlove, LJ. and Fernie, AR. (2005) Enhanced photosynthetic performance and growth as a consequence of decreasing mitochondrial malate dehydrogenase activity in transgenic tomato plants. *Plant Physiology* 137, 611–622.

Ogren, E. and Baker, NR. (1985) Evaluation of a technique for measurement of chlorophyll fluorescence from leaves exposed to continuous white light. *Plant Cell and Environment* 8, 539–547.

Oxborough, K. and Baker, NR. (1997) Resolving chlorophyll a fluorescence images of photosynthetic efficiency into photochemical and non-photochemical components—calculation of *qP* and Fv-/Fm- without measuring. *Photosynthesis Research* 54, 135–142.

Pandey, S., Zhang, W. and Assmann, S. (2007) Roles of ion channels and transporters in guard cell signal transduction. *FEBS Letters* 581, 2325–2336.

Parry, MAJ., Keys, AJ., Madgwick, PJ., Carmo-Silva, AE. and Andraloj, PJ. (2008) Rubisco regulation: a role for inhibitors. *Journal of Experimental Botany* 59, 1569–1580.

Parry, MAJ., Reynolds, M., Salvucci, ME., Raines, C., Andralojc, PJ., Zhu, XG., Price, GD., Condon, AG. and Furbank, RT. (2011) Raising yield potential of wheat. II. Increasing photosynthetic capacity and efficiency. *Journal of Experimental Botany* 62, 453–467.

Ranney, TG. and Peet, MM. (1994) Heat tolerance of five taxa of birch (*Betula*): physiological responses to supraoptimal leaf temperatures. *Journal of the American Society of Horticultural Science* 119, 243–310.

Rawson, HM., Hindmarsh, JH., Fischer, RA. and Stockman, YM. (1983) Changes in leaf photosynthesis with plant ontogeny and relationships with yield per ear in wheat cultivars and 120 progeny. *Australian Journal of Plant Physiology* 10, 503–514.

Reynolds, MP., Delgado, MIB., Gutierrez-Rodriguez, M. and Larque-Saavedra, A. (2000) Photosynthesis of a wheat in a warm, irrigated environment. I: Genetic diversity for photosynthesis and its relation to productivity. *Fields Crop Research* 66, 37–50.

Reynolds, M., Bonnett, D., Chapman, SC., Furbank, RT., Manès, Y., Mather, DE. and Parry, MAJ. (2011) Raising yield potential of wheat. I. Overview of a consortium approach and breeding strategies. *Journal of Experimental Botany* 62, 439–452.

Richards RA (2000) Selectable traits to increase crop photosynthesis and yield of grain crops. *Journal of Experimental Botany* 51, 447-458.

Subbarao, GV. and Johansen, C. (2002) Transpiration efficiency: Avenues for genetic improvement. In: 'Handbook of plant and crop physiology 2nd Edition' (Ed. Pessarakli, M.) pp. 835–856.

Schreiber, U. (2004) Pulse-Amplitude-Modulation (PAM) fluorometry and saturation pulse method: an overview. In: '*Chlorophyll a fluorescence: a signature of photosynthesis*' (Eds. Papageorgiou, GC. and Govindjee, R.) Springer, Dordrecht, The Netherlands pp. 279–319.

Sharkey, TD. (1988) Estimating the rate of photorespiration in leaves. *Physiologia Plantarum* 73, 147–152.

Sharkey, TD., Bernacchi, CJ., Farquhar, GD. and Singsaas E.L. (2007) Fitting photosynthetic carbon dioxide response curves for C3 leaves. *Plant Cell and Environment* 30: 1035–1040.

Sinha, SK., Aggarwal, PK., Chaturvedi, GS., Koundal, KR. and Khanna-Chopra, R. (1981) A comparison of physiological and yield characters in old and new wheat varieties. *Journal of Agriculture Science* 97, 233–236.

Tambussi, EA., Bort, J. and Araus, JL. (2007) Water use efficiency in C3 cereals under Mediterranean conditions: a review of physiological aspects. *Annals of Applied Biology* 150(3), 307–321.

von Caemmerer, S. and Farquhar, GD. (1981) Some relationships between the biochemistry of photosynthesis and the gas exchange of leaves. *Planta* 153, 376–387

Welbank, PJ., French, SA. and Witts, KJ. (1966) Dependence of yields of wheat varieties on their leaf area durations. *Annals of Botany* 30, 291–299.

Welbank, PJ., Witts, KJ. and Thorne, GN. (1968) Effect of radiation and temperature on efficiency of cereal leaves during grain growth. *Annals of Botany* (London) 32, 79–95.

Williams, MH., Rosenqvist, E. and Buchhave, M. (1999) Response of potted miniature roses (*Rosa* × *hybrida*) to reduced water availability during production. *Journal of Horticultural Science and Biotechnology* 74, 301–308.

Zeiger, E. (1983) Biology of stomatal guard cells. *Annual Review of Plant Physiology* 34, 441–475.

Zelitch, I. and Day, PR. (1963) Variation in photorespiration. The effect of genetic differences in photorespiration on net photosynthesis in tobacco. *Plant Physiology* 43, 1838–1844.

Ziegler-Jons, A. and Selinger, H. (1987) Calculation of leaf photosynthetic parameters from light-response curves for ecophysiological applications. *Planta* 171, 412–415.

（李 昂 译）

第九章　根系性状遗传多样性鉴定策略

Juan Manuel Herrera，Nele Verhulst，Bram Govaerts[1]

摘　　要

根系性状在提高籽粒产量中的可能作用仍未被充分探究。在这里我们评述根系性状的基因型变异，主要针对一些与耐旱性和养分吸收有关的性状。我们也考虑了以往及新兴的根系性状筛选方法，并且通过考量根系的高通量筛选方法的适用性及模拟模型鉴定筛选根系的应用来评估其未来发展的机会。根系性状的基因型变异在一些作物中已有报道，如普通小麦、硬粒小麦、大麦和玉米等。由于有关根系的知识缺乏系统性，因此模拟模型已经成为一种整合信息的策略以减少所需筛选的性状，锚定那些与特定胁迫最为相关的性状。迄今为止，根钻法和微根管法已经成为田间研究最常用的方法，而依赖于水培、湿纸和培养皿的方法则用于可控环境下的高通量筛选。根系性状测量方法的最新进展指出，高通量简单筛选技术也正逐渐应用于大田研究。

一、引　　言

根系对于植物体的生长、存活和健康至关重要。不同种类的植物对土壤的时空探索及对生物和非生物胁迫的适应性存在差异。由于土壤环境的不同性质，根系必须对一系列的物理、生物及化学条件做出广谱的响应，其中包括资源的可利用性，所有这些都表现出了时空变异。因此，根部发育成为一种不规则分布的复杂阵列。这些根系排列最终决定了植物体获取土壤资源的能力（Robinson，1994）。

量化根系结构非常重要，因为作物的生产力常常受水分及营养可利用性和易获取性的影响。另外，作物（如小麦）的根系生长具有很大的可塑性，能够调节水分和营养的利用效率（Cholick et al.，1977）。因此，任何评价生理响应与根系性状关系的尝试都应以解释根系的可塑能力为前提。

本章评述根系性状的基因型变异，主要针对的是那些能增强耐旱性和养分吸收的性状。我们也考虑以往及新兴的根系性状筛选方法，并且通过考量根系的高通量筛选方法的适用性及对模拟模型筛选最适根系的应用来确定未来进步的机会。

二、根系性状的基因型变异

已在面包小麦（Mackay and Barber，1986）和硬粒小麦（Motzo et al.，1993）中发现根系性状的遗传多样性。这些变异在不同的小麦基因型中存在差异，表现在扎根能力

1 CIMMYT，墨西哥

（Siddique et al.，1990）、根长密度（Mian et al.，1994）、根系分布（Ford et al.，2006）、开花后根系生长情况（Ford et al.，2006）、种子根数目（Robertson et al.，1979）及总根数（Box and Johnson，1987）等方面。同样也发现根冠比受基因型影响很大（Sadhu and Bhaduri，1984）。

矮化基因对根系性状的影响曾被特别研究。Bush 和 Evans（1988）发现根系生物量存在差异，Wojciechowski 等（2009）研究报道了矮化等位基因在返青期直接影响根系的生长；然而矮化等位基因可以改变总根长，却不能影响根系构型（根直径和侧根数/总根数）。

（一）耐旱相关根系性状的基因型变异

Manschadi 等（2006）发现了小麦种子根的成角方位、根系构型与水分吸收之间的关系。他们研究了截然不同的两个春小麦品种，发现抗旱品种具有更为紧密的根系构型且在深层土壤中有更长的根（Manschadi et al.，2006）。其他研究也发现扎根深度和根系分枝角度存在基因型差异（Nakamoto and Oynagi，1994）。在雨养条件下，发现干旱年份的小麦根长密度较大（Hamblin et al.，1990）。Ekanayake 等（1985a）在旱稻中鉴定了一个控制根长密度、根直径和根干重遗传的多基因系统。虽然这些根部性状是在水培条件下筛选的，但是它们与田间目测的耐旱性密切相关。在大田研究中，多数耐旱的半矮秆普通小麦（如‘Paster’，‘Synthetic 2’，‘Sujata’和‘Nesser’）与旱敏感小麦（如‘Tevee 2’，‘Pavon’和‘CRC’）相比，其在深层土壤中具有较大的根长密度（Manske and Vlek，2002）。

Lopes 和 Reynolds（2010）的研究结果显示，扎根深度的不同是近等基因系之间耐旱性差异的原因，Reynold 等（2007）研究表明，深层土壤小麦根系干物质分配的增加源自小麦野生近源种和地方品种。通过田间根钻法对国际玉米小麦改良中心的材料进行检测，发现根长密度和根系质量存在差异。干旱环境下，当作物仅依靠每年一次的土壤储水时，扎根深度尤为重要（Mian et al.，1994），而在地中海环境下，对于水分吸收来说，中部土层（0.15～0.60m）较长的根系比深层土壤中的根系更为重要（Gregory et al.，2009）。由于作物在生长发育后期常常受到霜冻和干旱的限制，从遗传学角度来看，为了减少水分从根系周围流失，应延长营养生长期并维持开花时间（Richards et al.，2007）。同样地，增加地上部的活力对根系的伸长、种子根数目及根系分枝具有促进作用（Richards and Lukacs，2002）。根系在紧实土层的生长能力也与较高的耐旱性有关。

（二）营养吸收相关根系性状的基因型变异

比较健壮基因型与弱小基因型根系吸收氮的能力也许是研究根系性状与生理过程相关性的最普遍形式（Palta et al.，2011）。这些研究表明，播种时施 50kg N/hm^2 氮肥，健壮基因型的氮吸收总量及氮肥吸收效率（即吸收的 N/施用的 N）均大于其他基因型。健壮基因型在地面下 0.7m 的土层具有较大的根生物量及根长密度，这与其较高的氮吸收效率有关（Palta et al.，2011）。不仅如此，健壮基因型的种子根数目多于弱小基因型，且其分枝时间早 5～7 天（Palta et al.，2011）。由于氮肥的施用，健壮基因型的大多数根系分枝集中在地下 0.7m 的土层（Palta et al.，2011），拔节期根尖数增多，氮素吸收量增加 42%～60%。此外，据 Greef 和 Kullman（1992）报道，单位长度根的氮素吸收率在不同基因型之间差异显著。根干重的差异来自不同基因型调节氮胁迫发生的不同水平，亦即优化根系与地上部功能平衡的结果（Vannoordwijk and Dewilligen，1987）。可能存在其他根部性状以利于提高氮素吸收水平，研究这些性状，包括延长花后根系的寿命及增加扎根深度，能够帮助我们更好地理解根系氮素管理与基因型之间的相互作用（Bengough et al.，2006）。

普通菜豆的根分枝角度及其伸长方向受土壤有效磷的影响（Ge et al.，2000）。因此，在低磷土壤中，表层土壤根系增多是对胁迫的一种积极的适应性响应。在酸性土壤、低磷及铝毒环境下筛选到的半矮秆普通小麦，具有较高的产量、磷素吸收水平及较大的根长密度（Manske and Vlek，2002）。因此，根分枝（Gahoonia and Nielsen，2004；Jones et al.，1989）、根毛长度（Gahoonia and Nielsen，2004）及根系构型性状是磷素吸收效率重要的决定因素。

病害是限制植物根系从土壤中吸收养分的主要因素。迄今为止，寻找根系抗病遗传变异的工作较少。然而，在抗胞囊线虫的研究方面已取得了一些显著成绩（Ogbonnaya et al.，2001）。对于根腐线虫（Schmidt et al.，2005）和冠腐病（Collard et al.，2005）也有了很好的遗传抗（耐）性。但是针对小麦、大麦或小黑麦的根部病害，如全蚀病、纹枯病，至今仍未发现抗性。也许有一天可以将其他牧草的抗性基因（Lindelau et al.，1973）导入敏感的谷类作物，或者用转基因的方法获得对全蚀病的抗性。

一般来说，在可利用资源贫乏的条件下，较高的根长密度能够增加产量。相反，这种根系性状的优势会随着外界可利用资源的增多而降低。如果大的根系消耗的干物质没有通过外界的吸收得到有效的补偿，那么根系将与籽粒竞争同化物，从而制约产量潜力。此外，无论是对资源的吸收利用，还是对生长在根系周围有害生物（影响作物的生长和机能）的躲避，总根长的变异都可能具有重要价值（Watt et al.，2003）。不同的根系性状作为吸收水平的函数是重要的。在资源充足的环境下，抗倒伏的根系性状，如根盘的扩展（Berry et al.，2007）、根丛重量（Thompson，1968）及根系拉力强度，可能对于提高产量潜力非常重要。

虽然对于根系性状的基因型差异已有报道（表 9.1），但是这些差异至今没有被应用于育种项目。Gregor 等（2009）将其归因于根系性状筛选的困难性，而且开展这项工作需要大量植株。

表 9.1　与提高籽粒产量相关的根部性状举例［Palta 等（2011）和 Richards 等（2007）汇编］

性状	机制	文献
抗铝	根尖分泌苹果酸保护分生组织	Ficher 和 Scott（1987）
		Sasaki 等（2006）
抗孢囊线虫	防止线虫侵染	Ogbonnaya 等（2001）
抗根腐	防止立枯丝核菌感染	Okubara 等（2009）
抗菌	不同基因型的根际具有不同的菌群	Neal 等（1973）
	分布，特殊种群抑制土传病害	Miller 等（1989）
		Mazzola 等（2004）

续表

性状	机制	文献
深层根系	深层土壤中较高的根系密度增加水分吸收	Hurd（1968，1974） O'Brien（1979） Manske 和 Vlek（2002）
根系再分配	深层土壤中较高的根系密度与对根系较大的总投入无关	Reynold 等（2007）
种子根角度	获取深层土壤水分	Nakamoto 和 Oyanagi（1994）
根组织中较大的细胞间空隙†	降低根系组织代谢成本，将多余的能量投入籽粒	Zhu 等（2010）
缩小种子根木质部导管直径	为开花期和籽粒灌浆期储藏水分	Richards 和 Passioura（1989）
抗倒伏¶	扩展根盘	Berry 等（2007） Pinthus（1967）
加强根系伸长	增加磷素吸收	Gahoonia 和 Nielsen（2004）
减弱根系向地性§	较浅的根系分布增加磷素吸收	Liao 等（2004）
丙氨酸合成基因过表达	丙氨酸中的氮素有效化	Garnett 等（2009）

†玉米；¶大麦；§普通菜豆

三、根系性状测量方法

研究根系的固有困难缘于它们的地下环境、与土壤之间复杂的动态相互作用及功能的多样性。关于根系研究的方法有一个详细的清单（Neumann et al.，2009），其中每一种方法都受一定的人为因素影响。正是由于缺乏精确与标准化的根系检测方法制约了根系研究，限制了我们认识根系的作用及功能（Pierret et al.，2005）。根系的复杂性加之测量方法问题导致我们对根系的认知有局限性且缺乏系统性。然而，研究植物根系仍具有一定的可行性和必要性，针对具体研究问题认真思考可用方法的适宜性非常重要。

Harper 等（1991）将可用的根系研究方法分为破坏性试验和非破坏性试验两类。选择根系研究方法的主要标准取决于该方法是否针对根系性状的时空变化。对于根系性状随时间变化的研究，除了质量以外，推荐使用非破坏性试验法。非破坏性试验法的反复观测避免了时空变异的重叠，该重叠影响根系特性（Taylor et al.，1990）。因此，应按特定的研究目的决定使用哪种技术。截至目前，与增产相关的根系性状测量方法包括以下几种。

- **土柱法：**从土壤中挖出含有根系的土柱，或者从生长植物的容器中取出土柱。然后将土柱冲洗干净，分离出根系。虽然在取样过程中根系可能受损（玉米超过 50%的根长可能被丢失）（McCully，1999），但是依然可以获得根系形态的典型特征。
- **根钻法：**从根际取出一个小于根生长体积的土样（Pierret et al.，2005）。可对样品进行两种处理：①横向折断土样，调查暴露于破损面每侧的根数，从而估测细根数量（Yamaguchi，2002）；②可以像土柱法一样处理，即用水冲洗样品后回收细根（Kumar et al.，1993）。详见《生理育种Ⅱ》第十七章。

该方法最大的优点是能够精确测量根长和根生物量，因此，可以更好地检验这些性状与水分及养分吸收的关系。除了清洗和收集样品之外，该方法还涉及将根从土壤移出、与机体残骸分离、储藏和分析样品等方面。虽然已经设计了相关策略用以减少人工处理样品的数量（Costa et al.，2000），但是对于大量样品来说，仍然十分耗时。洗根仪器的运用在一定程度上可以加快样品的处理速度（Smucker et al.，1982）。利用该仪器最大的优点是能够确保处理样品的一致性。该方法也存在不足之处，例如，不能在同一组根上重复测定，也无法确定根系的准确位置。根的位置非常重要，因为对于资源吸收来说，往往更大程度上取决于根系和土壤的相对空间分布，而不是根系的大小（de Kroon，2007）。根系的相对分布还影响一些其他的生理活动，如根系分泌物的排放等（Li et al.，2007）。不推荐用该方法检测某一确定性状的动态，因为根系样品的有效区域不断减小，而且时间作为变异的来源，其效应无法与空间效应（即采样点）区分开来。后者也许是决定性的，因为不同地点的根系分布存在差异。

- **网袋法：**将装有无根土壤的网袋放置于田间，定期取出网袋，研究根系生长及翻转的动态。
- **二维根室法：**该方法是将植物播种于扁平的容器中，而不是地里。扁平容器的侧壁由透明材料（如玻璃）制成。然而，根系生长被限于仅有水平和垂直方向的二维空间内。
- **剖面法：**挖掘植物周围的土壤，使根系可见。
- **光学扫描仪法：**这种方法可以处理根钻法所获得的样品，也可以将扫描仪埋于土壤中，利用类似二维根室法的方式研究根系（Dannoura et al.，2008）。这项技术的缺点是仅能测量根际的部分区域，而且根系形态会被不可穿透的物体影响而改变。该方法提供的数据可以简便地利用现有软件分析。
- **微根管法：**微根管是透明的小口径管子，可以插入土壤中观测根和土壤的变化进程（图 9.1）。这种方法属于非破坏性试验法。Smit 等（2000a）评述了该方法的基本技术、演变及应用。微根管透明的界面构成了一种独特的方法，可以针对特定的土层和根段，进行大量长时间的重复观测，提供与根系生产力和死亡相关的详细信息（Johnson et al.，2001）。微根管法使混淆根系时空变化的潜在缺陷变得最小（Hendrick and Pregitzer，1996）。据报道，微根管法的缺点是低估了上层土壤中的根系密度，而高估了下层土壤中的根系密度（Bengough，1997）。因此，该方法可能并不是最适宜评价根系分布情况的方法。

从微根管图像获得的根系相关参数包括利用不同类型的网格计算出的不同根段交叉点的数目（Meyer and Barrs，1991）、根数（Upchurch and Ritchie，1983）和根长（Beyrouty et al.，1990）。这些参数可以直接作为根系生长发育的指标加以利用，也可以运用理论（Merrill and Upchurch，1994）或经验（Coleman et al.，1996）的关系将其转换为根长密度。微根管法与其他方法估测的根长显著相关，但相关程度较低（Mackie-Dawson and Atkinson，1991）。对于土体中根长密度的评估，微根管或许并不是最适宜的工具。根钻法是测量根系分布及密度的典型方法（Hansson et al.，1992）。微根管表面的根长会受根管自身的影响，因为根沿着管壁的生长速度与在土壤中的生长速度不同。但像 Mackie-Dawson 等（1991）描述的那样，到达微根管表面的根数（Upchurch，1987）或第一次交叉点的数目与土壤中的根密度有较好的相关性。与根长相比，微根管表面的根数受管

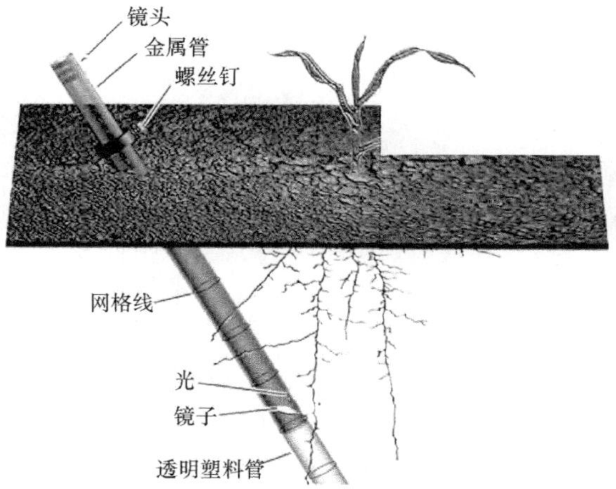

图 9.1　微根管用法示意图（修改自 Gurevitch et al.，2002）

壁条件影响较小，而且当根生长至微根管表面后，根的数目不受根系任何性质的影响（Smit et al.，2000a；Box and Ramseur，1993）。

就二维根室法而言，其试验装置不必要代表一个完全不受干扰的系统，沿二维观测面：土壤中的机械阻抗、温度、水分分布、溶质浓度及氧化还原条件等均与原状土体不同。然而，微根管（即插入土壤中的透明管）受干扰的程度远小于根室（Taylor et al.，1990）。若要利用微根管法和二维根室法减少分析样品的时间，其共同的挑战是，软件对背景的消除能力不足限制了图像的自动化分析。尽管存在一定的限制，微根管法仍然使大量生物过程的研究成为可能，例如，①根系在土壤剖面上的生长发育（Liedgens et al.，2000b）；②根系周转（Pregitzer et al.，2008）；③根系寄生状态（Eizenber et al.，2005）；④真菌菌丝的增殖（Vargas and Allen，2008）。

根系往往与种间或种内的相邻个体分享土壤，由于相邻个体的存在会影响一些生理过程，如叶片着生方位（Maddonni et al.，2002），因此，由种间或种内相邻个体的存在而发生的根部结构变化也是我们所期望的。然而，大多（如果不是全部）关于根部结构的研究用得都是单独生长的植株。基于微根管法，最近研发了一种新的根系研究方法，它可以区分生长在一起的不同植株的根系（Faget et al.，2009，2010）。该方法利用转基因植株中绿色荧光蛋白（GFP）的组成性表达，使得绿色荧光贯穿于整个根系（图 9.2）。非转基因植株中观察不到绿色荧光，因此该荧光可被用作可视标记来区分种内和种间个体。

- **电容法：**根系表面与土壤水分之间会形成等效并联阻容电路，此方法通过测量电路的电容值估测根系质量。利用若干条电极可以生成土壤剖面的根生物量示意图（Amato et al.，2009）。此方法已应用于大麦根系的检测（Chloupek et al.，2006）；然而，对于分蘖数较多的小麦，过多的单株茎数使得该设备的应用更为困难。幼小植株的根系质量与电容值之间具有很高的线性关系（Chloupek et al.，2006）。电容值读取受以下几方面的影响：①土壤表层的、深层的根系；②根系类型及排序；③幼小根系与老根系。然而，目前对于这些因素的影响机制仍知之甚少。此外，该技术不适于测量根系在土壤剖面的空间分布。

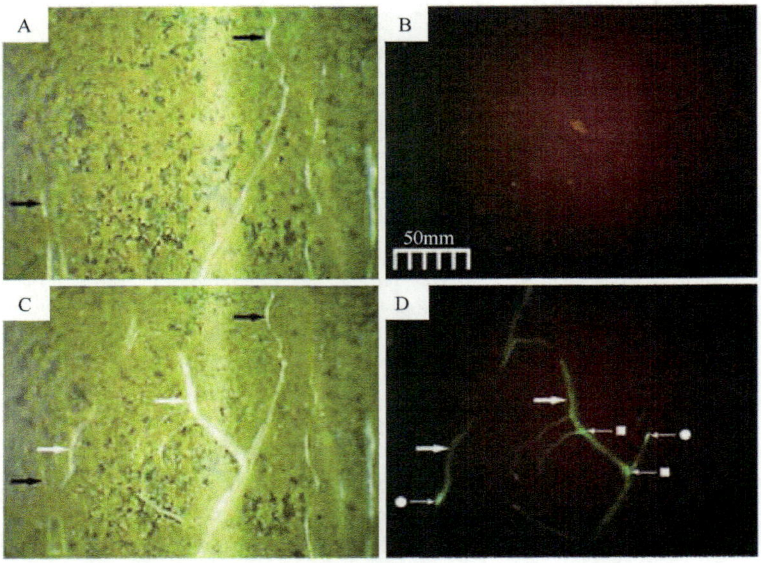

图 9.2 转基因玉米（*Zea may* L.）品种 ETH-M72$_{GFP}$ 和意大利黑麦草（*Lolium multiflorum* Lam.）的微根管图像（Faget et al.，2009）

常规的微根管图像是在可见光谱中捕获的，左侧 A 和 C 分别表示玉米播种后 37 天和 48 天的图像。右侧的荧光图像（B 和 D）是利用窄谱光源激发的荧光获取的，获取时间与相应的常规图像一致。通过常规图像无法区分不同植物的根系。A 图黑箭头所指的是意大利黑麦草的根系。ETH-M72$_{GFP}$ 根系（D）的根尖（○）和分枝（□）在荧光图像中尤为清晰。比例：1 像素=40.6μm

- **探地雷达法**：该方法已成功应用于树木根系生物量的研究（Hruska et al.，1999），但是在谷类作物中，雷达读数与根钻法数据的相关性仍有待探究。
- **计算机断层扫描法（X 射线、γ 射线、热中子及磁共振断层照相术）**：该方法可以对生长在土壤介质中的根系进行无损拍照（Tracy et al.，2010）。优点之一是可以在土壤吸水（Oswald et al.，2008；Tumlinson et al.，2008）和根系分泌（Raab and Vogel，2004）等过程的同时对根部生长和结构进行筛选。该方法的缺点是成本高、样品体积小及灭菌对土壤微生物产生的影响。后一效应还与如下事实相结合，即该方法要求土壤密度均匀，而且必须在无黏土矿物和顺磁性物质（Fe、Mn 和 Cu）的非膨胀性土壤中进行，这使根际环境缺乏代表性。另外一缺点是用该方法扫描样品十分耗时，每天能够处理的样品数较少（少于 10 个），而如二维根室法每天可以处理 100 多个样品（Gregory et al.，2009）。这些限制因素制约了该技术在根生长研究中的普及。但是，用该方法可完整地测量根系，而且可用电脑自动化分析。由于该方法的无创性，根系没有受到损伤，因此有可能对表型持续观测。除根数和根长等指标外，用该方法还可得到根系角度的三维分布。

截至目前，根钻法和微根管法是在田间研究中运用较频繁的方法。表 9.2 中，以 6 个标准比较了这些方法。①“精确度”指的是测量根长的精确程度；②“工作量”用来描述采集样品所投入的工作量；③“分析”用来评判提取数据资料的工作量；④“动态变化”是指各方法评价不同时期根系性状的适用性；⑤“成本”是比较各方法所需投入的资金；⑥“通量”是指利用各方法进行高通量研究的可行性。不同的方法合并于相应的设备，以显示根部性状与地上部植株或根际发生过程之间的相互关系（Liedgens et al.，

表 9.2　通过 6 项标准评价传统的根系测量方法

方法	精确度	工作量	分析	动态变化	成本	通量
土柱法	+++	+++	+++	---	---	---
根钻法	++	+++	+++	--	---	---
剖面法	++	+++	++	-	---	---
网袋法	-	+	++	+	--	--
二维根室法	+	+	+	++	+	+
微根管法	-	+	+	+++	+	+
光学扫描仪法	+	-	+	++	++	+
电容法	--	---	-	+	-	++
探地雷达法	?	---	--	+++	++	++
计算机断层扫描法	+++	--	++	++	+++	+

注："---"（非常低）至"+++"（非常高）；？表示不明确

2000a；Vandaegeijn et al.，1994）。虽然这些设备不代表一个不受干扰的系统，但它将适应田间的长期观测与可控的实验条件结合了起来。同样地，这些方法被用于田间研究，结合根际的改良来检验与根系重要功能性状相关的假设。例如，McKenzie 等（2009）在土壤中水平埋入网格板以限制不同大麦品种的根系穿透能力，Oyanagi（1994）通过在田间埋篮筐来评价根系的生长角度。

四、高通量策略

对大量品种根系性状的表型分析是困难的，因为测量根系性状耗时长，并且通常需要筛选大量的植株。因此，迄今为止的大多数尝试都是用生长在人造介质中的幼苗。例如，水培介质被用来筛选耐铝性（Rajaram and Villegas，1990；Rajaram et al.，1991）。

可将幼苗生长于水培系统（Chen et al.，2011）、湿纸（Hund et al.，2009）、培养皿（Bengough et al.，2004）或小型二维根室（Devienne-Barret et al.，2006），与图像处理技术相结合，筛选大量基因型的根轴数和根毛等性状。琼脂培养皿已用来鉴定双单倍体大麦品系中决定根系结构的数量性状位点（QTL）（Forster et al.，2007）。Bengough 等（2004）也利用凝胶培养皿快速筛选了种子根的数目、角度和长度。该方法保持了根系的水平和垂直方向，能利用适宜软件连续筛选以上所提到的根部性状。最近，基于琼脂培养皿方法的原理发展出了一种新的方法，使自动筛选和鉴定三维根系性状成为可能（Lyer-Pacuzzi et al.，2010）。利用琼脂法可以鉴别不同基因型幼苗期根长的差异；然而，同一组基因型在其他介质上生长时，其根长的排序未必一致（Gregory et al.，2009）。据我们所知，唯一能够在田间测定根部结构的高通量策略是由 Trachsel 等（2011）设计的。利用该策略形象地记录了田间成熟期玉米的 10 项根颈结构性状。创新性分析方法，如形态分析（Grabov et al.，2005）和分形分析（Costa et al.，2003），在提高根系性状鉴定的试验效率方面具有很大潜力。

五、根系性状模拟

由于根系知识缺乏系统性，因此模拟方法可以用来获得整个根系功能的全貌。模拟模型还可以帮助评价根系结构变化的潜在影响，同时提高对所测数据的理解。众多模型的构建方法存在本质的差异，有的模型利用建筑学信息模拟根系中每条根的生长，而其他模型并非如此。很少有仅表示根系尺寸和形状的模型；相反地，它们一般用来确定从土壤中获取水分和养分的有效表面。

（一）不考虑根系构型的根系生长模型

最初的根系模型始于一种假设，即根系在每个土层吸取相同的水和养分，而不考虑根的实际数目。因此，它们只是模拟前方根的位置或者最底层根的深度（Chapman et al.，1993）。事实证明该方法的利用往往受到限制，因为根系在不显著影响资源获取的情况下，可能通过裂缝或虫孔进入更深层的土壤中。此外，研究表明，在一定土层中的根长密度与资源吸收有关。Gerwitz 和 Page（1974）研究表明，可以用类似于溶质扩散的方式来描述根的生长和分布，即根系是从高浓度的区域向低浓度的区域生长。他们的报道还表明，由于模块化伸长，可以认为个体根系的生长方向是随机的。这种扩展方式的结果是模拟均匀土质中的根系，在均匀土质中，根长密度随土层加深而呈指数下降。

许多作物生长模型通过两种不同的过程来模拟土壤中根系的生长：①沿单个纵轴向下生长；②在根系所处各土层中扩展（Jones et al.，1991）。CERES/DSSAT 类模型是基于第二种原理模拟根的生长。该模型结构通过进一步改进，可以合并“根胁迫因素”来模拟几种土壤限制的影响。例如，Asseng 等（1997）利用这种根胁迫因素开发出了一个模型，该模型除了对土壤水分、紧实度及通风等情况有反应外，还能对土壤氮素水平做出响应。然而这些模型都没有试图描述根系构型。

（二）考虑根系构型的根系生长模型

已有许多方法用来模拟根系构型。一些综述也详细总结了这些方法（Pierret et al.，2007）。随着计算机运算和绘图能力的不断提升，利用高质量的图形表示根系三维结构已经成为可能，如“Rootmap”（Diggle，1988）。对于实际生长与模拟根系的比较，图像可视化是一项关键进展。目前，这些模型的局限性在于它们仅能模拟幼苗的生长，而不能模拟生长发育后期，如籽粒灌浆期根系的生长。

六、结　　论

根系可获取作物生长所需的大多数必需元素，但根系性状选择在作物育种中可能发挥的作用尚未得到充分探究。目前的育种技术依赖于地上部性状的选择。尽管该过程可能会间接选择适宜的根系性状，但考虑到根系所完成的重要且多样化的功能，可能会使育种目标更直接锚定具体的根系性状。

鉴定根系性状，揭示根系和抗倒伏的固着器官之间干物质分配相关的生理特性，不仅为贫瘠土壤，而且为适宜水分和营养条件下作物的增产提供潜力。对逆境下理想根系性状的鉴定，依赖于明确作物生长季节可能面临的胁迫。仿真模型可以用来减少筛选性状的数量，也可以锚定与某一胁迫响应最相关的性状。

截至目前，根钻法和微根管法是大田研究最常用的方法。以简便筛选、分子标记的有效性及这些性状优势环境的鉴别为特色的方法是将这些性状结合到育种项目中的主要挑战。水培、湿纸及培养皿等方法已被成功应用于根部性状的高通量筛选。利用这些方法可以得到与性状相关的有价值信息，如种子根数和保持在培养基中的分枝角度等。相反，对于更多的可塑性状，如根长，用人工基质的方法可能无法充分复制土壤中的根系生长，基因型排序也不完全一样。目前，根系性状测量方法的发展意味着高通量简便的筛选技术正逐渐活跃。这些基本方法可用于检验可控条件下所鉴定的根系性状在田间的相关性。

参考文献

Amato, M., Bitella, G., Rossi, R., Gomez, JA., Lovelli, S. and Gomes, JJF. (2009) Multi-electrode 3D resistivity imaging of alfalfa root zone. *European Journal of Agronomy* 31, 213–222.

Asseng, S., Richter, C. and Wessolek, G. (1997) Modelling root growth of wheat as the linkage between crop and soil. *Plant and Soil* 190, 267–277.

Bengough, AG., Bransby, MF., Hans, J., McKenna, SJ., Roberts, TJ. and Valentine, TA. (2006) Root responses to soil physical conditions: growth dynamics from field to cell. *Journal of Experimental Botany* 57, 437–447.

Bengough, AG., Gordon, DC., Al-Menaie, H., Ellis, RP., Allan, D., Keith, R., Thomas, WTB. and Forster, BP. (2004) Gel observation chamber for rapid screening of root traits in cereal seedlings. *Plant and Soil* 262, 63–70.

Berry, PM., Sylvester-Bradley, R. and Berry, S. (2007) Ideotype design for lodging-resistant wheat. *Euphytica* 154, 165–179.

Beyrouty, CA., West, CP. and Gbur, EE. (1990) Root development of bermuda grass and tall fescue as affected by cutting interval and growth regulators. *Plant and Soil* 127, 23–30.

Box, JE. and Johnson, JW. (1987) Minirhizotron rooting comparisons of three wheat cultivars. In: *'Minirhizotron observation tubes: methods and applications for measuring rhizosphere dynamics'* Box, JE. and Johnson, JW. (Eds.) Vol. 50. ASA, Madison, Wisconsin, US.

Box, JE. and Ramseur, EL. (1993) Minirhizotron wheat root data: Comparisons to soil core root data. *Agronomy Journal* 85, 1058–1060.

Bush, MG. and Evans, LT. (1988) Growth and development in tall and dwarf isogenic lines of spring wheat. *Field Crops Research* 18, 243–270.

Chapman, SC., Hammer, GL. and Meinke, H. (1993) A sunflower simulation-model. 1. Model development. *Agronomy Journal* 85, 725–735.

Chen, YL., Dunbabin, VM., Diggle, AJ., Siddique, KHM. and Rengel, Z. (2011) Development of a novel semi-hydroponic phenotyping system for studying root architecture. *Functional Plant Biology* 38, 355–363.

Chloupek, O., Forster, BP. and Thomas, WTB (2006) The effect of semi-dwarf genes on root system size in field-grown barley. *Theoretical and Applied Genetics* 112, 779–786.

Cholick, FA., Welsh, JR. and Cole, CV. (1977) Rooting patterns of semi-dwarf and tall winter wheat cultivars under dryland field conditions. *Crop Science* 17, 637–639.

Coleman, MD., Dickson, RE., Isebrands, JG. and Karnosky, DF. (1996) Root growth and physiology of potted and field-grown trembling aspen exposed to tropospheric ozone. *Tree Physiology* 16, 145–152.

Collard, BCY., Grams, RA., Bovill, WD., Percy, CD., Jolley, R., Lehmensiek, A., Wildermuth, G. and Sutherland, MW. (2005) Development of molecular markers for crown rot resistance in wheat: mapping of QTLs for seedling resistance in a '2-49' x 'Janz' population. *Plant Breeding* 124, 532–537.

Costa, C., Dwyer, LM., Hamilton, RI., Hamel, C., Nantais, L. and Smith, DL. (2000) A sampling method for measurement of large root systems with scanner-based image analysis. *Agronomy Journal* 92, 621–627.

Costa, C., Dwyer, LM., Dutilleul, P., Foroutan-Pour, K., Liu, AG., Hamel, C. and Smith, DL. (2003) Morphology and fractal dimension of root systems of maize hybrids bearing the leafy trait. *Canadian Journal of Botany-Revue Canadienne De Botanique* 81, 706–713.

Dannoura, M., Kominami, Y., Oguma, H. and Kanazawa, Y. (2008) The development of an optical scanner method for observation of plant root dynamics. *Plant Root* 2,14–18.

de Kroon, H. (2007) Ecology - How do roots interact? *Science* 318, 1562–1563.

Devienne-Barret, F., Richard-Molard, C., Chelle, M., Maury, O. and Ney, B. (2006) Ara-rhizotron: An effective culture system to study simultaneously root and shoot development of *Arabidopsis*. *Plant and Soil* 280, 253–266

Diggle, AJ. (1988) ROOTMAP - A model in three-dimensional coordinates of the growth and structure of fibrous root systems. *Plant and Soil* 105, 169–178.

Eizenberg, H., Shtienberg, D., Silberbush, M. and Ephrath, JE. (2005) A new method for in-situ monitoring of the underground development of *Orobanche cumana* in sunflower (*Helianthus annuus*) with a mini-rhizotron. *Annals of Botany* 96, 1137–1140.

Ekanayake, IJ., Otoole, JC., Garrity, DP. and Masajo, TM. (1985a) Inheritance of root characters and their relations to drought resistance in rice. *Crop Science* 25, 927–933.

Faget, M., Liedgens, M., Stamp, P., Flutsch, P. and Herrera, JM. (2010) A minirhizotron imaging system to identify roots expressing the green fluorescent protein. *Computers and Electronics in Agriculture* 74, 163–167.

Faget, M., Herrera, JM., Stamp, P., Aulinger-Leipner, I., Frossard, E. and Liedgens, M. (2009) The use of green fluorescent protein as a tool to identify roots in mixed plant stands. *Functional Plant Biology* 36, 930–937.

Fischer, RA. and Scott, BJ. (1987) Response to selection for Aluminium tolerance. In: 'Priorities in soil/plant relations: research for plant production.' Searle, PGE. and Davey, BG. (Eds.) The University of Sydney, Sydney, Australia. p. 135–137.

Ford, KE., Gregory, PJ., Gooding, MJ. and Pepler, S. (2006) Genotype and fungicide effects on late-season root growth of winter wheat. *Plant and Soil* 284, 33–44.

Forster, BP., Heberle-Bors, E., Kasha, KJ. and Touraev, A. (2007) The resurgence of haploids in higher plants. *Trends in Plant Science* 12, 368–375.

Gahoonia, TS. and Nielsen, NE. (2004) Barley genotypes with long root hairs sustain high grain yields in low-P field. *Plant and Soil* 262, 55–62.

Garnett, T., Conn, V. and Kaiser, BN. (2009) Root based approaches to improving nitrogen use efficiency in plants. *Plant Cell and Environment* 32, 1272–1283.

Ge, ZY., Rubio, G. and Lynch, JP. (2000) The importance of root gravitropism for inter-root competition and phosphorus acquisition efficiency: results from a geometric simulation model. *Plant and Soil* 218, 159–171.

Gerwitz, A. and Page, ER. (1974) Empirical mathematical-model to describe plant root systems. *Journal of Applied Ecology* 11, 773–781.

Grabov, A., Ashley, MK., Rigas, S., Hatzopoulos, P., Dolan, L. and Vicente-Agullo, F. (2005) Morphometric analysis of root shape. *New Phytologist* 165, 641–651.

Greef, JM. and Kullmann, A. (1992) Effect of nitrate application on shoot and root development of wheat seedlings (*Triticum aestivum* L.). *Journal of Agronomy and Crop Science-Zeitschrift Fur Acker Und Pflanzenbau* 169, 104–113.

Gregory, PJ., Bengough, AG., Grinev, D., Schmidt, S., Thomas, WTB., Wojciechowski, T. and Young, IM. (2009) Root phenomics of crops: opportunities and challenges. *Functional Plant Biology* 36, 922–929.

Gurevitch, J., Schneider, D. and Fox, GA. (2002) *'The ecology of plants'*. Sinauer Associates Inc. Sunderland, US.

Hamblin, A., Tennant, D. and Perry, MW. (1990) The cost of stress–Dry matter partitioning changes with seasonal supply of water and nitrogen to dryland wheat. *Plant and Soil* 122, 47–58.

Hansson, AC., Steen, E. and Andren, O. (1992) Root growth of daily irrigated and fertilized barley investigation with ingrowth cores, soil cores and minirhizotrons. *Swedish Journal of Agricultural Research* 22, 141–152.

Harper, JL., Jones, M. and Sackville-Hamilton, NR. (1991) The evolution of roots and the problems of analyzing their behaviour. In: *'Plant root growth'.* Atkinson, D. (Ed.) Blackwell, Oxford, U.K. p. 3–24.

Hendrick, RL. and Pregitzer, KS. (1996) Temporal and depth-related patterns of fine root dynamics in northern hardwood forests. *Journal of Ecology* 84, 167–176.

Hruska, J., Cermak, J. and Sustek, S. (1999) Mapping tree root systems with ground-penetrating radar. *Tree Physiology* 19, 125–130.

Hund, A., Trachsel, S. and Stamp, P. (2009) Growth of axile and lateral roots of maize: I development of a phenotying platform. *Plant and Soil* 325, 335–349.

Hurd, EA. (1974) Phenotype and drought tolerance in wheat. *Agricultural Meteorology* 14, 39–55.

Iyer-Pascuzzi, AS., Symonova, O., Mileyko, Y., Hao, Y., Belcher, H., Harer, J., Weitz, JS. and Benfey, PN. (2010) Imaging and analysis platform for automatic phenotyping and trait ranking of plant root systems. *Plant Physiology* 152, 1148–1157.

Johnson, MG., Tingey, DT., Phillips, DL. and Storm, MJ. (2001) Advancing fine root research with minirhizotrons. *Environmental and Experimental Botany* 45, 263–289.

Jones, CA., Bland, WL., Ritchie, JT. and Williams, JR. (1991) Simulation of root growth, In: *'Modeling plant and soil systems'* Hanks, J. and Ritchie, JT. (Eds.) American Society of Agronomy, Madison, USA. p. 91–123.

Jones, GPD., Blair, GJ. and Jessop, RS. (1989) Phosphorus efficiency in wheat–A useful selection criterion. *Field Crops Research* 21, 257–264.

Kumar, K., Prihar, SS. and Gajri, PR. (1993) Determination of root distribution of wheat by auger sampling. *Plant and Soil* 149, 245–253.

Li, L., Li, SM., Sun, JH., Zhou, LL., Bao, XG., Zhang, HG. and Zhang, FS. (2007) Diversity enhances agricultural productivity via rhizosphere phosphorus facilitation on phosphorus-deficient soils. *Proceedings of the National Academy of Sciences of the United States of America* 104, 11192–11196.

Liao, MT., Fillery, IRP. and Palta, JA. (2004) Early vigorous growth is a major factor influencing nitrogen uptake in wheat. *Functional Plant Biology* 31, 121–129.

Liedgens, M., Richner, W., Stamp, P. and Soldati, A. (2000a) A rhizolysimeter facility for studying the dynamics of crop and soil processes: description and evaluation. *Plant and Soil* 223, 87–97.

Liedgens, M., Soldati, A., Stamp, P. and Richner, W. (2000b) Root development of maize (*Zea mays* L.) as observed with minirhizotrons in lysimeters. *Crop Science* 40, 1665–1672.

Lindelau, L., Jensen, HP. and Jorgense, J. (1973) Resistance of triticale, aegilops, and haynaldia species to take-all fungus, *gaeumannomyces graminis. Zeitschrift Fur Pflanzenzuchtung-Journal of Plant Breeding* 70, 200–213.

Lopes, MS. and Reynolds, MP. (2010) Partitioning of assimilates to deeper roots is associated with cooler canopies and increased yield under drought in wheat. *Functional Plant Biology* 37, 147–156.

Mackay, AD. and Barber, SA. (1986) Effect of nitrogen on root growth of two corn genotypes in the field. *Agronomy Journal* 78, 699–703.

Mackie-Dawson, LA. and Atkinson, D. (1991) Methodology for the study of roots in field experiments and the interpretation of results. In: *'Plant root growth'* Atkinson, D. (Ed.) Blackwell, London. p. 25–48.

Maddonni, GA., Otegui, ME., Andrieu, B., Chelle, M. and Casal, JJ. (2002) Maize leaves turn away from neighbors. *Plant Physiology* 130, 1181–1189.

Manschadi, AM., Christopher, J., Devoil, P. and Hammer, GL. (2006) The role of root architectural traits in adaptation of wheat to water-limited environments. *Functional Plant Biology* 33, 823–837.

Manske, GGB. and Vlek, PLG. (2002) Root architecture - Wheat as a model plant. In: *'Plant roots: The hidden half'* Waisel, Y., Eshel, A. and Kafkafi, U. (Eds.) Marcel Dekker, New York, US.

Mazzola, M., Funnell, DL. and Raaijmakers, JM. (2004) Wheat cultivar-specific selection of 2,4-diacetylphloroglucinol-producing fluorescent *Pseudomonas* species from resident soil populations. *Microbial Ecology* 48, 338–348.

McCully, ME. (1999) Roots in soil: Unearthing the complexities of roots and their rhizospheres. *Annual Review of Plant Physiology and Plant Molecular Biology* 50, 695–718.

McKenzie, BM., Bengough, AG., Hallett, PD., Thomas, WTB., Forster, B. and McNicol, JW. (2009) Deep rooting and drought screening of cereal crops: A novel field-based method and its application. *Field Crops Research* 112, 165–171.

Merrill, SD. and Upchurch, DR. (1994) Converting root numbers observed at minirhizotrons to equivalent root length density. *Soil Science Society of America Journal* 58, 1061–1067.

Meyer, WS. and Barrs, HD. (1991) Roots in irrigated clay soils–measurement techniques and responses to rootzone conditions. *Irrigation Science* 12, 125–134.

Mian, MAR., Nafziger, ED., Kolb, FL. and Teyker, RH. (1994) Root size and distribution of field grown wheat genotypes. *Crop Science* 34, 810–812.

Miller, HJ., Henken, G. and Vanveen, JA. (1989) Variation and composition of bacterial populations in the rhizospheres of maize, wheat, and grass cultivars. *Canadian Journal of Microbiology* 35, 656–660.

Motzo, R., Attene, G. and Deidda, M. (1993) Genotypic variation in durum wheat root systems at different stages of development in a mediterranean environment. *Euphytica* 66, 197–206.

Nakamoto, T. and Oyanagi, A. (1994) The direction of growth of seminal roots of *Triticum aestivum* L. and experimental modification thereof. *Annals of Botany* 73, 363–367.

Neal, JL., Larson, RI. and Atkinson, TG. (1973) Changes in rhizosphere populations of selected physiological groups of bacteria related to substitution of specific pairs of chromosomes in spring wheat. *Plant and Soil* 39, 209–212.

Neumann, G., George, TS. and Plassard, C. (2009) Strategies and methods for studying the rhizosphere-the plant science toolbox. *Plant and Soil* 321, 431–456.

Obrien, L. (1979) Genetic variability of root growth in wheat (*Triticum aestivum* L.). *Australian Journal of Agricultural Research* 30, 587–595.

Ogbonnaya, FC., Seah, S., Delibes, A., Jahier, J., Lopez-Brana, I., Eastwood, RF. and Lagudah, ES. (2001) Molecular-genetic characterisation of a new nematode resistance gene in wheat. *Theoretical and Applied Genetics* 102, 623–629.

Okubara, PA., Steber, CM., DeMacon, VL., Walter, NL., Paulitz, TC. and Kidwell, KK. (2009) Scarlet-Rz1, an EMS-generated hexaploid wheat with tolerance to the soilborne necrotrophic pathogens *Rhizoctonia solani* AG-8 and *R. oryzae*. *Theoretical and Applied Genetics* 119, 293–303.

Ortman, EE., Peters, DC. and Fitzgera, PJ. (1968) Vertical pull technique for evaluating tolerance of corn root systems to northern and western corn rootworms. *Journal of Economic Entomology* 61, 373–375.

Oswald, SE., Menon, M., Carminati, A., Vontobel, P., Lehmann, E. and Schulin, R. (2008) Quantitative imaging of infiltration, root growth, and root water uptake via neutron radiography. *Vadose Zone Journal* 7, 1035–1047.

Pages, L. and Bengough, AG. (1997) Modelling minirhizotron observations to test experimental procedures. *Plant and Soil* 189, 81–89.

Palta, JA., Chen, X., Milroy, SP., Rebetzke, GJ., Dreccer, MF. and Watt, M. (2011) Large root systems: are they useful in adapting wheat to dry environments? *Functional Plant Biology* 38, 347–354.

Pierret, A., Moran, CJ. and Doussan, C. (2005) Conventional detection methodology is limiting our ability to understand the roles and functions of fine roots. *New Phytologist* 166, 967–980.

Pierret, A., Doussan, C., Capowiez, Y., Bastardie, F. and Pages, L. (2007) Root functional architecture: A framework for modeling the interplay between roots and soil. *Vadose Zone Journal* 6, 269–281.

Pinthus, MJ. (1967) Spread of root system as indicator for evaluating lodging resistance of wheat. *Crop Science* 7, 107–110.

Pregitzer, KS., Burton, AJ., King, JS. and Zak, DR. (2008) Soil respiration, root biomass, and root turnover following long-term exposure of northern forests to elevated atmospheric CO_2 and tropospheric O_3. *New Phytologist* 180, 153–161.

Raab, TK. and Vogel, JP. (2004) Ecological and agricultural applications of synchrotron IR microscopy. *Infrared Physics & Technology* 45, 393–402.

Rajaram, S. and Villegas, E. (1990) Breeding wheat (*Triticum aestivum* L.) for aluminium toxicity tolerance at CIMMYT, p. 489–495 *'Genetic aspects of plant mineral nutrition'*, Vol. 42.

Rajaram, S., Kohli, MM. and Lopezcesati, J. (1991) Breeding for tolerance to aluminium toxicity in wheat, p. 1019–1028 *'Plant-soil interactions at low pH.'* Vol. 45.

Reynolds, M., Dreccer, F. and Trethowan, R. (2007) Drought-adaptive traits derived from wheat wild relatives and landraces. *Journal of Experimental Botany* 58, 177–186.

Richards, RA. and Passioura, JB. (1989) A breeding program to reduce the diameter of the major xylem vessel in the seminal roots of wheat and its effect on grain yield in rain-fed environments. *Australian Journal of Agricultural Research* 40, 943–950.

Richards, RA. and Lukacs, Z. (2002) Seedling vigour in wheat-sources of variation for genetic and agronomic improvement. *Australian Journal of Agricultural Research* 53, 41–50.

Richards, RA., Watt, M. and Rebetzke, GJ. (2007) Physiological traits and cereal germplasm for sustainable agricultural systems. *Euphytica* 154, 409–425.

Robertson, BM., Waines, JG. and Gill, BS. (1979) Genetic variability for seedling root numbers in wild and domesticated wheats. *Crop Science* 19, 843–847.

Robinson, D. (1994) The response of plants to non-uniform supplies of nutrients. *New Phytologist* 127, 635–674.

Sadhu, D. and Bhaduri, PN. (1984) Variable traits of root and shoot of wheat under different cultural conditions and ages. *Zeitschrift Fur Acker Und Pflanzenbau-Journal of Agronomy and Crop Science* 153, 216–224.

Sasaki, T., Ryan, PR., Delhaize, E., Hebb, DM., Ogihara, Y., Kawaura, K., Noda, K., Kojima, T., Toyoda, A., Matsumoto, H. and Yamamoto, Y. (2006) Sequence upstream of the wheat (*Triticum aestivum* L.) ALMT1 gene and its relationship to aluminum resistance. *Plant and Cell Physiology* 47, 1343–1354.

Schmidt, AL., McIntyre, CL., Thompson, J., Seymour, NP. and Liu, CJ. (2005) Quantitative trait loci for root lesion nematode (*Pratylenchus thornei*) resistance in Middle-Eastern landraces and their potential for introgression into Australian bread wheat. *Australian Journal of Agricultural Research* 56, 1059–1068.

Siddique, KHM., Belford, RK. and Tennant, D. (1990) Root-shoot ratios of old and modern, tall and semidwarf wheats in a mediterranean environment. *Plant and Soil* 121, 89–98.

Smit, AL., George, E. and Groenwold, J. (2000a) Root observations and measurements at (transparent) interfaces with soil. In: *'Root methods: A handbook'* Smit, AL., Bengough, AG., Engels, C., Van Noordwijk, M., Pellerin, S. and Van de Geijn, SC. (Eds.) Springer, Berlin. p. 235–271.

Smucker, AJM., McBurney, SL. and Srivastava, AK. (1982) Quantitative separation of roots from compacted soil profiles by the hydropneumatic elutriation system. *Agronomy Journal* 74, 500–503.

Taylor, HM., Upchurch, DR. and McMichael, BL. (1990) Applications and limitations of rhizotrons and minirhizotrons for root studies. *Plant and Soil* 129, 29–35.

Thompson, DL. (1968) Field evaluation of corn root clumps. *Agronomy Journal* 60, 170–172.

Trachsel, S., Kaeppler, SM., Brown, KM. and Lynch, JP. (2011) Shovelomics: high throughput phenotyping of maize (*Zea mays* L.) root architecture in the field. *Plant and Soil* 341, 75–87.

Tracy, SR., Roberts, JA., Black, CR., McNeill, A., Davidson, R. and Mooney, SJ. (2010) The X-factor: visualizing undisturbed root architecture in soils using X-ray computed tomography. *Journal of Experimental Botany* 61, 311–313.

Tumlinson, LG., Liu, H., Silk, WK. and Hopmans, JW. (2008) Thermal neutron computed tomography of soil water and plant roots. *Soil Science Society of America Journal* 72, 1234–1242.

Upchurch, DR. (1987) Conversion of minirhizotron-root intersections to root length density. In: *'Minirhizotron observation tubes: methods and applications for measuring rhizosphere dynamics'* Box, JE. and Johnson, JW. (Eds.) Vol. 50. ASA, Madison, Wisconsin, US.

Upchurch, DR. and Ritchie, JT. (1983) Root observations using a video recording system in mini-rhizotrons. *Agronomy Journal* 75, 1009–1015.

Vandegeijn, SC., Vos, J., Groenwold, J., Goudriaan, J. and Leffelaar, PA. (1994) The wageningen rhizolab - A facility to study soil-root-atmosphere interactions in crops. 1. Description of main functions. *Plant and Soil* 161, 275–287.

Vannoordwijk, M. and Dewilligen, P. (1987) Agricultural concepts of roots - from morphometric to functional equilibrium between root and shoot growth. *Netherlands Journal of Agricultural Science* 35, 487–496.

Vargas, R. and Allen, MF (2008) Dynamics of fine root, fungal rhizomorphs, and soil respiration in a mixed temperate forest: Integrating sensors and observations. *Vadose Zone Journal* 7, 1055–1064.

Watt, M., McCully, ME. and Kirkegaard, JA. (2003) Soil strength and rate of root elongation alter the accumulation of *Pseudomonas* spp. and other bacteria in the rhizosphere of wheat. *Functional Plant Biology* 30, 483–491.

Wojciechowski, T., Gooding, MJ., Ramsay, L. and Gregory, PJ. (2009) The effects of dwarfing genes on seedling root growth of wheat. *Journal of Experimental Botany* 60, 2565–2573.

Yamaguchi, J. (2002) Measurement of root diameter in field-grown crops under a microscope without washing. *Soil Science and Plant Nutrition* 48, 625–629.

Zhu, JM., Brown, KM. and Lynch, JP. (2010) Root cortical aerenchyma improves the drought tolerance of maize (*Zea mays* L.). *Plant Cell and Environment* 33, 740–749.

（李　龙 译）

第十章　小麦发育及其对表型鉴定和提高作物适应性的作用

Gustavo Slafer[1]

摘　　要

在小麦育种中发育性状是非常关键的。这是因为，由遗传和环境相互作用决定的开花期及各发育阶段持续时间都是影响小麦适应性和产量的因素。本章介绍小麦的主要发育特征及其对光周期和温度的反应，作为讨论增强适应性和提高产量潜力的基础。小麦发育性状普遍受温度影响（所有品种和所有发育阶段都对温度敏感）。当抽穗前发育速率随温度线性增长时，在整个基础温度到最适温度之间存在单一的斜率，它的倒数即热反应时间。另外，基因型对光周期和春化的敏感性有广泛的变异，从几乎不敏感到强数量级（或甚至质量级）反应。此外，并非所有的发育时期都对这些因素敏感，春化反应的敏感性主要表现在营养生长阶段，而光周期反应敏感性则影响营养到生殖直至开花的发育。小麦开花后到成熟阶段的发育速率对光周期和春化作用不敏感，似乎仅对温度有正向反应。在发育进程中，遗传变异同样也受早熟性的影响（其变异远超出对光周期和春化的敏感性）。最后，本章鉴别了关键发育阶段，对增强适应性和提高产量潜力的抉择进行了探讨。

一、引　　言

作物的发育是不同器官形成和生长的一系列连续演替变化以完成整个生命周期的过程。尽管公认其连续性，但整个发育进程，即个体发育，对于粮食作物而言，经常被划分为营养生长、生殖生长和籽粒灌浆等几个阶段。

每个阶段的持续时间，最终为整个生命周期，是由遗传和环境因素之间的相互作用决定的。因此，在每一个特定阶段最初引发的原基数目同样是由遗传和环境因素相互作用来确定的（即使这些影响各阶段持续时间的因素不影响原基发生的速率，形成器官的数目也与这个阶段持续时间呈正相关）。这些反应在很大程度上决定着作物对一定范围内环境变化的适应性。

由于小麦种植分布于世界各地（从美洲和大洋洲的南部地区，穿过赤道到美洲北部、欧洲和亚洲，从海平面到海拔 3000m 左右），其对环境因素的反应相当复杂，因此才能够保证其广泛适应性。小麦对不同地区的适应性导致其发育模式随着特定环境条件的组合而变化，其关键问题就是要在开花期避开霜冻。因此，小麦（及其他作物）适应性的

1 ICREA 西班牙莱利达大学，西班牙

一个重要特征在于其具有感应季节变化的能力，这样，小麦发育是加速还是减缓将取决于环境。

根据播期、生长条件和在该条件下良好表现的适应性将小麦划分为不同生态类型。这些类型是春小麦、冬小麦和地中海小麦（Bunting et al.，1982）。

1）春小麦

许多寒冷地区的小麦因为不能越冬存活和产量很低而适合在春季播种。这种春小麦可以感应到春季的来临而加快其发育速率。从冬季开始到夏季的开始，日长（实际上是夜长）是被感应到的最佳环境因素，因为这段时间日长在恒定地增加（夜长在缩短）。对光周期的敏感性有助于一些早播材料延缓开花时间，而晚播的材料加快发育提早进入开花期。

2）冬小麦

在一些冬季相当寒冷的温带地区（但尚未冷到作物不能存活），秋季播种就可以使得这些作物能够利用一个长的生长周期，并且在次年相对早地开花，进而获得高产。在这种情况下，植物必须感应与日长无关的季节。允许秋播作物在冬季结束前不启动生殖生长，且植物进化出了一种发育前需经历一段低温的习性，进而开始生殖生长阶段。冬小麦在苗期能够感应这样一个低温环境，并加速其发育进程，这被称为春化作用。春化敏感性的适应作用在这些地区非常突出，当出现类似于春季的光照和温度时，可以避免作物在秋季就开始花期。

3）地中海小麦

在一些冬季温和的温带地区，如澳大利亚、阿根廷和北半球的某些地中海气候地区，小麦可以在冬季播种，甚至在仲冬（如果水分充足的话），这时土壤温度不是太低，播种后能够正常出苗和生长，在这种情况下，小麦必然在播种后一段时间开花，花期介于冬小麦很长的花前期与春小麦特有的很短的时期之间。地中海小麦的这种适应性是通过强的光周期敏感性和钝化的春化作用共同协调实现的。这两种特性确保了地中海小麦在经历低温或无霜冻的风险后短的花期。因此，这些具轻微春化要求的基因型常被称为"中间型"、"兼性"、"半冬性"或"地中海"小麦。

本章旨在阐述：①小麦主要的发育特性；②小麦主要的发育过程对环境因素的响应，着重叙述如何提高小麦对特殊环境的适应性。另外，作为提高产量潜力的一条途径，对如何利用小麦发育响应的机制也进行了讨论。育种家可以通过利用不同的因素获得这些知识的条件，使作物发育适应特定的生长季节。本章部分内容主要对小麦阶段发育进行了总结和简单概述，更详细的描述和更广泛的讨论可以参考 Halloran（1977）、Hay 和 Kirby（1991）、Slafer 和 Rawson（1994a）、Slafer 和 Miralles（1998）及 Slafer 等（2009）。

二、小麦对不同环境的适应性

小麦生长周期对最佳环境条件的适应性是基于对温度和日长的感知，这种感知是通过前面提到的对春化作用和光周期的敏感性，以及温度本身控制开花时间的规律（Slafer and Rawson，1994a)。

温度从两个显著不同的方面影响小麦发育。第一，至少在一个大范围的热环境下，温度的增加会使小麦的发育速率加快（生育期缩短）。这是温度的一般生物学效应，很可能是通过酶的过程被激活。由于在亚适宜温度范围内，发育速率与温度之间呈线性关系，因此，开花进程可以用热量时间单位来量化。第二，小麦（及其他许多温带作物）可以通过一段时间的低温处理来促进其发育，这个过程被称为春化作用，这些相对较低的温度也被称为春化温度，它们是根据其作用来定义的，而不是指一些特定的温度。文献中春化作用的最适温度是一个变化的范围，虽然这个变化可能反映了测定方法的不同，但是这很可能说明春化温度的临界值是遗传变异造成的。春化刺激可以作用于土壤中吸胀的种子（播种后到出苗前）、幼年期的绿色植物（营养生长阶段），甚至于在灌浆期温度足够低的情况下作用于穗部生长中的籽粒。目前已经完成幼苗最常见的春化特征研究，图 10.1 显示了春化作用最适温度的通用模式。春化作用的最大效应下限在 1～4℃，上限在 6～10℃（图 10.1)。温度高于后者春化作用仍会持续，只是效力降低，其最高温度为 18℃。

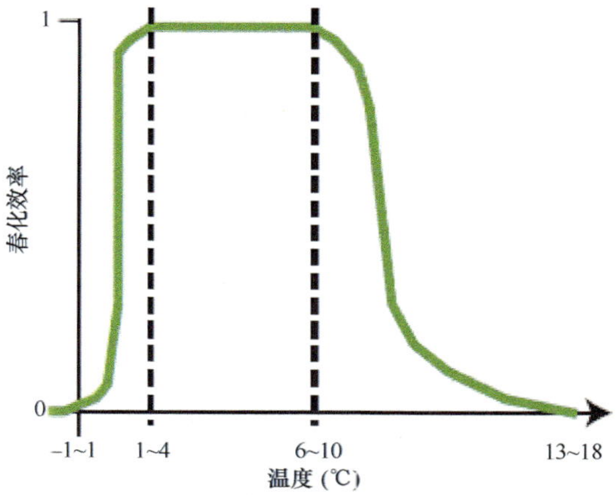

图 10.1　春化作用最适温度的通用模式

横坐标中指定位置给出了一个范围的数值，很可能反映这些参数的遗传变异

日长是按照季节恒定地变化，因此是最可靠的环境信号。只要知道某地点的纬度，任意特定地点和日期的日长都可以容易地计算出来。在计算植物反应的实际日长时，日长包括历法规定的黎明及黄昏的光照阶段。这个因素受纬度的显著影响，纬度越高，一年中的日长变化范围就越大。

（一）对环境因素的响应

抽穗，即穗部从旗叶的叶鞘抽出，是植物开始生殖生长的第一个明确的外部形态特征。抽穗还与开花十分接近，因此，环境因素对抽穗期的影响是小麦适应性的关键决定因素。这两点原因再加上其容易评估，使得抽穗期成为评价遗传和环境因素对小麦发育影响最普遍的变量。

（二）对温度的敏感性

从播种到抽穗期间普遍受温度影响（Angus et al.，1981；del Pozzo et al.，1987；Porter et al.，1987；Slafer and Savin，1991；Slafer and Rawson，1995a），栽培品种在各个生育期都对温度敏感（Slafer and Rawson，1994a）。普遍认为，随着温度的升高，到达抽穗期的时间呈曲线状缩短（图 10.2A）。然而，抽穗期的提前是小麦对温度升高做出反应而加速发育的结果，这种发育速率和温度的关系始终是线性的（图 10.2B）（对于这部分的详细讨论参见 Slafer and Rawson，1995a）。

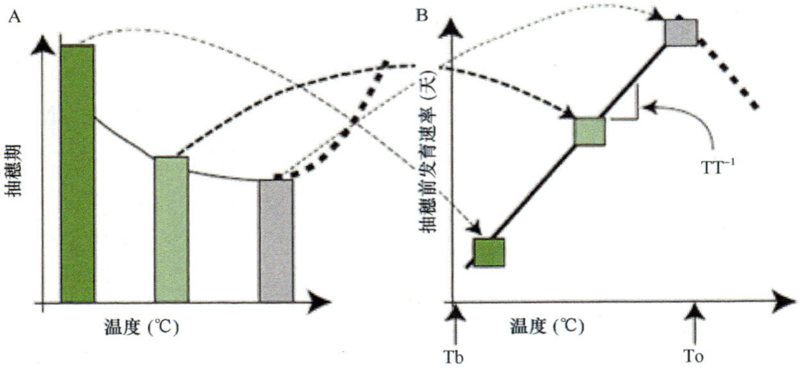

图 10.2　到达抽穗期所用的天数（A）及其倒数（B），即抽穗期前的发育速率与温度关系的通用模型
分图 B 表明在基础温度（Tb）到最适温度（To）之间有明显的线性关系，同时显示出了热反应时间的概念。斜率（℃/天）代表到达抽穗所需热反应时间（TT^{-1}）的倒数，用基础到最适温度之间任一温度来计算。加粗的线表示亚适温度（实线）和超适温度（虚线）的一般趋势

图 10.2 虽然只是一个示意图，但是大量已发表的数据证实其具有普遍性（Gallagher，1979；Angus et al.，1981；Monteith，1981；Rickman et al.，1983；Morrison et al.，1989；Slafer and Savin，1991；Slafer and Rawson，1995a）。由图可以看出，抽穗期之前的发育速率随着温度的升高而呈线性增长，从速率为 0 时的理论最低临界值（在这个温度下到达抽穗期的时间无限长）到速率最大时的最适温度值（到达抽穗期所需时间最短），温度如果超过最适值就会降低开花前的发育速率（同样使抽穗期延长）。在最低和最适温度之间发育速率随着温度升高呈线性增长（图 10.2）。由于这两个临界值间是线性关系，因此在基础和最适温度区段间有单一的斜率。斜率的倒数是在基础温度下发育至抽穗所需要的热反应时间（℃·天，degree days）。因此，对于一个特定基因型的小麦品种，无论其处于哪个环境温度下，发育至抽穗所需的热反应只有一个，只要我们给植株提供基础和最适温度之间任意的热反应条件，就能够满足光周期和春化的需求。

实际上，热反应时间仅计算每天有效温度的总和（平均温度减去基础温度，后者为关系曲线的横坐标截距，对小麦来说通常假定为 0℃）。利用热反应时间可很好地、不受温度波动影响地表示发育事件。

（三）对春化作用和光周期的敏感性

小麦不同基因型对春化作用和光周期的敏感性差异很大，差异范围从完全不敏感到数

量或质量级响应（图 10.3A）。尽管所有的响应方式都可能存在，但大多数栽培品种都表现数量级响应。关系曲线的斜率（图 10.3B）表明对春化作用或光周期的敏感性，即春化作用或光周期的持续时间每增加一个单位都会导致发育速率大幅度提高（相应发育时间的缩短）。不同基因型小麦的敏感性差异很大，这是其能够适应众多不同气候条件的可能原因。

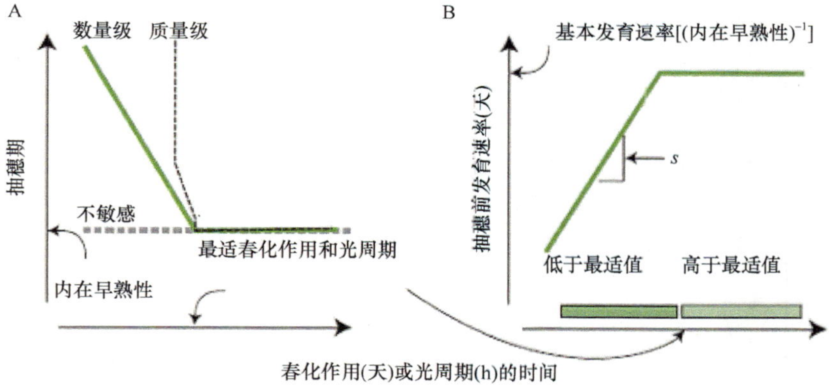

图 10.3　小麦发育对不同春化温度和光周期长度响应的示意图（修改自 Slafer，1996）

A. 表示不敏感类型（虚线）至数量级类型（实线）和质量级类型（点线）到达抽穗期所用天数的响应图；B. 表示数量级类型小麦的发育速率变化情况，强调低于或高于最适光周期和春化作用条件下对应的最快发育速率或“基本发育速率”（使生育期最短或内在早熟）。深绿色和浅绿色的条带分别表示低于和高于最适光周期和春化处理的值，而在低于最适值时的关系直线的斜率表示对这些因素的敏感度（*s*）

为明晰起见，图 10.3A 中 3 个例子虽有相同的最适春化处理或光周期作用时间，但它们都有遗传变异（详见 Slafer and Rawson，1994a）。同样地，该示例没有证明内在早熟性的遗传变异，但如后文讨论，栽培品种在这个性状方面确有差异。

顺便提到应注意的是“最适”这个词是在发育研究中根据最大发育速率时的环境因素对应的数值（最适温度，最适春化作用，最适光周期），并不意味着这样的条件下产量是乐观的（Slafer，1996）。实际上，植物在最适的温度和光周期条件下会缩短生育期，因此产量很可能非常低。

（四）哪些发育阶段对各个环境因素都敏感？

植株发育到成熟是一个连续变化的过程，为了使这个过程更容易被理解，通常将其定义为由外部环境因素控制的一个分立物候事件的序列，每个物候期植株在形态及某些器官的功能上都具重要的变化（Landsberg，1977）。因此，关键的事件必须被鉴定，标记出物候期的界限。目前被广泛接受的从播种到成熟每个发育时期的标志是出苗、小花发生、小穗形成和开花（图 10.4）。这些发育时期被划定为如下几个阶段。

1. 出苗前的发育

作物定植后，这个阶段事实上是营养生长，种子吸胀后茎尖重新启动叶原基（这个活动开始于籽粒还在母体植株上的灌浆期）。当土壤水分不限制发芽时（一般土壤水分不会限制发芽，因为农民会注意避免在干旱的土壤中播种），发育速率仅由温度决定。

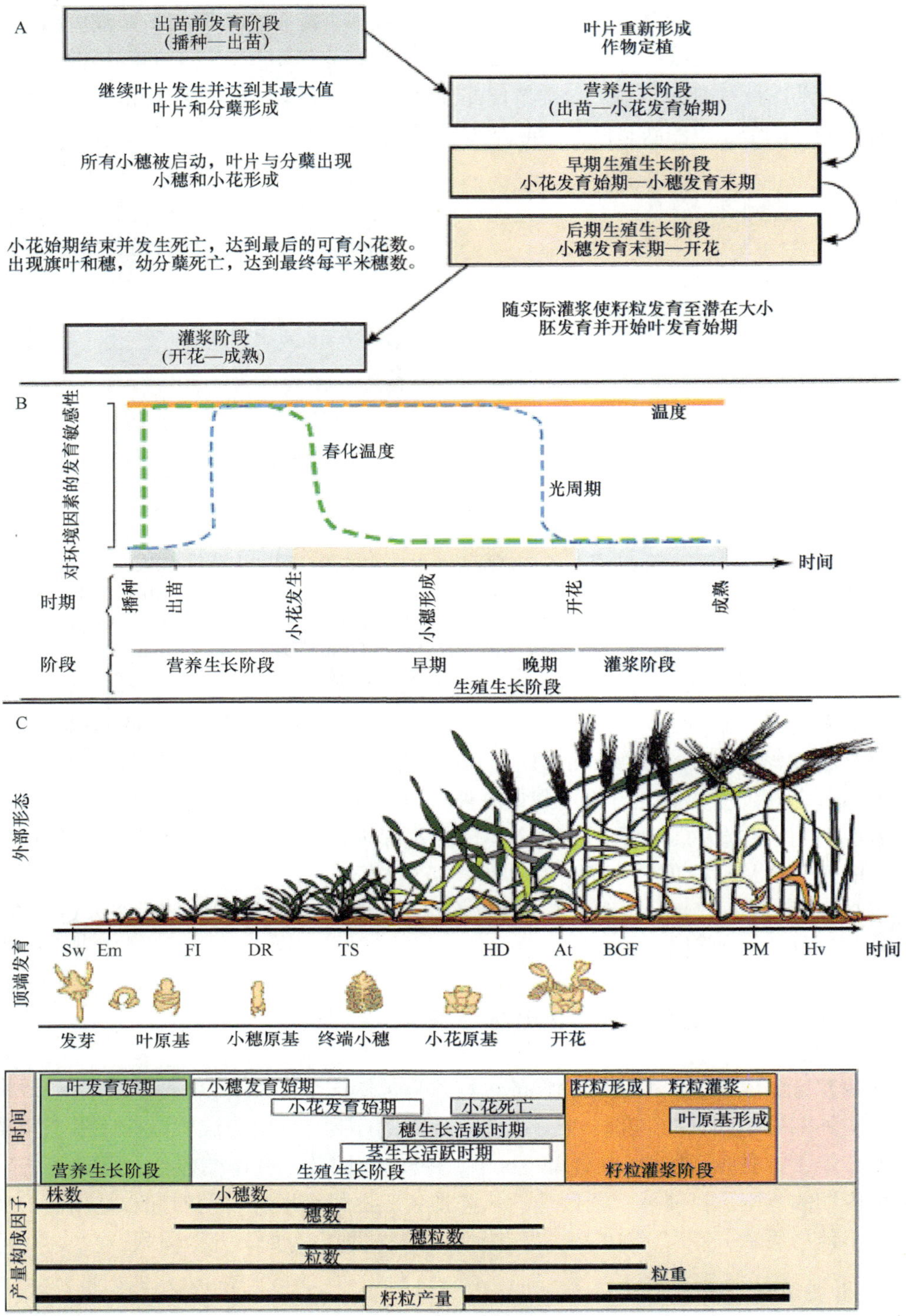

图 10.4　小麦从播种到成熟不同物候期发育的流程图

A. 每个阶段的某些主要事件；B. 敏感性品种在不同时期对春化温度（虚线），光周期（点线）和温度本身（实线）的相对敏感度，时间尺度是任意的；C. 小麦生长发育的示意图，引自 Slafer 和 Rawson（1994a），包括播种（Sw）、出苗（Em）、小花发生（FI）、二棱初期（DR）、小穗形成（TS）、抽穗（HD）、开花（At）、开始灌浆（BGF）、生理成熟（PM）和收获（Hv）各阶段。每个生理阶段的下方表明顶端发育情况。底部的方框中表明，特定器官生长或开始的时期和不同产量构成因子的形成时期因此，这个时期的持续时间取决于播种深度所在土层的热量条件（在一定温度下，种得越深出苗越慢）。目前仍没有证据表明春化作用会影响出苗前的发育速率。另外，由于叶片是日长的感应部位（信号由此传递到顶部，见 Evans，1987），因此这个最初阶段的长度也不会受到日长的影响。

2. 出苗后的营养生长

当主茎上所有潜在叶片（包括潜在分蘖）的发育被启动直到顶部进入生殖生长（标志这个时期的结束）及穗原基形成时，叶片按照有规律的热量间隔（称为 phyllochron）开始出现并且形成分蘖，第 4 片叶出现时发生第一次分蘖，随后的原初分蘖在一个叶热间隔后出现（Masle，1985）。叶片和分蘖的这种理论关系贯穿于这一时期（由于植株很小，对可用资源的需求相对较少）。

这个阶段的发育速率和 3 个主要的环境因素有关。尽管从严格的生理学上讲不是十分准确（Slafer and Rawson，1994a），但在实践中都会假定品种必须先满足春化作用的需求才能响应光周期。温度同样也影响开花和叶片发育的启动，但是最终的叶片数目不受温度影响（Slafer and Rawson，1994b）。另外，春化作用和光周期对整体发育速率的影响比仅对叶片发育启动速率的影响要大很多。因此，这个阶段持续的时间越长（由于不能满足春化作用或光周期的需求），最终形成的叶片数就越多（Halloran，1977；Kirby，1992；Rawson，1993；Rawson and Richards，1993；Evans and Blundell，1994；Slafer and Rawson，1995b，1995c）。

3. 早期的生殖生长

当所有小穗和大部分小花开始发育时，叶片继续形成，大多数情况下分蘖速率会达到最大值。然而，分蘖的速度也不会像理论期望的那样与叶片生长相关，因为这个时期植株内部和植株间对资源的竞争很激烈，减少了所有潜在分蘖生长所需同化物的可利用性。根据这个时期的持续时间和农艺状况，分蘖数会在这个时期结束时达到最大。

这个时期的发育速率同样对 3 个主要的环境因素敏感。虽然常常假定春化作用只影响营养生长期的长度（Halse and Weir，1970；Flood and Halloran，1986；Roberts et al.，1988；Ritchie，1991），但也有学者（Halloran and Pennel，1982；Fischer，1984；Stapper，1984；Masle et al.，1989；Manupeerapan et al.，1992；更多例子见 Slafer and Rawson，1994a）认可春化作用能影响早期生殖生长的持续时间，尽管影响一般低于营养生长时的作用。光周期和温度对这个时期的影响已获得广泛的认可（Slafer and Rawson，1994a）。与讨论最终叶数的形成一致，当这个时期的发育速率被光周期和春化作用加快时，短的发育期导致较少的小穗数，但温度对这个阶段长度的影响不同，因为它实质上也影响小穗发育的速率（Slafer and Rawson，1994b）。

4. 后期的生殖生长

当可育小花的数量被确定，同时茎和花序迅速生长时，叶片数持续增加直到最后一片叶（旗叶）出现。在这个时期，先是茎然后是小穗迅速增长，对同化物的需求量显著增加，这增强了对资源的竞争。正是这个时期的生长对可利用资源的变化最敏感，一旦遇到胁迫就会减产。因此，从顶生小穗开始形成到开花是决定产量潜力的关键时期。由于竞争增加，可利用资源不足以维持所有新分蘖的生存，因此，一些分蘖按照与它们形成相反的顺序死亡，每平方米的分蘖数从最高值降到最终的每平方米有效穗数，通常在抽穗期确定该数。在早期生殖生长结束时，顶生小穗开始形成，每穗上的小穗数被确定，几个小花原基特别是在穗中部 1/3 处的均已开始分化。随后，小花的发育持续快速启动直至大约孕穗期时达最大值（Kirby，1988；González et al.，2003b，2005b），大约与旗叶完全展开同步，之后小花不再形成（Kirby，1988；Miralles et al.，1998）。从孕穗期到抽穗期或开花期，许多小花退化的同时茎和穗快速生长，最终只有几个小花原基可育并在开花期受精。

大部分小麦在这个阶段需要满足其春化要求。因此，即使实验证明这个阶段对春化作用敏感（Masle et al.，1989；Slafer and Rawson，1994a；González et al.，2002），但可假定在适当的农艺条件下（举例来说，强冬性的小麦品种避免在春天播种），这个时期的长度对春化作用不敏感。然而，光周期可以持续影响后期生殖生长的时间（Allison and Daynard，1976；Rahman and Wilson，1977；Masle et al.，1989；Connor et al.，1992；Manupeerapan et al.，1992；Slafer and Rawson，1996，1997；Slafer et al.，2001），这个影响可能是直接的（Miralles et al.，2000；Gonzalez et al.，2003a，2005a），而不是简单地以营养生长阶段的短光周期增加最终叶片数来间接影响（如前所述）。正如上文所讨论的，温度对所有时期的发育速率都有影响，提高温度将缩短从顶生小穗开始形成到开花时间的事实已很好地被文献证实（Slafer and Rawson，1994a）。

5. 花后发育

也称灌浆期。此时，籽粒首先发育成其潜在大小，然后生长至成熟期的最大干重。这个时期的最初特征是大部分胚乳细胞发育和籽粒容积形成（籽粒达到最大含水量）。随后，籽粒快速增长，籽粒增重与热反应时间呈线性关系，最后，籽粒的生长逐渐减缓直到达最大干物质量。这个阶段，胚形成，同时茎尖分化出最初的叶原基（通常是 4 个）。虽然通常的特征描述把开花后籽粒发育分为不同特定的阶段（“水状”、“乳状”、“面团状”及“硬粒状”的籽粒），但是更多的定量描述可基于籽粒的含水量。因为籽粒含水量从开花期到成熟期稳定降低，至成熟期时在不同基因型和环境中均相当恒定（Schnyder and Baum，1992；Calderini et al.，2000）。

小麦开花后直到成熟这个时期的发育速率对光周期和春化作用不敏感，只对温度正向响应。因此，不管花后经历多少度天（degree days），由热量时间决定的灌浆期的长短十分保守，除非发生严重干旱胁迫，事实上也就结束了灌浆期。由于籽粒的生长通常受到库容量限制（Slafer and Savin，1994；Borrás et al.，2004 及其中许多文献），因此高温造成的快速发育通常对粒重的最终影响（Sofield et al.，1977；Chowdhury and Wardlaw，1978；Slafer and Miralles，1992）远大于对总蛋白含量的影响（因为氮素是主要的限制因素）。因此，灌浆期的高温通常降低产量而增加蛋白质含量。

三、控制发育响应的遗传因素

虽然发育速率对春化作用、日长和温度这三大主要环境因素的响应十分明显，但似乎光周期和春化作用的敏感性主要是由遗传因素控制。换句话讲，不同品种到达抽穗期的时间（或从出苗到开花的任一时期的长短）的差异归因于它们对光周期和春化作用敏感性的差异。

由于温度对小麦发育速率有普遍的影响（它对所有品种任一时期的长短都有影响），故假设品种间可能不存在遗传差异。然而，在满足春化作用和光周期的需求后不同基因型品种间仍经常出现“残余”差异。虽然这些差异一般小于那些来自光周期和春化作用的敏感性，但是表现依旧显著（在统计学和农艺学方面）。人们认为，这些差异反映了决定基础发育速率或内在早熟，也称为早熟性的第三组遗传因子的影响（Major，1980；Flood and Halloran，1984；Masle et al.，1989；Worland et al.，1994）。虽然认为这些内在早熟基因是对温度本身作出的响应，因此，品种间早熟性的差异最好被定义为对温度敏感性的差异（Slafer，1996；Appendino and Slafer，2003），但为了简便起见，在这一章我们仍用“内在早熟性”这个最初术语。

小麦从出苗到开花的持续期及任意长度的抽穗期可通过遗传改良获得，因为小麦通过十分复杂的遗传机制调控发育速率，保证了所有发育模式的可能性且对发育速率的遗传控制是十分复杂的（Slafer and Rawson，1994a）。三组基因（光周期敏感性基因、春化作用敏感性基因及早熟性基因）（Worland，1996）协调作用可决定特定环境下的开花期。

小麦是六倍体，有三套遗传材料（A、B、D 基因组），7 个同源群。光周期敏感性和春化作用敏感性基因是位于特定同源群上的主效基因，早熟性基因主要是微效基因，似乎分布在不同的同源群上。这些基因的定位证据如下。

（1）光周期敏感性基因位于第二同源群染色体的短臂上，显性等位基因使基因型不敏感，而隐性等位基因使之敏感（Welsh et al.，1973；Scarth and Law，1983；Sharp and Soltes-Rak，1988）。控制光周期敏感性的主要基因有 *Ppd-D1*，即以前的 *Ppd1*（2D 染色体），*Ppd-B1*，即以前的 *Ppd2*（2B 染色体），以及 *Ppd-A1*，即以前的 *Ppd3*（2A 染色体）。其中，*Ppd-D1* 基因被认为起最主要的作用（Worland and Law，1985；Worland，1999）。其他同源群的染色体（1、3、4、6）也参与决定对光周期的响应（Law，1987）。

（2）春化作用敏感性基因位于第 5 同源群染色体的长臂上。与光周期敏感性基因相同，隐性等位基因表现敏感，显性等位基因表现不敏感。它们分布于染色体 5A（*Vrn-A1*，以前称 *Vrn1*）；5B（*Vrn-B1*，以前称 *Vrn2*）；5D（*Vrn-D1*，以前称 *Vrn3*）（Law et al.，1975；Maystrenko，1980；Hoogendoorn，1985；Flood and Halloran，1986；Snape et al.，2001）。以前，*Vrn2/vrn2* 基因也被称为 *Vrn4/vrn4*（Snape，1996）。此外，也有报道指出 *Vrn5/vrn5* 基因位于 7B 染色体上（Snape，1996）。研究表明强冬性小麦同时含有 3 种隐性等位基因，而春小麦则含有不同显隐性等位基因的组合（Pugsley，1972），这意味着有些春小麦可响应春化作用（Slafer and Rawson，1994a）。

（3）对早熟性基因的关注较对那些响应春化和光周期的基因少得多。然而证据表明，这些基因位于不同染色体，包括第二同源群染色体的长臂（Scarth and Law，1983；Hoogendoorn，1985）。例如，已报道小麦的这些基因位于 2B 染色体（Scarth and Law，1983），3A、4B、4D、6B 及 7B 染色体（Hoogendoorn，1985），2A 和 5B 染色体（Major and Whelan，1985），7B 染色体（Flood and Halloran，1983），6D 染色体（Law，1987），以及 3A 染色体（Miura and Worland，1994）。在大麦中，它们几乎遍及整个基因组（Laurie et al.，1995）。对少数早熟基因已进行了 QTL 作图分析（Scarth and Law，1984；Miura and Worland，1994；Worland，1996；Kato et al.，2002；Toth et al.，2003）。

四、对某些关键物候期的鉴定

为了形象地描述植株生长过程中所发生的物候变化，很有必要精准地鉴定不同阶段（参见《生理育种 II》第十四章）。尽管外部形态观察可以对小麦物候学有个大体的认识，但对顶端形态的显微观察可以更准确地判定植株的发育阶段。

在田间，可以通过随机取样来定期监测小麦的发育情况。上面描述的几个阶段的物候期界限，除了小花发生期和顶生小穗发生期，大都可以通过外部形态确定。小花发生期不能通过简单的观察来确定（顶部没有明显的形态学变化），通常会以观察二棱初期来代替，它发生在小花发生期后不久，是确定开花的第一个标志（Slafer and Rawson，1994a）。对二棱期和小穗形成期的确定，需要解剖顶端并用显微镜观察（图 10.5 显示顶生小穗发生前不同生殖发育期的顶端）。用锋利的切割工具从所选植株上取下叶片，这时可以观察到最后形成的叶片下的顶端。在积累了一些实践经验之后，观察到不同物候期开始时的标志性变化就不存在太大的难度了。当顶端解剖不熟练时，外部的形态观察有时是有用的。例如，主茎开始伸长的标志可以通过“感知”第一个可见茎节来确定。

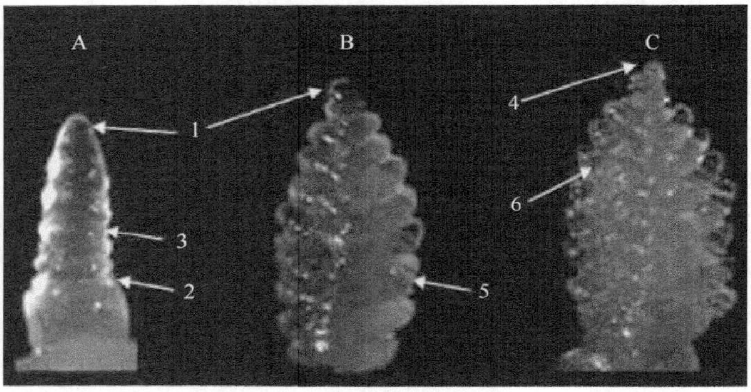

图 10.5　顶端发育时期

A、B、C 分别表示不同的发育时期。A. 小花发生之后的顶端，小穗开始发生，这时显微镜下可看到二棱初期；B. 中间时期；C. 中部小穗出现小花，顶生小穗形成。数字表示：1. 茎尖；2. 叶原基；3. 二棱；4. 顶生小穗；5. 小穗原基；6. 小花原基。照片来自莱利达大学的 Ariel Ferrante

五、适应性的提高

作物适应性的一个重要目的是使植物生长周期和严格确定的抽穗期时间与最可能的环境条件相匹配。通过选择来提高作物的适应性似乎相对简单，因为这种方法在选择后代时可以综合考虑包括抽穗时间在内的所有特性。如果品种改良项目是地区性的，旨在改善对一个区域的适应性，就比那些试图培育大面积种植品种的项目更简单（图 10.6）。在前述情况下，没有顾及对抽穗期之前发育速率控制的机制，因为唯一重要的是得到能在一个特定时间内抽穗的品种，一旦释放该品种，不打算将其推广至超过与育种目标区域具相似特性的地方（不仅是环境因素，而且也包括农艺学方面对抽穗期的影响，如播种时间）。的确，也没有必要选择具特殊敏感性的亲本。如果每年种植在不适宜的季节或完全不同的环境，收获第二代种子，我们建议用最小选择压选择抽穗期，因为选择的环境与目标环境差别很大，在这种环境条件下抽穗期的变异与适宜生长环境下的没有关系。正如一个简单的例子，在正常生长季播种一个具备最适抽穗期的春化敏感性品系，如果第二代在比较温暖的环境中生长，比起那些在正常生长季生长的，这个品系的生育期要长，可能在不经意间就被淘汰了。

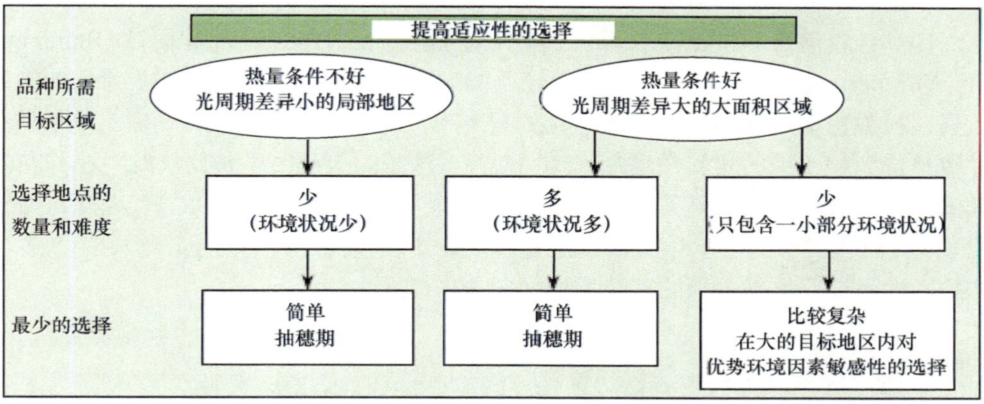

图 10.6　基于不同目标区域和选择地区提高作物适应性的两类选择

当育种目标是培育大面积推广的品种时，必须考虑使选择的品系适应推广地区的大部分环境条件。根据以往的经验，育种项目可在不同环境条件的多地点同时进行，这些环境代表将来释放品种推广地区的环境。在这种情况下，对亲本的选择，既要考虑在特定选育环境下的抽穗时间，又要考虑其对影响发育速率的主要环境因素的遗传敏感性（结合这些目标区域内环境因素的范围）。对于某些地区，可以预测对春化或光周期敏感的基因的适应需求，在这种情况下选择带有所需基因信息的亲本有助于增加获得高适应性品系的概率，适于选择产量或其他目标性状以便提供最可能的品种。

六、可否通过控制发育性状进一步提高产量潜力

作物发育多年来被作为最重要的性状用于适应性的遗传改良，随着适应性的增强，作物也有了大面积的增产。然而，到目前为止仍没有明确的证据表明，在小麦传统种植区其发育是否能被操控以进一步提高产量潜力。在这些地区开花期已经是最优化的了。

近来，育种家可以利用一些生理特性突破障碍，从而实质性地提高作物产量潜力（Reynolds et al.，2009）。关于发育，我们并不十分确定阶段发育是否可不取决于开花期的改变而被操控用来提高作物的生产潜力，但是，某些假设被证明是有用的。这部分在先前已经做过详细的解释（Slafer et al.，2001；Miralles and Slafer，2007），这里只做一个简单概述。

许多学者已经指出特定的发育阶段与产量构成因素相关联，见图 10.4B（Rawson，1970，1971；Rawson and Bagga，1979），各阶段的持续时间与最终产量相关联（Rawson，

1988a，1988b；Craufurd and Cartwright，1989）。因此，通过控制这些发育期的长短来间接控制产量构成因素是重要的（Slafer et al.，1996；Miralles and Slafer，2007）。一个确定的生长周期可以由多个不同长短的发育时期组成（Slafer and Rawson，1994a）。因此假设，只需操控发育而不需大改变整个生育期长度就能提高作物的产量潜力（Slafer，2003）。

研究表明，在主茎开始伸长之前减少作物生长对最终的粒数没有太大影响，而在主茎伸长期减少作物生长则与最终产生的粒数直接相关（Fischer，1985；Savin and Slafer，1991；Demotes-Mainard and Jeuffroy，2004）。小麦的灌浆受库容限制（Borrás et al.，2004），粒重的增加并不能弥补粒数的减少对最终产量造成的影响，除非粒数的下降使得心皮增大从而提高粒重潜力（Calderini et al.，2001；Ugarte et al.，2007）。因此假设（Slafer et al.，2001；Miralles and Slafer，2007），一个较长的后期生殖生长时期会增加茎伸长期的生物量积累，粒数也很可能增加，因为小花的败育率或分蘖的死亡率（或两者）均被降低。这导致单位面积土地的实粒数增加（图 10.7）。这是因为穗的生长仅仅发生在开花前的几天内（图 10.7A），同时还与茎的生长存在着竞争关系（Kirby，1988）。因此，如果茎的生长期延长，同时没有干物质分配的补充，开花期穗部积累的干物质将更多（图 10.7B），进而导致每平方米的粒数增加（图 10.7C）。

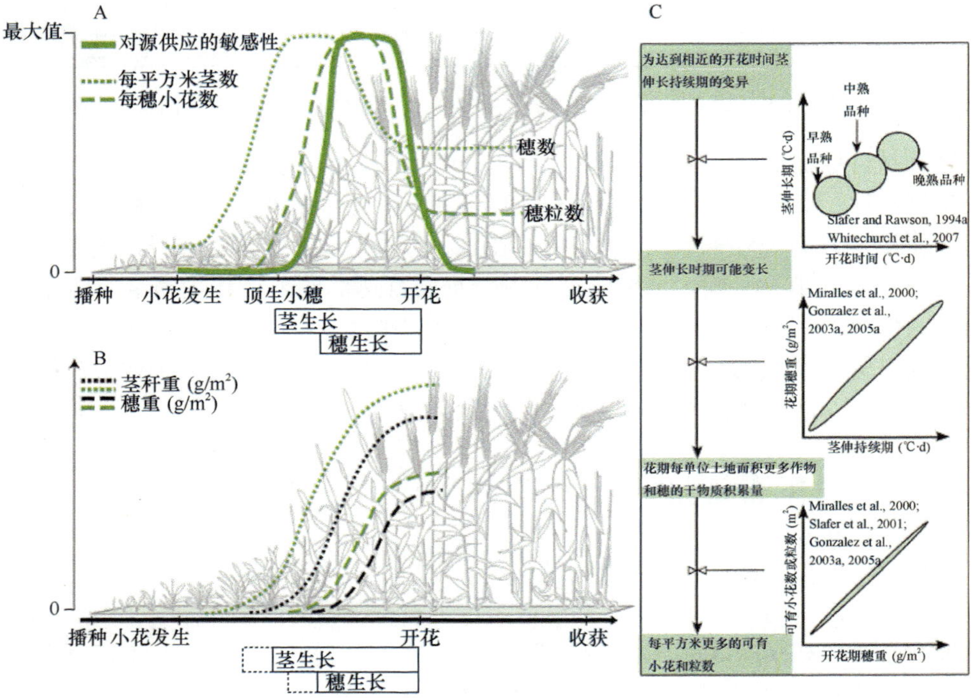

图 10.7 A. 小麦发育过程示意图，显示小麦在每个发育时期每平方米籽粒数（粗线）和总茎数对物质供应强度的相对敏感性曲线结束于每平方米穗数（点线），以及形成可育小花的每穗小花原基数及籽粒数（虚线），两种情况下均为从零到最大值之间的相对尺度。横坐标下面的两个方框显示茎伸长和穗生长的区间。修改自 Slafer 和 Savin（2006）。B. 说明被提出的假说，显示主茎伸长阶段的持续时间变长是以上一阶段的时间减少为代价，而开花时间不受影响。修改自 Miralles 和 Slafer（2007）。C. 显示了通过操纵发育时期中茎伸长时间所占的比例来提高穗粒数。描述了支持该假说的已报道过的关系。

图 A 和图 B 修改自 Reynolds 等（2009），图 C 修改自 Slafer 等（2005）

为了验证这一假说，必须存在生殖生长阶段后期长度的遗传变异，它不取决于从播种到茎伸长这段时间的遗传变异；这已在寻求这些变异的筛选中表明（图 10.7C）（Whitechurch et al.，2007），也在大麦中（Kernich et al.，1997），甚至在特定的群体内（Borràs et al.，2009）做过类似研究。这种遗传变异可能是受光周期敏感性基因和早熟性基因控制的。由于在顶生小穗发生前期或后期对光周期的响应都是独立的，而且清楚地证明在这个响应的过程中存在实质性的遗传变异（Slafer and Rawson，1996；Miralles et al.，2000），或许通过控制营养生长或早期生殖生长的时间来延长后期的生殖生长是可能的。如果操控特殊发育时期的内在早熟性不取决于其他发育时期（似乎是可能的，见 Halloran and Pennel，1982；Slafer，1996），就可能有另外一种发育可能性，即改变营养生长、前期生殖生长和后期生殖生长中花期特殊时间的分配。

参考文献

Allison, CJ. and Daynard, TB. (1976) Effect of photoperiod on development and number of spikelets of a temperate and some low-latitude wheats. *Annals of Applied Biology* 83, 93–102.

Appendino, ML. and Slafer, GA. (2003) Earliness *per se*, its dependence upon temperature in diploid wheat lines differing in the allelic constitution of a major gene (Eps- A^m1). *Journal of Agricultural Science* 141, 149–154.

Angus, JF., MacKenzie, DH., Morton, R. and Schafer, CA. (1981) Phasic development in field crops. II. Thermal and photoperiodic responses of spring wheat. *Field Crops Research* 4, 269–283.

Borràs, G., Romagosa, I., van Eeuwijk, F. and Slafer, GA. (2009) Genetic variability in duration of pre-heading phases and relationships with leaf appearance and tillering dynamics in a barley population. *Field Crops Research* 113, 95–104.

Borrás, L., Slafer, GA. and Otegui, ME. (2004) Seed dry weight response to source-sink manipulations in wheat, maize, soybean. A quantitative reappraisal. *Field Crops Research* 86, 131–146.

Bunting, AH., Dennet, MD., Elston, J. and Speed, CB. (1982) Climate and Crop distribution. In: Blaxer, KL. and Fowden, L. (Eds.) *Food, Nutrition and Climate* Applied Science Publishers, 43–78.

Calderini, DF., Abeledo, LG. and Slafer, GA. (2000) Physiological maturity in wheat based on kernel water, dry matter. *Agronomy Journal* 92, 895–901.

Calderini, DF., Savin, R., Abeledo, LG., Reynolds, MP. and Slafer, GA. (2001). The importance of the immediately preceding anthesis period for grain weight determination in wheat. *Euphytica* 119, 199–204.

Chowdhury, SI. and Wardlaw, IF. (1978) The effect of temperature on kernel development in cereals. *Australian Journal of Agricultural Research* 29, 205–223.

Connor, DJ., Theiveyanathan, S. and Rimmington, GM. (1992) Development, growth, water-use and yield of a spring and a winter wheat in response to time of sowing. *Australian Journal of Agricultural Research* 43, 493–516.

Craufurd, PQ. and Cartwright, PM. (1989) Effect of photoperiod and chlormequat on apical development and growth in a spring wheat (*Triticum aestivum*) cultivar. *Annals of Botany* 63, 515–525.

Del Pozzo, AH., Garcia-Huidobro, J., Novoa, R. and Villaseca, S. (1987). Relationship of base temperature to development of spring wheat. *Experimental Agriculture* 23, 21–30.

Demotes-Mainard, S. and Jeuffroy, MH. (2004) Effects of nitrogen, radiation on dry matter, nitrogen accumulation in the spike of winter wheat. *Field Crops Research* 87, 221–233.

Evans, LT. (1987) Short day induction of inflorescence initiation in some winter wheat varieties. *Australian Journal of Plant Physiology* 14, 277–286.

Evans, LT. and Blundell, C. (1994) Some aspects of photoperiodism in wheat and its wild relatives. *Australian Journal of Plant Physiology* 21, 551–562.

Fischer, RA. (1984) Wheat. In: Smith, WH. and Banta, SJ. (Eds.) *Symposium on Potential Productivity of Field Crops Under Different Environments*. IRRI, Los Baños, pp. 129–153.

Fischer, RA. (1985) Number of kernels in wheat crops, the influence of solar radiation, temperature. *Journal of Agricultural Science* 105, 447–461.

Flood, RG. and Halloran, GM. (1983) The influence of certain chromosomes on the hexaploid wheat cultivar Thatcher on time to ear emergence in Chinese Spring. *Euphytica* 32, 121–124.

Flood, RG. and Halloran, GM. (1984) Basic development rate in spring wheat. *Agronomy Journal* 76, 260–264.

Flood, RG. and Halloran, GM. (1986) Genetics and physiology of vernalization response in wheat. *Advances in Agronomy* 39, 87–125.

Gallagher, JN. (1979) Field studies of cereal leaf growth. I. Initiation and expansion in relation to temperature and ontogeny. *Journal of Experimental Botany* 30, 625–636.

González, FG., Slafer, GA. and Miralles, DJ. (2002) Vernalization, photoperiod responses in wheat reproductive phases. *Field Crops Research* 74, 183–195.

González, FG., Slafer, GA. and Miralles, DJ. (2003a) Grain, floret number in response to photoperiod during stem elongation in fully, slightly vernalized wheats. *Field Crops Research* 81, 17–27.

González, FG., Slafer, GA. and Miralles, DJ. (2003b). Floret development, spike growth as affected by photoperiod during stem elongation in wheat. *Field Crops Research* 81, 29–38.

González, FG., Slafer, GA. and Miralles, DJ. (2005a). Photoperiod during stem elongation in wheat: is its impact on fertile floret, grain number determination similar to that of radiation? *Functional Plant Biology* 32, 181–188.

González, FG., Slafer, GA. and Miralles, DJ. (2005b). Floret development, survival in wheat plants exposed to contrasting photoperiod, radiation environments during stem elongation. *Functional Plant Biology* 32, 189–197.

Halloran, GM. (1977) Developmental basis of maturity differences in spring wheat. *Agronomy Journal* 69, 899–902.

Halloran, GM. and Pennel, AL. (1982) Duration and rate of development phases in wheat in two environments. *Annals of Botany* 49, 115–121.

Halse, NJ. and Weir, RN. (1970) Effects of vernalization, photoperiod and temperature on phenological development and spikelet number of Australian wheat. *Australian Journal of Agricultural Research* 21, 383–393.

Hay, RKM. and Kirby, EJM. (1991) Convergence and synchrony–a review of the coordination of development in wheat. *Australian Journal of Agricultural Research* 42, 661–700.

Hoogendoorn, J. (1985). The basis of variation in date of ear emergence under field conditions among the progeny of a cross between two winter wheat varieties. *Journal of Agricultural Science* 104, 493–500.

Kato, K., Miura, H. and Sawada, S. (2002). Characterization of Qeet. ocs-5A-1, a quantitative trait locus for ear emergence time on wheat chromosome 5AL. *Plant Breeding* 121, 389–393.

Kernich, GC., Halloran GM. and Flood RG. (1997) Variation in duration of pre-anthesis phases of development in barley (*Hordeum vulgare*). *Australian Journal of Agricultural Research* 48, 59–66.

Kirby, EJM. (1988) Analysis of leaf, stem and ear growth in wheat from terminal spikelet stage to anthesis. *Field Crops Research* 18, 127–140.

Kirby, EJM. (1992) A field study of the number of main shoot leaves in wheat in relation to vernalization and photoperiod. *Journal of Agricultural Science* 118, 271–278.

Landsberg, JJ. (1977) Effects of weather on plant development. In: *Environmental Effects on Crop Physiology* (Eds. JJ. Lansdberg and CV. Cutting). Academic Press, London, pp. 289–307.

Laurie, DA., Pratchett, N., Bezant, J. and Snape, JW. (1995) RFLP mapping of 13 genes controlling flowering time in a winter × spring barley (*Hordeum vulgare* L.) cross. *Genome* 38, 575–585.

Law, CN. (1987) The genetic control of day-length response in wheat. In *Manipulation of flowering*. (Eds. JG.Atherton). *Proceedings of the 45th Nottingham Easter School in Agricultural Science*, Butterworths, London, U.K. pp. 225–240.

Law, CN., Worland, AJ. and Giorgi, B. (1975) The genetic control of ear emergence by chromosomes 5A and 5D of wheat. *Heredity* 36, 49–58.

Major, DJ. (1980) Photoperiod response characteristics controlling flowering of nine crop species. *Canadian Journal of Plant Science* 60, 777–784.

Major, DJ. and Whelan, EDP. (1985) Vernalization and photoperiod response characteristics of a reciprocal substitution series of Rescue and Cadet hard red spring wheat. *Canadian Journal of Plant Science* 65, 33–39.

Manupeerapan, T., Davidson, JL., Pearson, CJ. and Christian, KR. (1992) Differences in flowering responses of wheat to temperature and photoperiod. *Australian Journal of Agricultural Research* 43, 575–584.

Masle, J. (1985) Competition among tillers in winter wheat: consequences for growth and development of the crop. In: *Wheat Growth and Modelling* (Eds. Day, W. and Atkin, RK.) Plenum Press, New York, pp. 33–54.

Masle, J., Doussinault, G. and Sun, B. (1989) Response of wheat genotypes to temperature and photoperiod in natural conditions. *Crop Science* 29, 712–721.

Maystrenko, OI. (1980) Cytogenetic study of the growth habit and ear emergence time in wheat. In: *Well Being of Mankind and Genetics*. Proceedings of the 14th International Congress of Genetics, MIR Publishers, Moscow, Vol. I Book 2, 267–282.

Miralles, DJ. and Slafer, GA. (2007) Sink limitations to yield in wheat: how could it be reduced? *Journal of Agricultural Science* 145, 139–149.

Miralles D.F., Katz S.D., Colloca A. and Slafer G.A. (1998). Floret development in near isogenic wheat lines differing in plant height. *Field Crops Research* 59, 21–30.

Miralles, DJ., Richards, RA. and Slafer, GA. (2000) Duration of stem elongation period influences the number of fertile florets in wheat, barley. *Australian Journal of Plant Physiology* 27, 931–940.

Miura, H. and Worland, AJ. (1994) Genetic control of vernalization, day-length response, and earliness *per se* by homoeologous group-3 chromosomes in wheat. *Plant Breeding* 113, 160–169.

Montieth, JL. (1981) Climatic variation and the growth of crops. *Quarterly Journal of the Royal Meteorological Society* 107, 749–774.

Morrison, MJ., McVetty, PBE. and Shaykewich, CF. (1989) The determination and verification of a baseline temperature for the growth of Westar summer rape. *Canadian Journal of Plant Science* 69, 455–464.

Porter, JR., Kirby, EJM., Day, W., Adam JS., Appleyard, M., Ayling, S., Baker, CK., Beale, P., Belford, RK., Biscoe, PV., Chapman, A., Fuller, MP., Hampson, J., Hay, RKM., Hough, MN., Matthews, S., Thompson, WJ., Weir, AH., Willington, VBA. and Wood, DW. (1987) An analysis of morphological development stages in Avalon winter wheat crops with different sowing dates and at ten sites in England and Scotland. *Journal of Agricultural Science* 109, 107–121.

Pugsley, AT. (1972) Additional genes inhibiting winter habit in wheat. *Euphytica* 21, 547–552.

Rahman, MS. and Wilson, JH. (1977) Determination of spikelet number in wheat. I Effects of varying photoperiod on ear development. *Australian Journal of Agricultural Research* 28, 565–574.

Rawson, HM. (1970) Spikelet number, its control and relation to yield per ear. *Australian Journal of Biological Sciences* 23, 1–5.

Rawson, HM. (1971) An upper limit for spikelet number per ear in wheat as controlled by photoperiod. *Australian Journal of Agricultural Research* 22, 537–546.

Rawson, HM. (1988a) Constraints associated with rice-wheat rotations. Effects of high temperatures on the development and yield of wheat and practices to reduce deleterious effects. In *"Wheat Production Constraints in Tropical Environments"* (Klatt, AR. Ed.). CIMMYT, Mexico DF, pp. 44–62.

Rawson, HM. (1988b) High temperature is not a stress. In *"Proceedings of the International Congress of Plant Physiology"* (Eds. Sinha, SK., Sane, PV., Bhargava, SC. and Agrawal, PK.). Society for Plant Physiology and Biochemistry, Indian Agricultural Research Institute, New Delhi, pp. 923–928.

Rawson, HM. (1993) Radiation effects on development rate in a spring wheat grown under different photoperiods and high and low temperatures. *Australian Journal of Plant Physiology* 20, 719–727.

Rawson HM. and Bagga AK. (1979) Influence of temperature between floral initiation and flag leaf emergence on grain number in wheat. *Australian Journal of Plant Physiology* 6, 391–400.

Rawson, HM. and Richards, RA. (1993) Effects of high temperature and photoperiod on floral development in wheat isolines differing in vernalization and photoperiod genes. *Field Crops Research* 32, 181–192.

Reynolds, M., Foulkes, J., Slafer, GA., Berry, P., Parry, MJ., Snape, JW. and Angus WJ. (2009) Raising yield potential in wheat. *Journal of Experimental Botany* 60, 1899–1918.

Rickman, RW., Klepper, BL. and Peterson, CM. (1983) Time distributions for describing appearance of specific culms of winter wheat. *Agronomy Journal* 75, 551–556.

Ritchie, JT. (1991) Wheat phasic development. In: *Modelling Plant and Soil Systems*. (Eds. Hanks, J. and Ritchie, JT.). American Society of Agronomy, Madison, pp. 31–54.

Roberts, EH., Summerfield, RJ., Cooper, JP. and Ellis, RH. (1988) Environmental control of flowering in barley (*Hordeum vulgare* L.). I. Photoperiod limits to long-day responses, photoperiod-insensitive phases and effects of low-temperature and short-day vernalization. *Annals of Botany* 62, 127–144.

Savin, R. and Slafer, GA. (1991) Shading effects on the yield of an Argentinian wheat cultivar. *Journal of Agricultural Science* 116, 1–7.

Scarth, R. and Law, CN. (1983) The location of the photoperiod gene Ppd2 and an additional genetic factor for ear emergence time on chromosome 2B of wheat. *Heredity* 51, 607–619.

Scarth, R. and Law, CN. (1984) The control of day length response in wheat by the group 2 chromosome. *Zeitschrift fur Pflanzensuchtung* 92, 140–150.

Schnyder, H. and Baum, U. (1992) Growth of the grain of wheat (*Triticum aestivum* L.). The relationship between water content, dry matter accumulation. *European Journal of Agronomy* 1, 51–57.

Sharp, PJ. and Soltes-Rak, E. (1988) Homologous relationships between wheat group 2 chromosome arms as determined by RFLP analysis. Proceedings of the 7th International Wheat Genetic Symposium, Cambridge, pp. 635–637.

Slafer, GA. (1996) Differences in phasic development rate amongst wheat cultivars independent of responses to photoperiod and vernalization. A viewpoint of the intrinsic earliness hypothesis. *Journal of Agricultural Science* 126, 403–419.

Slafer, GA. (2003) Genetic basis of yield as viewed from a crop physiologist's perspective. *Annals of Applied Biology* 142, 117–128.

Slafer, GA., Araus, JL., Royo, C. and García del Moral, LF. (2005) Promising eco-physiological traits for genetic improvement of cereal yields in Mediterranean environments. *Annals of Applied Biology* 146, 61–70.

Slafer, GA. and Miralles, DJ. (1992) Green area duration during the grain filling period of wheat as affected by sowing date, temperature and sink strength. *Journal of Agronomy and Crop Science* 168, 191–200.

Slafer, GA. and Miralles, DJ. (1998) Wheat development: dynamics of initiation and appearance of vegetative and reproductive organs and effects of major factors on the rate of development. In: *"Wheat: A Physiological-Ecological Approach to Understand Yield and Its Determining Processes at the Crop Level of Organisation"* (Eds. Satorre, EH. and Slafer, GA.), Food Product Press, New York.

Slafer, GA. and Rawson, HM. (1994a) Sensitivity of wheat phasic development to major environmental factors: a re-examination of some assumptions made by physiologists and modellers. *Australian Journal of Plant Physiology* 21, 393–426.

Slafer, GA. and Rawson, HM. (1994b) Does temperature affect final numbers of primordia in wheat? *Field Crops Research* 39, 111–117.

Slafer, GA. and Rawson, HM. (1995a) Base and optimum temperatures vary with genotype and stage of development in wheat. *Plant Cell & Environment* 18, 671–679.

Slafer, GA. and Rawson, HM. (1995b) Development in wheat as affected by timing and length of exposure to long photoperiod. *Journal of Experimental Botany* 46, 1877–1886.

Slafer, GA. and Rawson, HM. (1995c) Photoperiod × temperature interactions in contrasting wheat genotypes: time to heading and final leaf number. *Field Crops Research* 44, 73–83.

Slafer, GA. and Rawson, HM. (1996) Responses to photoperiod change with phenophase and temperature during wheat development. *Field Crops Research* 46, 1–13.

Slafer, GA. and Rawson, HM. (1997) Phyllochron in wheat as affected by photoperiod under two temperature regimes. *Australian Journal of Plant Physiology* 24, 151–158.

Slafer, GA. and Savin, R. (1991) Developmental base temperature in different phenological phases of wheat (*Triticum aestivum*). *Journal of Experimental Botany* 42, 1077–1082.

Slafer, GA. and Savin, R. (1994) Source-sink relationships and grain mass at different positions within the spike in wheat. *Field Crops Research* 37, 39–49.

Slafer, GA. and Savin, R. (2006) Physiology of crop yield. In: *"Encyclopedia of Plant and Crop Science"* (Ed. R. Goodman), New York, Taylor & Francis.

Slafer, GA., Abeledo, LG., Miralles, DJ., González, FG. and Whitechurch, EM. (2001) Photoperiod sensitivity during stem elongation as an avenue to raise potential yield in wheat. *Euphytica* 119, 191–197.

Slafer, GA., Calderini, DF. and Miralles, DJ. (1996) Yield components and compensation in wheat: opportunities for further increasing yield potential. In: *"Increasing Yield Potential in Wheat: Breaking the Barriers"* (Eds. Reynolds, MP., Rajaram, S. and McNab, A.), CIMMYT, Mexico DF, pp. 101–133.

Slafer, GA., Kantolic, AG., Appendino, ML., Miralles, DJ. and Savin, R. (2009) Crop development: genetic control, environmental modulation and relevance for genetic improvement of crop yield. In: *"Crop Physiology: Applications for Genetic Improvement and Agronomy"* (Sadras, VO. and Calderini, DF. Eds.), Elsevier, The Netherlands, pp. 277–308.

Snape, JW. (1996) The contribution of new biotechnologies to wheat breeding. In: *"Increasing Yield Potential in Wheat: Breaking the Barriers"* (Eds. Reynolds, MP., Rajaram, S. and McNab, A.), CIMMYT, Mexico DF, pp. 167–180.

Snape, JW., Butterworth, K., Whitechurch, EM. and Worland, AJ. (2001) Waiting for fine times: genetics of flowering time in wheat. *Euphytica* 119, 185–190.

Sofield, I., Evans, LT., Cook, MG. and Wardlaw, IF. (1977) Factors influencing the rate and duration of grain filling in wheat. *Australian Journal of Plant Physiology* 4, 785–797.

Stapper, M. (1984) SIMTAG: A simulation model of wheat genotypes. In: *Model Documentation*. University of New England, Armidale, and ICARDA, Aleppo.

Toth, B., Galiba, G., Feher, E., Sutka, J. and Snape, J. (2003) Mapping genes affecting flowering time, frost resistance on chromosome 5B of wheat. *Theoretical and Applied Genetics* 107, 509–514.

Ugarte, C., Calderini, DF. and Slafer, GA. (2007) Grain weigh, grain number responsiveness to pre-anthesis temperature in wheat, barley, triticale. *Field Crops Research* 100, 240–248.

Welsh, JR., Klein, DL., Piratesh, B. and Richards, RD. (1973) Genetic control of photoperiod response in wheat. Proceedings of the 4th International Wheat Genetic Symposium, Missouri, pp.879–884.

Whitechurch, EM., Slafer, GA. and Miralles, DJ. (2007) Variability in the duration of stem elongation in wheat genotypes and sensitivity to photoperiod and vernalization *Journal of Agronomy & Crop Science* 193, 131–137.

Worland, AJ. (1996) The influence of flowering time genes on environmental adaptability in European wheats. *Euphytica* 89, 49–57.

Worland, AJ. (1999) The importance of Italian wheats to worldwide varietal improvement. *Journal of Genetics and Breeding* 53, 165–173.

Worland, AJ. and Law, CN. (1985) Genetic analysis of chromosome 2D of wheat. I. The location of genes affecting height, day length insensitivity, yellow rust resistance. *Zeitschrift fur Pflanzensuchtung* 96, 331–345.

Worland, AJ., Appendino, ML. and Sayers, EJ. (1994) The distribution, in European winter wheats, of genes that influence ecoclimatic adaptability whilst determining photoperiodic insensitivity and plant height. *Euphytica* 80, 219–228.

（郝转芳 译）

第十一章　田间和可控环境下的表型分析

Carolina Saint Pierre[1]

摘　　要

表型分析是评价作物外形与植物功能及表现相关特性的术语。进行这些评价的环境可决定被观察到的植物对环境的响应。例如，对影响植物生长发育和试验处理的因素的强度、一致性和重复性的调控，在人工气候室和实验室最强，而在温室中等，在大田最受限制。此外，可控环境可以给某些生理性状的全自动无损伤评价带来多种可能性。然而，尽管可控环境有诸多可操作的优点，但还是存在一些诸如土壤温度、土壤干旱速率、盆栽水分的均一度、根系生长体积和深度及营养成分的可利用性等限制因素。这些“人为因素”干扰了从可控环境到大田环境的推测。本章叙述了对可控环境与大田环境下评价某些生理性状的优缺点。

一、引　　言

表型是指某有机体可被观察到的特性，它是由基因表达（基因型）、环境影响，以及它们之间的相互作用共同决定的。表型组学是一个相对较新的概念（Schilling et al.，1999；Finkel，2009），是研究植物外部形态，以及其与植物功能和特性之间关系的一门学科。表型组学工具的应用使生理学家可以通过跨学科方法来研究特定性状的机制。表型分析技术，特别是那些用在温室或其他可控环境的技术，是当前研究生理性状遗传位点的一个重要部分（Earl，2003）。然而，在研究可控环境下的表型时有些事项需要特别注意。本章讨论了这些注意事项，以及在田间和可控环境下表型分析的“利弊”。

二、可控环境与田间试验

相对于田间试验，可控环境的主要优势是那些影响植物生长的环境因素的强度、一致性、重复性等可以被控制而且很容易跟踪观察。这些因素包括光照、光周期、温度、相对湿度、土壤水分及营养元素。另外，还可应用某些特殊处理，如高浓度 CO_2 或极端温度。

与田间试验相比，实验室和温室的工作被认为更具有可操作性。例如，预备试验可以按计划在可控环境下进行，不受外界气候条件或其他外部因素的影响。实验室和温室设施的使用通常比到田间试验站更简单更快捷。对于某些特定性状，在高度可控环境中还可以使用特定设备对其进行自动化、持续化、无损伤的表型测定，同时也能很容易地

---

1 CIMMYT，墨西哥

控制易干扰的变量。

可控环境的另外一个优点是可种植转基因植物，这在开放的田间释放环境下是受到限制的。温室还能很容易地实现反季节作物的种植。

表 11.1 和表 11.2 描述了在田间和可控设施条件下进行研究的某些优缺点，它们与环境变量的控制和测量生理性状方案的实施有关。尽管可控条件下有这些优点，田间试验在生态系统和多种环境因素可能的互作方面更具有真实性。

表 11.1　田间环境和可控环境（网室、温室、人工气候室）的优缺点

	田间		网室		温室		人工气候室	
	优点	缺点	优点	缺点	优点	缺点	优点	缺点
温度	真实、自然的	不可控	低温或霜害 低风险	高温	低温或霜害 低风险	高温	可控	—
空气相对湿度	真实、自然的	不可控	真实、自然的	不可控	—	高	—	高
水分	真实、自然的 土壤层次结构	不可控	可控 真实、自然的 土壤层次结构	—	可控	盆栽限制	可控	盆栽限制
光照	真实、自然的	—	真实、自然的	—	—	荫蔽	—	低强度 人造的
光周期	真实、自然的	不可控	真实、自然的有可能是可控的	—	有可能 是可控的	—	可控	—
土壤均一性	—	异质性	大多均一	—	均一	—	均一	—
土壤特性	真实、自然的	不可控	真实、自然的	难控	可控	不真实的 （盆栽试验）	可控	不真实的 （盆栽试验）

表 11.2　在田间与可控环境下研究某些生理性状的利弊

研究性状	田间		可控设施	
	优点	缺点	优点	缺点
处理	与实际情况相符	缺乏一致性 依赖环境/季节因素 不可预知的互作	可控制处理的强度、一致性、时间和重复 不受季节限制 可以控制不同因素互作 可以管理和监控特定变量（如辐射、臭氧等）	不真实 温室环境和处理材料出现变异
干旱响应	与实际干旱循环相符 符合实际环境因素间的互作 符合实际根系发展的土壤层次结构	额外胁迫的伴随发生（高热、低温） 对处理的可控性低 具其他干扰因素（毒素、盐害）	可控制环境因素 可以操控灌溉用水	与实际干旱循环不相符（快） 有不同水势和植物生长速率的干扰 盆栽实验限制根系生长
渗透调节		有根系深度与不同水势的干扰	可控制根系生长深度 在同一盆中种植所有基因型，土壤水势相等	与实际干旱/复水循环不相符（快）
蒸腾效率		水流量不可控	可精确控制水流量	

续表

研究性状	田间		可控设施	
	优点	缺点	优点	缺点
冠层温度	对许多植株整体冠层的综合测量和记录 可以反映植株从深层土壤中吸收水分的能力	天气晴朗、微风或无风时才能测量	可控外部因素	仅仅能筛选单株或小群体 除非使用特殊容器，否则不能与从深层土壤中吸水的能力相联系
根系生长研究（生物量、长度、生长速率等）	与实际土壤层次结构相符	有异质性 样本变异强	可以收集到完整根系 样本均一	盆大小、温度、盐度、低氧限制根系生长
对劣质土壤的适应性	与实际情况相符	难以控制土壤特性	可以控制土壤特性	与实际情况不相符
转基因植物表型测定	与实际情况相符	有花粉飘逸风险 需严格的调控和方案	花粉飘逸风险低 调控简单易行	盆栽实验限制

在可控设施中植株应答的不同可能源自植株个体的遗传差异，但并不能代表其在田间小区中的表现情况（Cox and Cochran，1946）。因此，如果将从可控环境中得出的结论外推到田间的情况，应满足 Passioura（2006）所述的条件："采取一些预防措施来减少可能的，但往往是无法识别的人为因素，这时的外推才是可靠的。

三、可控环境下的限制因素

尽管可控环境具实用的优点，但也存在一些限制因素，如土壤温度、土壤干燥速率、盆栽水分均一性、根系生长体积和深度，以及营养成分的可利用性等（Townend and Dickinson，1995）。这些"人为因素"影响了对田间环境下的推断。

（一）盆栽容器：盆径大小、温度、颜色和生长介质

盆径大小对植株的形态学和生理学有很大的影响。已报道了几个在小容器中植物生长量减少的研究，可是其机制仍未确定（Carmi，1993；Fiscus et al.，2007）。养分利用效率和光合速率也受到盆径大小的影响。然而，不同作物间甚至不同品种间，对土壤容积变小的响应不同。在小盆栽中观察到差异的一个主要原因是根系环境的变化，它使根的生长、形态和功能受到不利的影响（NeSmith and Duval，1998）。除了体积受到限制外，盆栽植株的根系常经受极端的温度波动、低的氧气含量（缺氧），以及不合适的土壤-水分关系（Passioura，2006）。柱状容器（聚氯乙烯-PVC-管）有助于对深根系生长的研究（图 11.1）。当根系可以伸长到更深的土壤水层时，与根系生长模式相关的土壤水分动力学研究就能用这种容器真实地模拟出来，因为它提供的土壤深度更能代表田间的情况。这种容器的表面积与深度的比率小，因此一个温室可以放置许多，在有限的空间中增加一些处理或重复，从而使温室达到最大利用效率。

温室盆栽的土壤温度通常比田间的土壤温度高，而且受到容器大小和颜色的影响。在小容器中生长的根系每天经受的温差很大，主要是由于其直接暴露在太阳辐射下，土壤体积小难以及时缓冲温度变化（Mathers et al.，2007）。与大容器相比，小容器中部的日均最高温度不仅高而且出现的时间更早（Fiscus et al.，2007）。作为一般性常识，黑色

图 11.1　在长 PVC 管中做根系研究
A. 洗根前；B. 洗根后

或深色盆的温度要比白色或无色盆高。尤其是在温室中直接暴露于阳光下，黑色几乎吸收所有的辐射能，而只反射其中的一小部分。另外，无孔的塑料容器能防止因蒸发而降低盆壁的温度（Mathers et al.，2007）。这些因素都会对根和茎的生长产生不利影响，因为高温胁迫会抑制酶的活性、膜的运动、呼吸速率及气孔导度，从而影响植物的发育。此外，把凉水浇到热盆中会对根系造成额外的伤害，最终抑制植物的生长（Passioura，2006）。

盆栽介质根据不同的实验目的其优缺点不同。盆栽介质应无盐、无虫、便宜、均匀、重量轻、具高阳离子交换能力和适宜的理化性质等（Mathers et al.，2007）。商业化的小盆栽介质通常具有良好的通气和排水性。特殊的盆栽介质可以促进清洗后根系的复原。然而，尽管这些条件对盆栽试验的目的是理想的，但与真正的土壤结构还是不同，很难用其推测田间结果。即使所用的介质是田间土壤，结果仍与田间有差异，因为原有的土壤结构性能丧失了，盆栽不仅影响了土壤的物理性质而且影响了土壤化学性质和土壤微生物性质。

影响根系生长、功能和形态的盆栽介质的物理性质（如孔隙度、持水能力、微粒比率和容重等）与田间土壤不同。由于盆栽四周空气流动不理想，考虑到根系倾向于往机械阻碍少的地方生长，那么空气间隙，尤其是围绕盆壁的空气是不理想的。如果盆中土与盆壁分离而干燥，根就会暴露在空气中迅速枯死。盆栽介质中一般存在许多大气孔用来保护根系免遭缺氧的危害，然而，有时很难有充足的空气体进入盆土，对微生物活性造成负面影响。考虑到盆栽介质的物理性质，盆栽实验应选择合乎规格的容器、适宜的灌溉量和灌溉频率等。

盆栽介质的化学性质，如 pH、阳离子交换能力，以及含盐量，也会因容器而改变（Mathers et al.，2007）。其中，一个在小盆中的栽培实验被忽视的方面，是当土壤快速干燥时其溶液浓度的增加（Townend and Dickinson，1995）。了解这些特性，对于研究植物的施肥响应十分重要，因为化学因素对根吸收和利用营养元素的能力影响很大。例如，土壤pH影响一些元素的有效性和溶解度。在高pH下，铝、铁、锰的有效性会下降(Mathers et al.，2007)。微量元素的缺乏一般可以通过调整pH来缓解。因此，在小盆施肥的研究中，应根据实验目的选择肥料类型、用量、使用方法等，并综合考虑植物品种、肥料花费、盆栽介质类型、植物生长阶段及灌溉措施等（Mathers et al.，2007）。可考虑使用缓释肥来减少养分的流失。

（二）温室环境的变异与材料的处理

提高可控环境下实验精确度的重中之重就是发现温室中引发变异的主要因素（Cox and Cochran，1946）。通常主要的变异是温度和水分梯度，例如，源自通风口和门附近，内部或外部结构的遮阴，浇水的方式及空气流动等的影响。了解这些变化的强度和方向可以帮助我们选择不同的安排或实验设计，以得到与试验所需时间和劳力相一致的精确度。

解决环境变异的其中一种方法是旋转花盆，从而使所有的花盆都能处于不同的环境中。另一种方法是在不同变化区域设置重复，主要的目的是创造相同的环境，保障植物所接触到的外部因素一致。每个小区的花盆被随机设计于不同的处理。

材料和植株的不同处理、实验的准备、实验处理的应用、变量的测量等，也被确认为温室实验中误差的来源（即人为误差）。当实验中所有处理安排有多个步骤时，最好每个步骤由同一个人完成，而不是由多人做相同的工作（Lawrence，1955）。标准化的栽培和实验技术对获得可靠的实验结果十分必要。

（三）盆栽实验中不同基因型的物候学差异

植物物候学是研究周期性生物现象的发生时间、持续期和丰度的，如开花。尽管目前没有通用法则，但不同作物之间，甚至于不同品种间的启动因素有很大区别。因此，不同作物或品种诱导开花的需求不同，包括光周期（日长）、春化作用（完成越冬）或者两者都有。尽管作物间差异很大，但干旱和根系生长受限也可能会启动开花。了解这些因素对于进行可控环境下的实验十分重要。

植物在各发育时期持续时间的长短会导致最终生物量的不同，进而影响对实验结果的解释。因此如果在不同的物候期测试不同品种对限制因素或胁迫的响应，就很难对它们进行比较。当所有基因型材料种在同一个盆中时，每个实验单元植株生长时期的同步性就变得十分重要。例如，土壤水势必须标准化，才可评价植株渗透调节能力。

（四）小盆中实施水分胁迫的方法

在可控环境实验中有许多模拟水分胁迫的方法。然而对于在小容器中生长的植株来说，有些注意事项需要考虑。Earl（2003）认为，在小盆中模拟干旱胁迫的理想方案应为：①保持土壤含水量的一致性；②控制胁迫速率；③允许施加不同水平的胁迫；④提供量化胁迫水平的方法。Blum（2009）描述了一些在盆栽实验中常用方法的限制因素，如下所述。

1. 停止灌溉使土壤干旱

尽管停止灌溉进行干旱胁迫是一个简单的方法，但其缺点是植株在小盆中受到的水分胁迫比田间环境下来得快。因为胁迫的速率会诱发植株基因表达的不同模式，所以在小盆中的植株与田间的植株对水分胁迫的响应不同（Talamè et al.，2007）。相对于瞬时响应，在田间条件下持续时间较长的胁迫响应更真实地反映出植物对干旱的适应性。这种差异可以通过使用适合植株大小的盆来缓解，一般大盆干旱的速率比小盆慢。

2.“固定”干旱胁迫水平

这种方法通常通过称量盆与所需水之重量设定一个恒定的土壤水势范围。其缺点是少量多次浇水会产生土壤水分异质性（即上层土壤含水量远高于土壤底部），该方法影响根的正常生长。此外，植株反复地处在胁迫-恢复循环中，与田间通常所处的缓慢渐变胁迫不同。

3. 柱状容器

如 PVC 管，比花盆更适合研究深层根系生长及根系从不同深度土壤中吸收水分的能力。在管中生长的植株，可以实现在特定发育阶段施加可重复的胁迫水平（Salekdeh et al.，2009）。水分可以从管顶或者管底施加。这些管可以放在盛水的容器中，根据不同的处理或生长季节改变水位深度。

（五）植株大小对在小盆中评价水分胁迫实验的影响

在比较水分为限制因素的盆栽实验中植株对水分胁迫的响应时，叶面积的差异（与植株大小和水分需求量有关）是一个重要的因素。一般大的植株需要更多的水分，因此当出现水分胁迫时，大植株会比较小的植株先表现出胁迫症状（Ray and Sinclair，1998；Blum，2009）（图 11.2）。Ray 和 Sinclair（1998）将玉米和大豆种植在不同大小的盆中，对同样大小的盆进行充分供水和水分胁迫的处理。结果显示，在两种处理条件下，随着花盆变小玉米和大豆的生物量和总蒸腾量都显著降低。对于所有不同大小盆，在充分供水处理条件下，较小的植株均表现较低的累计蒸腾量（图 11.2A）。正如人们所预期的那样，小盆的可蒸发土壤水分更少（图 11.2B），因此，小盆比大盆更容易干旱，小容器中的植株会更快地受到水分胁迫。盆的大小对土壤可蒸发水分阈值没有显著影响，在这个阈值时，玉米和大豆的蒸腾作用开始减弱。

解决土壤含水量不同的方法之一就是将所有的植株种在同一个盆中，使所有基因型品种都处在相同的土壤水分状态。然而，大的植株由于对水分的需求量大可能仍会保持一个低的水势状态（Blum，2009）。因此，将不同的品种按生育期分期播种，从而获得大小类似的植株也是一种解决方法，不过结果可能会受到物候期的影响。

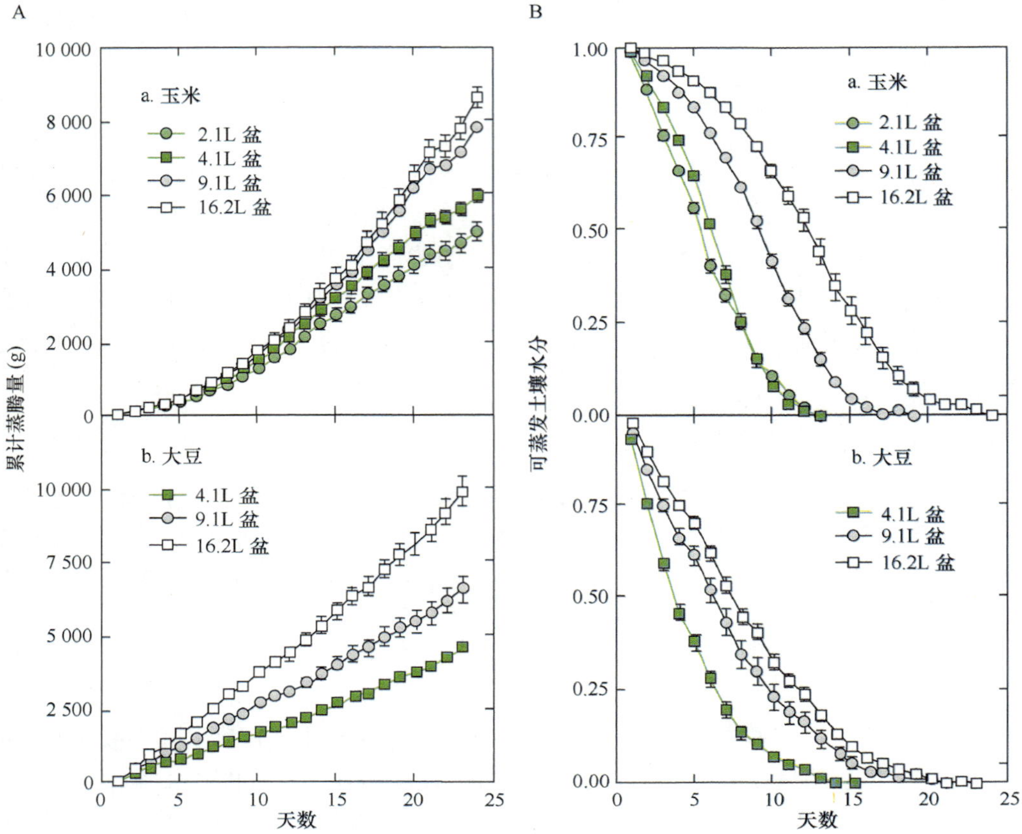

图 11.2 A. 充分供水条件下的玉米和大豆实验，不同大小盆中植株随时间变化的累计蒸腾量；B. 水分胁迫条件下的玉米和大豆实验，不同大小盆中可蒸发水分随时间的变化（Ray and Sinclair，1998）

四、结　　论

表型组学技术在解析植物基因组密码信息中发挥着重要的作用（Finkel，2009）。可控环境为实现植物生理特性评价的自动化和无损化提供了多种可能性。然而，需要考虑实施评价时的环境特性，包括对非生物胁迫响应的相互作用及从可控环境的响应推测田间环境的响应（Passioura，2006）。

参 考 文 献

Blum, A. (2009) The pot experiment - Is it your cup of tea? Available at: http://www.plantstress.com/methods/ (accessed 15 December 2009).

Carmi, A. (1993) Effects of root zone restriction on amino acid status and bean plant growth. *Journal of Experimental Botany* 44, 1161–116.

Cox, G. and Cochran, W. (1946) Designs of greenhouse experiments for statistical analysis. *Soil Science* 62, 87–98.

Earl, H. (2003) A precise gravimetric method for simulating drought stress in pot experiments. *Crop Science* 43, 1868–1873.

Finkel, E. (2009) With 'phenomics,' plant scientists hope to shift breeding into overdrive. *Science* 325, 380–381.

Fiscus, E., Booker, F., Dubois, J., Rufty, T., Burton, J. and Pursley, W. (2007) Carbon dioxide enhancement effects in container- versus ground-grown soybean at equal planting densities. *Crop Science* 47, 2486–2494.

Lawrence, W. (1955) Techniques for experiments with pot plants. *Plant and Soil* 6, 332–346.

Mathers, H., Lowe, SB., Scagel, CF., Struve, DK. and Case, L. (2007) Abiotic factors influencing root growth of woody nursery plants in containers. *HortTechnology* 17, 151–162.

NeSmith, D. and Duval, J. (1998) The effect of container size. *HortTechnology* 8, 495–498.

Passioura, JB. (2006) The perils of pot experiments. *Functional Plant Biology* 33, 1075–1079.

Ray, J. and Sinclair, T. (1998) The effect of pot size on growth and transpiration of maize and soybean during water deficit stress. *Journal of Experimental Botany* 49, 1381–1386.

Salekdeh, G., Reynolds, M., Bennett, J. and Bover, J. (2009) Conceptual framework for drought phenotyping during molecular breeding. *Trends in Plant Science* 14, 488–496.

Schilling, C., Edwards, J. and Palsson, B. (1999) Toward metabolic phenomics: Analysis of genomic data using flux balances. *Biotechnology Progress* 15, 288–295.

Talamè, V., Ozturk, N., Bohnert, H. and Tuberosa, R. (2007) Barley transcript profiles under dehydration shock and drought stress treatments: a comparative analysis. *Journal of Experimental Botany* 58, 229–240.

Townend, J. and Dickinson, A. (1995) A comparison of rooting environments in containers of different sizes. *Plant and Soil* 175, 139–146.

（郝转芳 译）

第十二章　农业田间试验设计

Jose Crossa[1]

摘　　要

试验旨在获得目标群体的信息，利用这些信息可以推论感兴趣的参数，借以对研究假设做出决策并规划将来的研究。一般来说，试验设计不当通常会产生与研究无关的结果。农业生产中试验设计的主要目的是尽可能精确地评估品种或农艺处理的平均效应，或者品种（或处理）之间的平均差异，即使当该效应随环境或年份的不同而变化时。任何以评价品种或农艺措施价值为目标的试验项目都会以这样一种方式设计，即对这些在一种环境（地点和年份组合）或多种环境组合情况下种植的品种提供一种精确且无偏的平均效应估计。本章我们提供了在多数农业试验中用到的术语的简短定义，对农业中常用的试验设计进行了简要的解释和说明。

一、引　　言

试验设计是高效有计划收集数据的策略研究，它能够对研究目标的相关参数进行正确估计。对于一个特定的研究目标来说，正确的试验设计是试验成功的基础。

（一）试验设计术语

（1）试验（experiment）是有计划的探究，借以得到新知识或者对以前研究结果予以证实或否认。

（2）推理群体（population of inference）是所有个体的集合，据此研究人员想要获得的试验结果是可用的。

（3）试验单元（experimental unit）是实施试验处理的最小实体，即使随机多次时也能安排独立于其他试验单元之外的不同处理。这是关于试验设计的最容易被严重误解及错误应用的方面。

（4）因素（factor）是一个效应可被测量的过程或条件。

（5）水平（level）是试验因素的一个特定表现。

（6）误差（error）是对存在于相同处理的试验单元中变异的测量。

（7）因素水平（factor level）是可重复的，它可发生在试验的一个以上的试验单元中。

（8）随机化（randomization）在试验单元因素水平的应用仅限于以下条件，即每个试验单元都有相等且独立的机会接受任何因素水平，而且随后被独立运作。

---

1 CIMMYT，墨西哥

（二）随机化

随机化涉及在各处理组（treatment group）中随机分配试验单元。例如，在玉米新品种与对照品种（作为对照使用）的比较试验中，新品种被随机地分配到小区或实验单元中。在试验设计（design of experiment）中，品种被分配到试验单元中，而不是将试验单元分配到品种中。在试验设计中，考虑将控制条件研究中的处理或品种作为因素（或复合因素）的数据值或水平。随机化是一个过程，在这个过程中试验单元（研究或试验赖以进行的基本对象）被分配到处理中；也就是说，是通过一个随机过程，而不是通过任何主观的且因此可能偏颇的途径。这些处理或品种会以这样一种方式分配给单元，即每个处理是被同等可靠地应用到每个单元。因为通常仅采用专家判断法来消除偏差是非常困难的，所以在实验中使用随机化是惯例。在随机试验设计中，对象或个体是被随机分配（偶然）到试验组中的。使用随机化是产生均一处理组最可靠的方法，不涉及任何潜在偏见或判断。有多种随机试验设计，下面简要讨论其中几种。

（三）重复

尽管随机化有助于确保处理区组间尽可能相似，但不应该毫无疑问地将单个试验的结果应用于少数对象或试验材料。为了改善试验结果的显著性，重复是必需的，尤其是对许多组处理试验中的重复。重复可以降低试验结果的可变性，增加试验结果的显著性和置信水平，由此研究人员可对某个试验因素得出结论。

（四）地区差异的控制——分区法

在试验设计中，分区是将试验单元安排成彼此相似的几组（区）。例如，如果设计一个测试 36 个新玉米品种的试验，用于品种试验的地块可能不是均匀一致的，会有低和高两个土壤肥力梯度，那么肥力水平就可能在实验中引起试验值的变化。因此，分区是消除高低肥力影响所必需的（表 12.1）。这减少了变异性的来源并导致更高的精度。对于随机区组设计来说，首先应该关注单一因素或变量。然而，还存在少数其他因素的干扰。分区用来减弱或消除干扰因素对实验误差的“贡献”，其基本概念是建立均匀区组使其干扰因素恒定而允许有利因素可变。在区组内，可评估有利因素不同水平的影响，而不必担心由于分区因素改变产生的变化，这些将在分析中做出解释说明。

表 12.1　重复与区组间的不同

	重复	区组
定义	具有相同处理的多个单元	认为是同质性的单元群
理由	估算精度	不用增加试验规模来提高精度，通过增加试验规模来提高精度
数量	对所有的处理可能不相同	同质性群组的数量
大小		同质性群组的大小 （可能是不相等的）

二、关于试验单元需要考虑的重要事项

（1）如何随机处理试验单元。

（2）试验单元的形状和大小如何？

（3）试验单元是独立的和同质的吗？

（4）如果试验单元是异质的如何处理？

（一）重复的功能

（1）提供试验结果的可重复性证据。

（2）提供试验误差的估值。

（3）通过减少试验参数估计值的标准误差改进试验精度。

（4）将试验结果推广到更广的条件范围中。

（5）允许控制误差变量。

（二）随机化的功能

（1）确保整个推理群体结果的适用性。

（2）减少系统（通常是潜意识的）偏差的机会，该偏差影响感兴趣参数估算的准确性。

（3）验证概率论的应用，概率论是基于试验（即样本）数据进行推论的一种工具。

三、设 计 程 序

在试验开始之前，试验者应启动一系列的试验步骤。这些步骤并不只是一个“食谱”，而是试验开始之前应被说明的诸多方面的提示。

（1）试验者应该清楚地了解何种事实或结果是他试图建立的。这些目标应该依据可通过响应变量来估计的群体参数来阐明。应该谨慎确保响应变量能被可靠地测量。

（2）试验人员应该清楚地了解会涉及何种处理因素和应用何种处理水平。他们也应该明白试验的质量和处理水平数之间有直接的关系，水平数越少，试验质量越好。

（3）试验人员应该清楚地知道何种试验单元将接受各种处理因素的不同处理水平。

（4）试验者应该精确定义推理的预期群体。应该小心确保使用的试验单元是群体的代表性横截面。

（5）试验者应该决定多少试验单元会被分配给每个因素水平。记住，要做到这一点，你必须知道以下内容。

（a）所需精度的数量级是多少？

也就是说，多宽的置信区间或不同处理水平间多大的差异是有生物学意义的？

（b）什么是试验单元之间的方差？

试验者必须熟悉该领域现有的文献，优秀期刊通常要求发表试验误差的估计值。如

果你没有那么幸运，你将不得不做一个"预备试验"来估计这个方差。

（c）什么置信系数被认为是可允许的？

期刊对此倾向于任意旳：置信系数并非是一个需要大量仔细考虑的对象。你会发现90%、95%和99%都是标准数据，这取决于未包括感兴趣参数时的严重性。一个对于统计人员的曲解是他们在没有上述信息的情况下以某种方式决定研究人员需要多少试验单元。

（d）应该设计一个随机分配试验单元达到各类因素水平的方案。否则，可能出现观测数据中的系统偏差或观察数据不是真正独立的，无论何种情况，都会破坏基于收集数据推理的正确性。

（6）试验者应该检查他们数据中的任何潜在变异的来源，而不是检查那些被鉴定的处理因素或试验误差。如果这些变异的来源确实是存在的，试验单元可按多个区组（或成对区组，如果只有两个处理水平被考虑的话）被组合在一起，以便变异来源发生在两区组间而不是多个区组间（即区组效应不会与处理效应混淆）。

（7）做实验的人应事先计划，明白一旦收集到数据应该如何分析。要考虑哪些参数应被估算，如何估算，检测什么假设，用什么程序检验这些假设。一种有益的做法是写出一个"分析框架"，就是如何执行计算和如何解释的大纲。不要过分强调这一步的重要性。在研究中最常见的错误之一是进行不能被分析的试验。

（一）完全随机设计（completely randomised design）

（改编自 Lentner and Bishop，1993）

试验中能有效应用的试验单元总数为 n。试验单元尽可能是同质的；在任何分组或排列情况下，它们之间没有任何变异来源可被识别。这里没有任何试验单元分组的基础，因为其存在于一些更复杂的设计中。这不排除试验单元之间变异的存在，只不过我们没有其相关信息。

1. 试验计划

每个处理以不受限制的方式被随机分配到各试验单元中。假设第 i 个处理在试验中出现 r_i 次，我们通常将其描述为第 i 个处理的 r_i 次重复。整个随机设计的分析以一个直接的方式完成，虽然有相同或不相同的处理重复数，但从效率的角度出发，所有的处理应有相同的频率，也就是说，所有的 $r_i=r$。要进行一个基本的完全随机设计，每个处理随机分配给若干试验单元。做这些分配时，随机数字是有用的。

2. 设计的注意事项——完全随机设计的优缺点

使用完全随机设计的要求之一是试验单元必须同质。什么类型的试验情况下做这样的控制要求？在一些试验中，可能涉及很多设计因素，非同质因素将不能参与进来，那是不能被充分解决的问题，研究者必须考虑不同于完全随机设计的其他试验设计。在大多数由农学家和作物育种家进行的田间试验中，试验单元的非同质性肯定归因于土壤的变异。因此，所有的未识别的变异和所有外来的变异均包括在试验误差中。

（二）完全随机区组设计（randomised complete block design）

（改编自 Lentner and Bishop，1993）

在完全随机设计中，我们假设试验单元对于我们的响应变量的潜在影响是同质性的。例如，多块土地被用作不同小麦品种产量研究中的试验单元，只有当所有的地块具有相同的肥力时，完全随机设计才是适当的。在现实中，这永远不会发生，因此，完全随机设计应该永远不能在田间试验中应用。在完全随机设计中试验单元的同质性是被假定的，因为我们没有相关试验单元的任何资料，这些单元可能已被纳入试验计划。但是，如果我们知晓肥力梯度存在于我们的小麦试验田中的话，我们将预期某些地块（试验单元）会对产量和生长响应有不同的影响。相邻地块对于某些响应有相同的影响，距离远些的地块可能有不同的影响。试验单元的某些信息可以用来鉴别试验单元群组，这些群组可以对我们的响应变量提供同质性的影响。

区组是一组对响应变量提供同质性影响的试验单元，完全区组是那些 t 处理经常同等出现（通常只有一次）的试验单元的同质性群体。区组的概念是指对试验单元特定的分组（安排），其中同质性单元的子集被识别。很多时候，试验单元依据某些标准（年龄、地点、初始高度等）被自然地分组。在其他时候，分组是由研究者在可利用的信息基础上完成的。

虽然大多数区组仅仅包含 t 个试验单元，但没有理由说为什么一个区组不能够包含 2 套处理的试验单元（在这种情况下，一个处理将出现两次）或是 3 套处理的试验单元，等等。除非特别说明，我们假定区组只包含 1 套处理的 t 个试验单元，而且将其作为基本完全随机区组（RCB）设计。

在许多情况下，不能获得 t 个试验单元的同质性区组。当一个区组包含少于 t 个试验单元时，不能包含所有的处理，我们有一个不完全的区组。不完全区组设计见下一节。

当我们能够根据试验单元对响应变量的影响把它们安排在同质性区组时，完全随机区组设计就是适当的。当正确构建时，每个区组应由同质性试验单元组成，或至少试验单元尽可能是同质性的。在实践中，很少有完美的同质性。此外，应该构建区组，以使两个不同区组的试验单元尽可能具异质性。当我们在较大程度上实现这两个标准时，就会提高试验的精度。区组消除了一个已识别的变异来源，它来自完全随机设计试验误差的变异。因此，我们说，“区组是一种误差控制方式”。

在这一点上，人们可能会问，“即使我们必须随机产生区组，为什么不一直用完全随机区组设计？”假如我们使用 r 个区组，我们会从试验误差中丢失 r–1 个自由度。正因为如此，试验单元需要被安排在区组中，使得非同质性所造成试验误差平方和减少的数量大到足以补偿在自由度方面的损失。因此，如果我们分区时，当所有的试验单元是同质性的时候，我们会扩大试验误差而结果的精确度不及从完全随机设计中得到的。这是由于在没有相当的试验误差平方和减少的情况下自由度减少了。有时，研究者怀疑试验单元间的异质性，而不知道差异的具体大小和位置。最有效的分区需要这方面的知识。理想方式是从均匀性试验-预备试验中获取这些信息，试验中所有的试验单元都需给予相同的条件（单一的处理、相同的管理规范和环境条件等）。每个试验单元的效应可被测定，并应用于区组的形成中。请注意，使用一个共同的处理排除处理在分区过程中发挥作用的任何可能性。分区是试验单元的一个特征，而不是处理的特征。所应用的一套给定的区组可具有许多不同的处理。

1. 试验计划

我们假定一个试验打算研究 t 个处理，这些处理可能或不可能被设立。假设每个包含 t 个试验单元的区组是可用的。这 t 个处理被随机地分配到每个区组内的试验单元，同时每个区组被独立地随机化。这体现了对随机化过程的限制，在此过程中这些处理并非完全自由地被分配。因为所有的处理都不得不在每个区组中出现（通常一次）。

因为所有的 t 个处理出现在每个由同质性单元构成的完全区组中，处理间的任何差别应该只反映处理和其他外部因素间的。当一个因素同样有助于第二个因素的各个水平时，第一个因素被称为是第二个因素的“完全平衡”。因此，在完全随机区组设计中区组因素被处理因素完全平衡。在一个区组设计中，如果不能获得一个或多个观察值，说明失去了某些平衡特征。如果没有缺失值，完全随机区组是一个平衡的设计。

完全区组在土壤和其他环境因素方面应尽可能是同质的。研究人员可能不知道试验区内土壤梯度的趋势，那么就可能将处理按照错误的方向安排。然而，很显然，在完全区组内，区组的尺寸越小，土壤异质性的机会越少。当区组的尺寸变大时，区组内异质性土壤条件存在的机会将增加。随着处理数量的增加，找到同质性完全区组的概率会显著地减少，则另外的设计是必需的。建议区组（或重复）应尽可能地紧凑（图 12.1）。

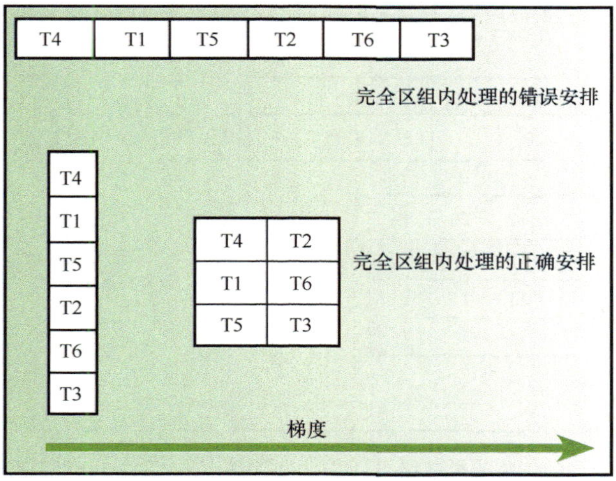

图 12.1　该图显示完全随机区组设计的一个重复中 6 个处理（T1～T6）不同的安排方式。土壤梯度从图的左侧到图的右侧推移

2. 设计的注意事项——完全随机区组设计的优缺点

完全随机区组设计的一些优点如下。

（1）直接分析。即使一些区组中缺失观测值，一个有意义的分析也是有可能的。

（2）更精确的结果。当能得到有意义的分区时，试验单元的差异会从处理对比中排除。

（3）增加了灵敏度。源于试验单元异质性群组的变异性会从试验误差中删除。

（4）灵活性。在符合平衡设计和可利用资源的试验条件下，对于处理或区组的数量没有任何限制。

完全随机区组设计的主要缺点如下。

（1）如果范围大，同质性区组可能难以建立。每个区组的试验单元越多，它们异质性的概率越大。

（2）如果区组和处理交互影响（即它们不是加性的），完全随机区组分析就是不合适的。

（三）不完全区组设计——晶格（incomplete block design——lattice）

（改编自 Cochran and Cox，1957）

为了消除随机区组内可能发生的较大程度上的异质性，这些设计被布置在比完全区组的重复更小的区组中。这种区组的减小是通过牺牲全部或部分有关某些处理比较的资料而获得的。它们可能是“平衡或部分平衡的”。

图 12.2 显示了一个完全随机区组设计和一个具有 4 块容量大小为 4 的不完全区组设计在田间可能的布局。完全随机区组设计的布局覆盖田间的条带占据了土壤梯度的上下两部分。4×4 不完全区组的两种可能布局将以一种更有效的方式控制局部变异。

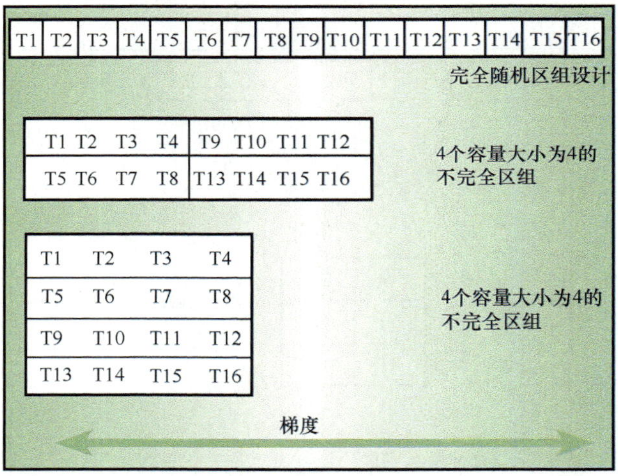

图 12.2　该图显示了一个完全随机区组设计和一个具有 4 块容量大小为 4 的不完全区组设计在田间可能的布局

1. 平衡不完全区组（balanced incomplete block）设计

平衡设计将首先通过试验计划的简单例子来说明。表 12.2 比较了不完全区组中的 9 个处理，该区组含 3 个试验单元 4 次重复。每对处理在相同区组内出现一次，而且仅有一次。

举例来说，处理 1 与处理 2 和处理 3 在同一区组中，属于第 I 重复，与处理 4 和处理 7 在第 II 重复中，与处理 5 和处理 9 在第III重复中，与处理 6 和处理 8 在第IV重复中。

表 12.2　区组内含 3 个试验单元 9 个处理的平衡设计

区组	重复 I	区组	重复 II	区组	重复 III	区组	重复 IV
(1)	1 2 3	(4)	1 4 7	(7)	1 5 9	(10)	1 8 6
(2)	4 5 6	(5)	2 5 8	(8)	7 2 6	(11)	4 2 9
(3)	7 8 9	(6)	3 6 9	(9)	4 8 3	(12)	7 5 3

当通过最小二乘法分析结果时，所有成对的处理以大致相同的精度进行比较，即使区组间的差异可能较大。

这种设计属于所谓的“平衡晶格（balanced lattice）”的群组，因为这些计划可通过一个正方形的格子方便地写下来，处理的编号位于线的交叉点上。在平衡晶格中，处理的数目必须是一个准确的平方数，而每个区组单元的数量是与之对应的平方根。

当每个区组中包含其他数目的处理和单元时，平衡设计也可以构建。表 12.3 表明含 3 个单元的区组 7 个处理的安排。

表 12.3　区组内含 3 个试验单元 7 个处理的平衡设计

区组	重复 I	区组	重复 II	区组	重复 III	区组	重复 IV
(1)	1 2 4	(3)	3 4 6	(5)	1 5 6	(7)	1 3 7
(2)	2 3 5	(4)	4 5 7	(6)	2 6 7		

同样，在一些区组内每对处理出现一次。不过，在这种情况下，区组不能够划分为单独的重复。因为 7 不能被 3 整除。这种类型的设计被称为“平衡不完全区组”。

对于每个区组中一定数量的处理和单元，以上的两种类型都可按一种拉丁方（lattice square）的方式安排，以便消除源于分组的变异。第一个例子的适当安排如表 12.4 所示。

表 12.4　4 个拉丁方中含 9 个处理的平衡设计

重复 I				重复 II				重复 III				重复 IV			
列															
行	(1)	(2)	(3)	行	(1)	(2)	(3)	行	(1)	(2)	(3)	行	(1)	(2)	(3)
(1)	1	2	3	(1)	1	4	7	(1)	1	6	8	(1)	1	9	5
(2)	4	5	6	(2)	2	5	8	(2)	9	2	4	(2)	6	2	7
(3)	7	8	9	(3)	3	6	9	(3)	5	7	3	(3)	8	4	3

每对处理在同样的行和同样的列中各出现一次。所有成对处理间的比较具有近乎相等的精度。这种设计被称为“拉丁方”。

2. 部分平衡设计

尽管可以采用平衡设计构建每区组含有任意数量的处理和单元，但最小的重复数是由这两个变量决定的。对于通常的试验条件来说，在大多数情况下，这个数目太大，且应用的重复较少。这种设计的简单例子是晶格，按照与平衡晶格一样的方式构建，只是重复较少。

例如，对于一个有 9 个处理的平衡设计中开始的 2 个重复的设计被称为“简单晶格”，有 3 个重复的设计称为“三重晶格”（表 12.4）。类似地，用一个像表 12.3 一样的正方形晶格，可以以小于平衡必需的完整重复数来应用。对于所有的这些设计，处理的数目必须是一个完全平方数。

部分平衡设计不如平衡设计适用，因为其统计分析较复杂。当区组（行或列）中的变化大时，一些成对的处理比其他处理更精确地被比较。而且为了检验显著性，可能必须计算几个不同的标准误差。因为随着设计越来越偏离平衡设计的对称性，这些困难将会增加。

最简单的部分平衡设计是那些具有两个关联类的设计。在这些设计中，一些成对的处理在相同的区组出现 λ_1 次，而其他成对处理在同一区组出现 λ_2 次，在这里 λ_1 和 λ_2 是整数。在具有这一类型的晶格设计中，一些成对的处理从不在一个区组中同时出现，也就是 $\lambda_1=0$；其他成对的处理在相同的区组出现一次（$\lambda_2=1$）。

（四）不完全区组和随机区组设计的比较

不完全区组设计与随机区组设计相比，其难度相当。一些额外的设计包括在拟定和随机化试验计划中，特别是采取审慎态度尽最大可能地对试验单元分组。

通过随机区组来增加试验精度依赖于试验材料的类型，而且当处理数量增加时试验精度也有望增加。大多数不完全区组设计涵盖 6～200 个处理。如果试验材料是高度可变的，且适合同质性小区组的形成，该设计可能是有利的，即使其处理数少。依据品种试验结果，一些随机区组的比较表明，行（列）数的精确度平均升幅为 25%，是通过使用不完全区组设计实现的。

许多设计都具有一个重要特性，相对于随机区组，这增加了晶格设计的吸引力。晶格设计被安排在完全重复及不完全区组内。这些设计可能被视为每个重复内有额外限制的随机区组设计。已表明，这些设计可被当作普通随机区组来分析。这意味着未经调整的处理措施得到了真正处理效果的无偏估计，并且 F 检验没有失去其有效性。当然，一般而言这种分析与完全区组的分析相比准确性较低。

如果形成不完全区组有什么准则的话，不完全区组设计值得优先于具有同样重复数的随机区组设计进行试验。当数据收集完成时，试验者可以选择随机区组分析或完成一个全面的分析，以不完全区组变量进行校准。实际上，如果不完全区组间的变异不大于区组内部的变异，完整的统计分析会自动减少到随机区组的水平。

参 考 文 献

Cochran, WG. and Cox, DR. (1957) *Experimental designs (Second Edition)*. John Wiley and Sons, Inc., New York.

Lentner, M. and Bishop, T. (1993) *Experimental design and analysis (Second Edition)*. Valley Book Company, Blacksburg, Virginia.

（乔文臣 译）

第三篇

分子标记及其应用

第十三章　小麦育种中的遗传标记系统

Susanne Dreisigacker[1]

摘　　要

分子标记使新的生物学技术及发现应用到现代植物育种中成为可能。它被应用于研究遗传性状和遗传原因的关系，以及揭示不同作物种质资源（包括育种亲本）的系统发育和种群结构。分子标记辅助育种（marker-assisted selection，MAS）策略能快速有效地产生包含一个目标基因或基因组合的固定株系。分子标记的实际价值，依赖于它如何成功整合进育种项目，以及它是否能较容易地大规模应用。遗传标记是与基因组关联的一部分 DNA 片段，多种类型的分子标记可在小麦中应用。大多数的分子标记类型基于聚合酶链式反应或者杂交，但不同的实验室或育种项目对其品质要求不同，例如，标记的数量、方法的复杂性及成本等。本章叙述了小麦中使用最多的分子标记类型的原理及其优缺点。

一、引　　言

大范围的新型生物技术的发展将对作物改良起到很大的推动作用。在诸多已建立的方法中，如基因组测序、基因表达分析、转基因等，特别是遗传标记系统提供了把新的生物技术发展成果应用到现代植物育种策略中去的可能性。随着遗传标记的应用，与性状相关的基因或者转基因，加速了育种的速度和效率。遗传标记能够揭示作物种质资源的系统发生史和种群结构，以及鉴定亲本种质资源的特性。通过 QTL 定位或者关联分析，它们能被用来定位未知功能的基因。并且通过比较作图发现基因和比较基因功能，被用于相关物种的连锁基因组。自 19 世纪 80 年代后期以来，遗传标记系统已不断发展。在过去的 20 年，遗传标记系统已经被证实能给科学家和育种家提供更方便快捷和自动化的帮助。

二、遗传标记的定义及理解

遗传标记可被定义为基因组一特殊部分（如一个核苷酸或一小段 DNA 序列）的标识符。它可描述一个变异，该变异可被观察到，是由基因组某个位点突变或者改变产生的。遗传标记能够很容易地从一代传递给下一代。

为了能在植物育种过程中适当地选择和利用遗传标记，了解这些标记是如何设计、如何识别基因组中那些特殊部分的就非常重要。

---

1 CIMMYT，墨西哥

理解遗传标记的几个关键概念包括：

- DNA 的基本结构
- DNA 序列的组成
- 聚合酶链式反应（PCR）

（一）DNA 的基本结构

DNA 是由一条核苷酸链组成的，核苷酸包括一个戊糖、一个磷酸基团和一个碱基。碱基包括 4 种，分别为腺嘌呤、鸟嘌呤、胸腺嘧啶和胞嘧啶，简写为 A、G、T、C（图 13.1）。其中 A 和 T、G 和 C 是互补的，能够配对结合。一分子的戊糖、磷酸基团和一个碱基结合在一起称为一个核苷酸，两个核苷酸结合在一起称为一个碱基对（bp）。核苷酸或碱基对在 DNA 序列中的排列顺序在不同的物种中是特异的并形成一个序列。它包含着生物体所有行使功能所必需的遗传信息。核苷酸整条链形成双螺旋结构，被组装于染色体中。小麦含有 21 条染色体，其基因组约 16 000Mb。相对于玉米的 2500Mb 和水稻的 430Mb，小麦的基因组是较大的。

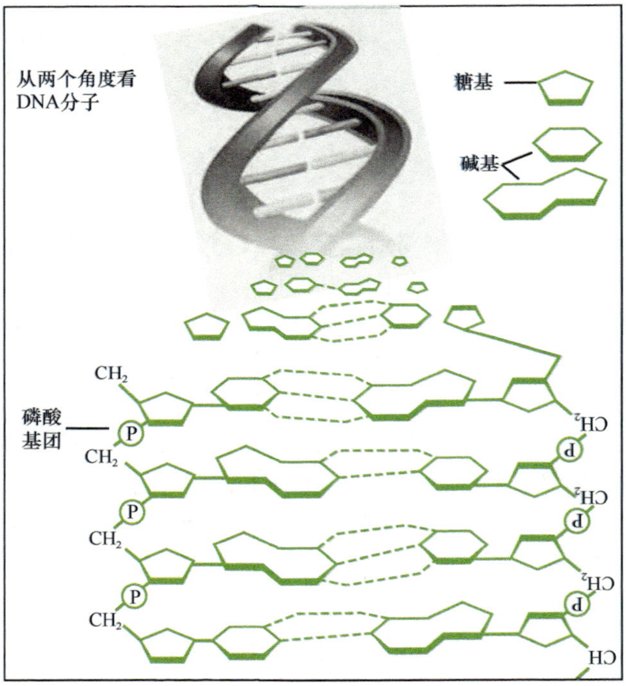

图 13.1　DNA 结构（修改自 http://www.cs.stedwards.edu.）

（二）DNA 序列的组成

基因组中只有部分（有时是非常小的）DNA 序列由基因组成。其余部分为非编码序列，包括大量的重复序列、微卫星序列和转座子（图 13.2）。在一些物种当中，基因组的基因部分可能小于 10%。小麦基因组中 99%都是重复序列，并且小麦是异源多倍体，这意味着小麦基因组是从不同物种衍生而来的。面包小麦起源于栽培二粒小麦和二倍体粗山羊草的自然杂交。大约一万年以前，栽培二粒小麦是由野生祖先种野生二粒小麦（*Triticum dicoccoides*）驯化得到的。而野生二粒小麦是由两个二倍体祖先种乌拉尔图（*T. uratu*）和与拟斯卑尔脱山羊草（*Ae. speltoides*）相近的二倍体（此二倍体供体不确定）杂交而成的。因此，小麦是由 3 个二倍体进化来的，由 A、B 和 D 3 个基因组组成，每个基因组含有 7 条染色体。由于 7 条染色体是部分同源的，它们的序列组成非常类似。

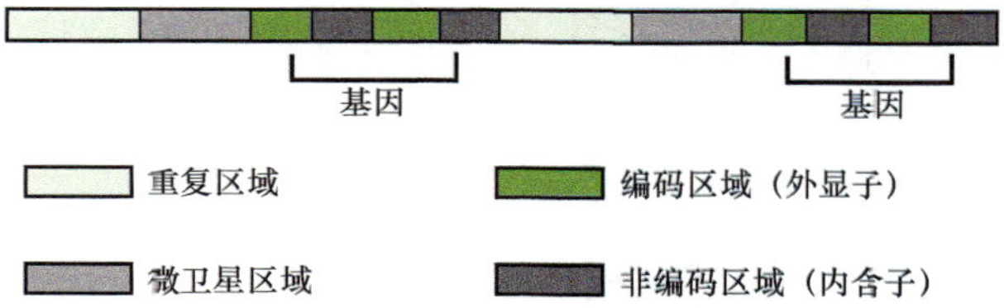

图 13.2　序列组成（修改自 http://www.generationcp.org/mab/index.php?id=024.）

（三）聚合酶链式反应（PCR）和电泳

绝大多数遗传标记系统依赖于 PCR（Mullis et al.，1986）。这是一个模拟自然的细胞复制 DNA 的过程（图 13.3），能够快速、廉价地制造大量特异 DNA 片段的拷贝。PCR 是把具目的序列的基因组 DNA 与 DNA 聚合酶、新核苷酸和短的目标引物序列（“寡核苷酸”或“引物”）相混合，经过多个温度的循环，合成两个引物之间一个拷贝的目标序列。多次重复这一循环，以新产生的拷贝作为下一个循环中的模板，导致大量目标序列的指数增长。

在 PCR 过程中，引物是最重要的。它们是短的 DNA 序列（大约 20bp 长），帮助启动合成过程并准确地决定将被扩增的目标 DNA 序列。利用 DNA 分子碱基互补的特性设计引物序列。在下面的例子中，目标序列被扩增，粗斜体为可能的引物序列。有很多软件可以帮助设计引物。一个常用的公共软件是 Primer3，网址是 http://primer3.sourceforge.net/webif.php。

例子：目标序列的引物

TCCAACACTTTTGGC (引物 1)

5′

ACGTTGTGAAAACCGTACATGCCAATTCCGGAGTTTCAGTAACCTAGTCTTG

AAATGTCCCA 3′

3′ TGCAACACTTTTGGCATGTACGGTTTCGGCCTCAAAGTCATTGGATCAG

AACTTTACAGGGT 5′

(引物 2) CTTGAAATGTCCCA

由于小麦是异源六倍体，设计引物比较复杂。在 3 个基因组中扩增一个基因组的目标序列就要求引物对于这个基因组是特异的。然而，很多引物能将 3 种不同基因组的序列都扩增出来，并且很难区分。

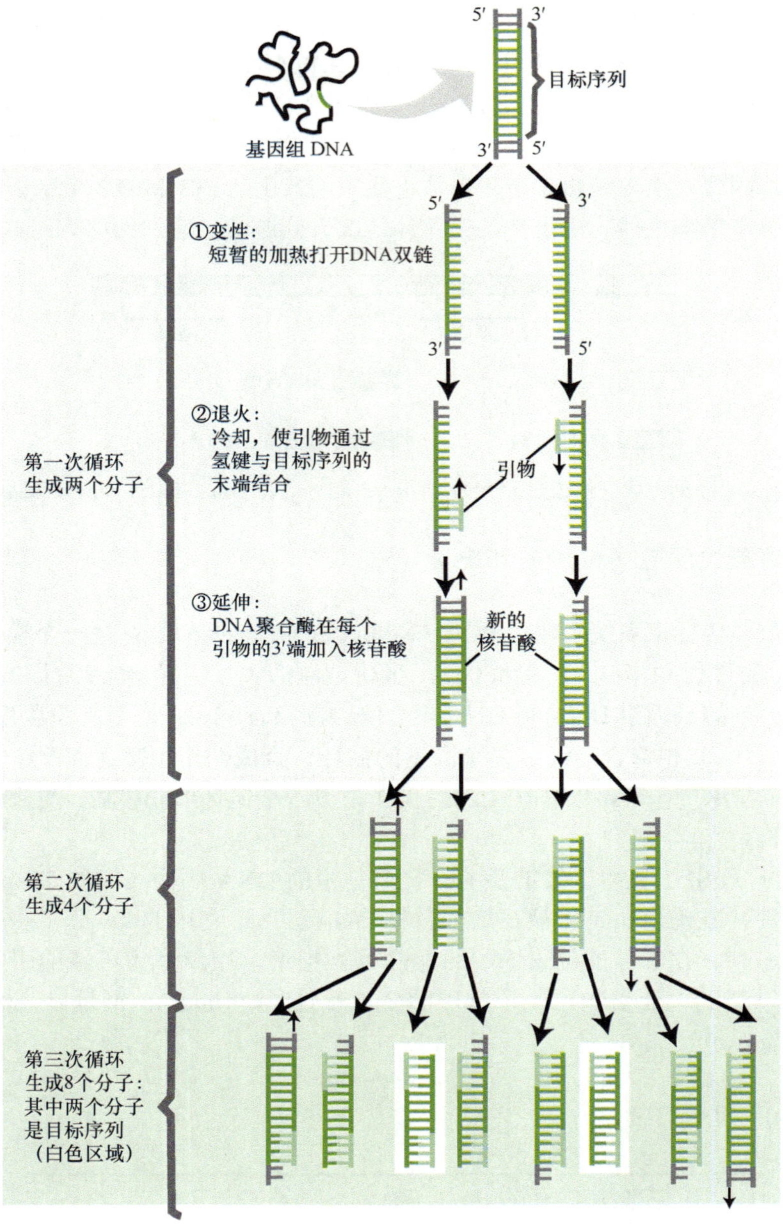

图 13.3　聚合酶链式反应（PCR）（修改自 www.bio.miami.edu.）

（四）遗传标记的优点

相对于表型标记、形态学标记和生化标记，遗传标记具有以下优点：

- 不受环境影响
- 没有数量限制
- 一般更客观，因为其可被均匀分布在基因组中
- 比较容易分析

- 比其他类型的标记便宜，特别是用高通量方法开发的遗传标记

（五）遗传标记令人满意的属性

不同的标记类型有不同的特点。分子标记令人满意的属性包括以下几个方面：

- 容易实施
- 多态性高
- 重复性好
- 价格便宜
- 检测容易、快速
- 共显性遗传（能够检测二倍体材料的纯合和杂合状态）
- 基因组中有很高的频率
- 在选择中不具有偏向性（DNA 不受环境或者管理措施的影响）

三、小麦育种中使用的遗传标记类型

（一）基于 PCR 的分子标记

1. 微卫星或者简单重复序列（SSR）

微卫星或者简单重复序列是散布在整个基因组中的串联重复序列（Grist et al.，1993）。这些串联重复是由 1～6bp 的单序列重复多次组成（图 13.4）。微卫星序列能够通过在这些区域的两侧设计引物，以 PCR 扩增出来。串联重复在复制过程中不受基因组变化的影响，具有很高的多态性。已观察到的简单重复的数目和检测到的等位基因数量之间有很好的相关性。因此在微卫星 DNA 中重复的数量越多，在一个大群体中能检测到的等位基因的数量也就越多。故微卫星成为了一个理想的标记系统。通过同时检测多个 DNA 位点，可产生复杂的谱带类型，并改进标记系统的有效性。微卫星 DNA 的另一个突出特点是共显性遗传（它遵循孟德尔遗传规律，能够区分纯合体和杂合体），并且在基因组中是均匀分布的。小麦中已经有 3000 多个标记被开发，它们对 3 个基因组中的每一个都是特异性的。这些标记的信息已被编入 Grain Genes 数据库（网址：www.graingenes.org）。大多数常用的微卫星标记是由 Röder 等在 1998 年开发的。可由后缀 GWM 识别它们。小麦微卫星联盟（Wheat Microsatellite Consortium，WMC）是由 P. Isaac 博士（IDnagenetics，Norwich，UK）协调的私人组织，包括 38 个成员。大多数 WMC 引物序列在 2004 年 1 月被公开，其余的在 2006 年 1 月也被公开。BARC 标记（Song et al.，2002）是由美国小麦和大麦赤霉病协会为了作图和研究抗镰刀菌的基因而开发的。CFA 和 CFD 标记是由 INRA 的 P. Sourdille 博士提供的。更多通过 PCR 扩增微卫星序列的细节在 CIMMYT 实验手册上有详细描述（http://apps.cimmyt.org/english/docs/manual/protocols/labprotocols09.pdf）。

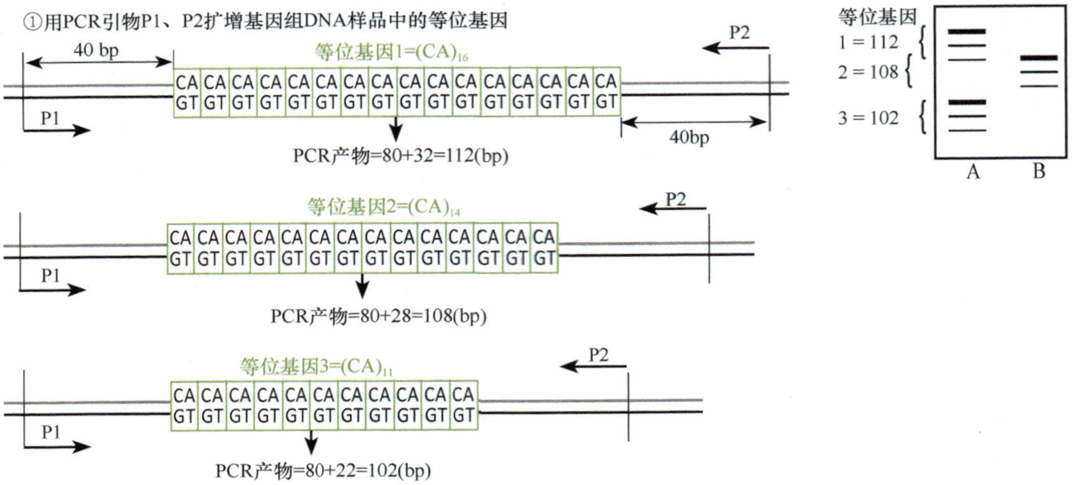

图 13.4　微卫星变异（修改自 http://www.ncbi.nlm.nih.gov/bookshelf/br.fcgi?book=hmg&part=A551）

之前，微卫星标记主要用于 QTL 定位和标记辅助选择（MAS）育种。利用微卫星标记已经建立了许多连锁图谱（http://wheat.pw.usda.gov/cmap/）。一个最近将微卫星标记用于 MAS 的例子是 GWM192 和 GWM165，它们与成株期慢锈抗性基因 *Lr67/Yr46* 紧密连锁，其距离只有 0.4cM（Herrera-Foessil et al.， 2011）。

（二）电泳

所有的标记系统都需要一个可视化的平台。基于 PCR 标记最常见的平台是凝胶或者毛细管电泳。电泳是利用电流使 DNA 片段在多孔海绵状介质中迁移，依分子大小不同而分离。介质可以是琼脂糖也可以是聚丙烯酰胺。较小的分子比较大的分子容易通过胶孔。DNA 片段被分离后，通过化学染色（如溴化乙锭或者 cybergreen），就能够在紫外光下观察（图 13.5）。也可用荧光标记引物，再用特殊照相机进行检测。

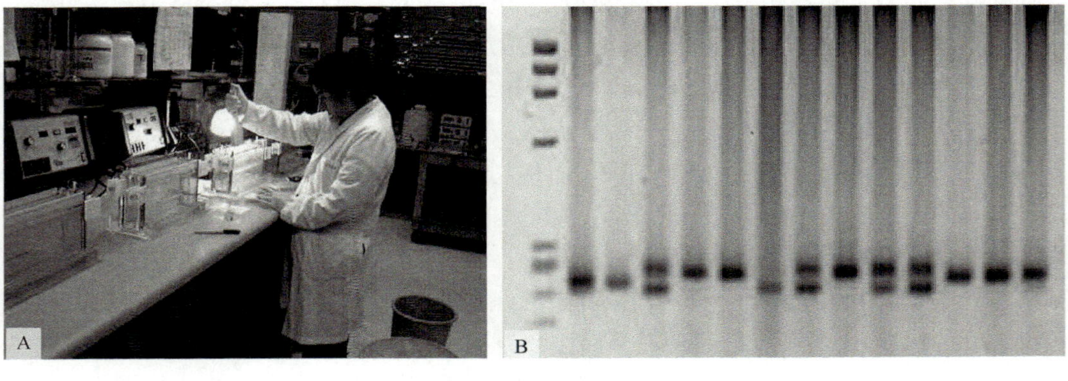

图 13.5　垂直（A）和水平（B）凝胶电泳

（三）序列标记位点（STS）标记

STS 标记是基于序列特异引物开发的标记通用术语，通常是为基因组特定区域或者区域类型设计的。STS 的概念由 Olson 等在 1989 年提出。在评估 PCR 对人类基因组研究的可能影响时，作者认为，已知位置的单拷贝 DNA 序列能够作为染色体上重要基因的遗传和物理定位的标记。谷类作物 cDNA、从 cDNA 克隆获得的表达序列标签、克隆到的基因、克隆到的 PCR 产物都是开发 STS 标记的基础。这些标记具有简单和高重复性的优点，但是有以下两个缺点：①它们需要适合每个位点的序列信息；②它们不像微卫星序列等其他类型 DNA 标记那样具有很高的多态性。然而，STS 标记在育种和种质资源管理过程中有很重要的应用价值，因为它们能提供方便、可靠的基因组分析信息。在过去的十年里，一些 STS 标记在小麦中被开发。最新的例子之一是谷物孢囊线虫（CCN）抗性分子标记的验证与应用。Ogbonnaya 等在 2001 年开发了针对澳大利亚谷物孢囊线虫病变型 Ha13 抗性基因 *Cre1* 和 *Cre3* 的 STS 标记。传统上应用于育种中选择抗性株系的生物学试验，在单株基础上既费时又不可靠，并且结果经常不一致且相对较贵。因此，STS 标记是一种高效的方法，因为它能对目标基因进行快速精确的选择。另外一个例子是在小麦中检测点突变的两个主要半矮化基因 *Rht-B1b*（*Rht1*）和 *Rht-D1b*（*Rht2*）（Ellis et al.，2002）。更多基于 STS 标记的例子可参见网址 http://wheat. pw. usda.gov/cmap/（William et al.， 2007）和 http://www. generationcp. org/sp5/?da=09148937。

（四）序列特异性扩增区域（SCAR）

1991 年，Michelmore 和 Martin 在随机扩增多态 DNA（RAPD）的基础上发展出了这项技术，即通过设计长引物（22～24bp）来扩增特异的位点（图 13.6）。SCAR 标记重复性比 RAPD 好，在操作和应用方面与 STS 标记类似。SCAR 标记一般都是显性的。条带的存在或者缺失表明序列上发生了变异。然而，一些 SCAR 标记能通过限制性酶酶切变为共显性标记。

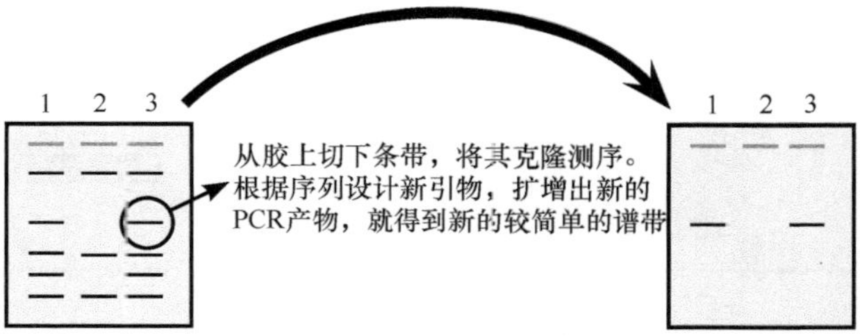

图 13.6　SCAR 分子标记的开发［修改自 de Vicente and Fulton（2004）］

（五）酶切扩增多态性序列（CAPS）

这些多态性是由限制酶酶切 PCR 产物产生的。通过电泳，可比较不同迁移率的酶切产物（图 13.7）。这一过程中 PCR 引物的设计可基于基因组或 cDNA 或 RAPD 条带（STS 和 SCAR 标记）数据库的序列信息。当一个或者两个等位基因被切割时，这些标记本质上是共显性的。一般来说，测试各种限制酶和酶切大量的样品需付出一些努力和花费。应用 CAPS 标记是检测插入、缺失或单个核苷酸多态性（SNP）突变的简易方法。例如，可用各种限制酶进行酶切，以检测小麦籽粒硬度（Ha）位点的等位基因变异情况，该位

点由 *Pina* 和 *Pinb* 基因组成，决定着小麦籽粒质地（Lillemo and Ringlund，2002）。

图 13.7　对 SCAR 标记进行限制性酶切来开发 CAPS 标记
（修改自 http://www.generati oncp.org/mab/index.php?id=034.）
在第一张图中，植物 A 和 B 的 PCR 产物没有差异，但经过酶切以后，就可以看到多态性

（六）核结合位点（NBS）分析

用这个方法，将抗病基因（*R* 基因）中核苷酸结合位点富含亮氨酸重复序列（NBS-LRR）的 NBS 保守序列用于 PCR，分离 *R* 基因及开发分子标记（图 13.8）（van der Linden et al.，2004）。NBS 是新开发的标记，用于检测 NBS-LRR 类 *R* 基因及其邻近基因的功能多态性。NBS 可被用来产生与 *R* 基因或 *R* 基因簇紧密相连的标记，进行基因组定位或者图位克隆，以及挖掘种质资源中抗性新资源或新等位基因。NBS 已被应用于测定硬粒小麦的遗传多样性（Mantovani et al.，2006），检测叶锈病 *Lr19* 的候选基因（Gennaro et al.，2009）。

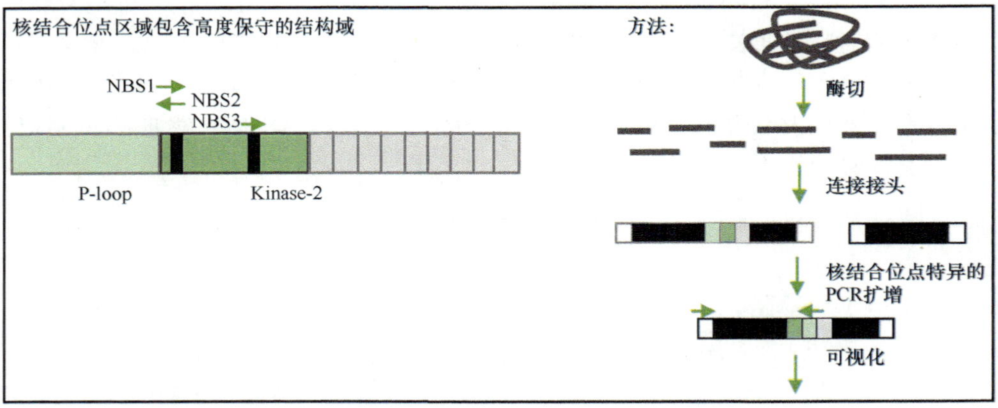

图 13.8　核结合位点分析

（七）基于插入的多态性（ISBP）

已知转座因子插入大的植物基因组，具有唯一的插入位置和品种间的高多态性。这种特性已被用于开发基于 PCR 的标记系统，进行谷类和豆类作物的遗传分析（见 Schulman et al.，2004 的综述）。Paux 等在 2006 年进一步发展该方法，鉴定了六倍体小麦中 BAC 克隆的染色体定位，确认了其在构建遗传图谱中的应用潜力。ISBP 表现独特的扩增产物，具基因组特异性和等位基因。因此这个标记系统为研究小麦系统发育和转座子进化提供了潜在工具。现阶段，开发的标记局限于 3B 染色体的短臂上。

四、高通量的标记系统

（一）多样性阵列技术（DArT）

多样性阵列技术能够不依赖于序列信息检测任何基因组的单碱基改变和插入/缺失。DArT 是小麦或者其他作物的一个或者多种基因组代表性的个性化片段的一个阵列或者基于芯片的标记系统（图 13.9）。个性化片段来源于包含此物种遗传多样性的基因型库。代表性品种的基因型被标记并杂交到芯片上，基于杂交信号的存在或者缺失标记出多态性（图 13.10）。它们反映了 DNA 序列的变异，决定了什么基因组序列存在于基因组中。DArT 具有很高的复用水平，基于芯片特性的标记系统保证了分析的高通量和低价格。因此，DArT 是研究遗传图谱和整个基因组基因型分型的理想标记系统。一般来说，小麦的 DArT 标记多态性不如 SSR 标记，然而，它们的基因组高覆盖率和低价格

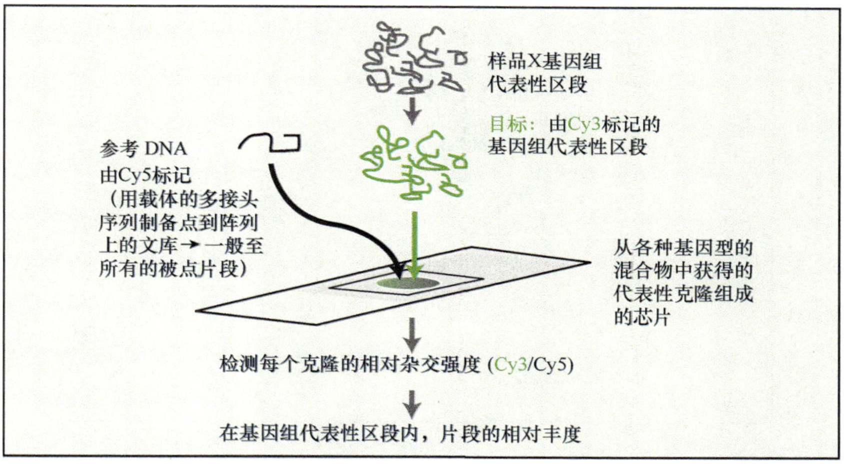

图 13.9　DArT 芯片的生成（修改自 www.triti carte.com.au）

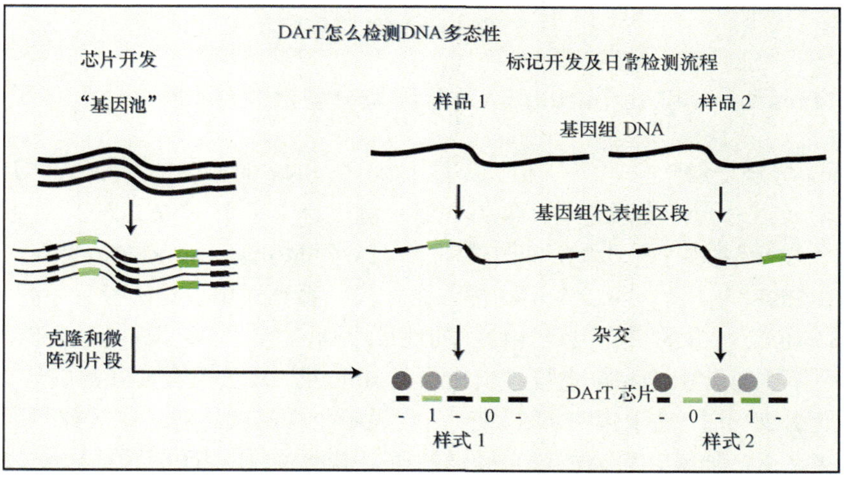

图 13.10　用 DArT 标记检测两个样品的基因型

弥补了这个缺点。DArT 芯片的开发是非常复杂的，为了自身的发展还需要很大的努力。位于澳大利亚堪培拉的 Triticarte 公司（www.triticarte.com.au）已经开发了小麦的多种芯片，最近的一款芯片包含基因组的 2500 个多态性标记。

（二）单核苷酸多态性（SNP）

单核苷酸多态性是在特定位点的单碱基对突变，一般由两个等位基因组成。因为 SNP 在进化中是保守的，它们可以被用作标记。相对于其他标记，SNP 有各种通量和水平的多种检测系统，并且已经实现商业化（图 13.11）（Syvaenen，2005）。检测 SNP 主要包括基于杂交的方法、基于酶切的方法（包括目标序列的 PCR 扩增）和其他基于 DNA 物理特性的扩增后方法（如单链 DNA 构象）。另外，各种平台和软件被设计出来，通过电泳、荧光标记、寡核苷酸芯片、质谱分析或者磁珠富集等方法或手段，进一步促进 SNP 的高通量基因型分型。现阶段正以更大的努力开发更多基因组特异的 SNP。但是，迄今为止小麦育种群体中观察到的 SNP 频率还比较低（Ravel et al.，2006）。

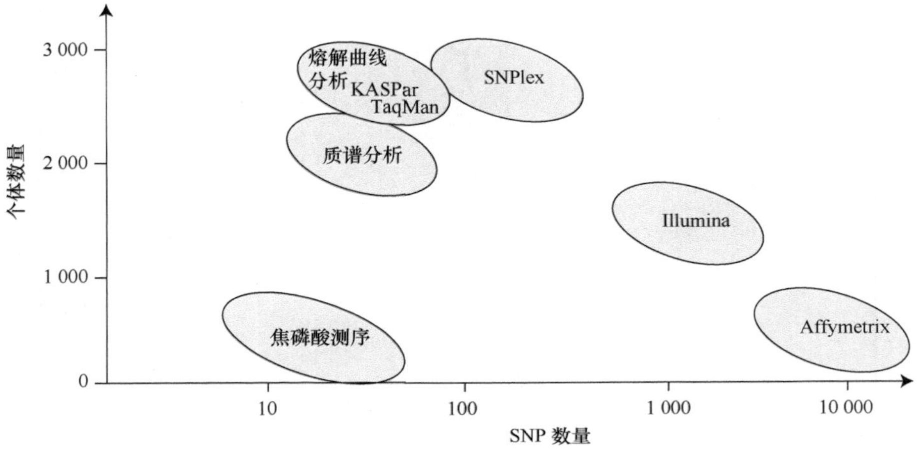

图 13.11　基因型分析方法举例，该方法对于 SNP 的数量和个体数量具有相应的通量［修改自 Giancola 等（2006）］

（三）Goldgen Gate 和 Infinitum SNP 基因型分型试验

Akunov 等小麦科学家已经开发了含有 1536 个 SNP 的 Goldgen Gate 芯片和 9K 的 Infinitum 芯片。芯片是多通道的，能够同时检测成百上千个 SNP。对于 Goldgen Gate 芯片，每个 SNP 需要 3 个引物，两个等位基因特异的引物区分 SNP，另外一个位点特异的引物在 SNP 的下游。每一个引物都包含一段一系列通用引物的目标序列（图 13.12 中 P1～P3）。位点特异的引物也包含特殊的地址序列，通过互补序列结合到珠子上。SNP 位点的等位基因特异引物和位点特异引物是由 Illuminated 公司合成并混成池。为进行试验，混好的引物同时与基因组 DNA 杂交，代表单个样品或反应。在等位基因特异引物延伸和连接之后，加入一系列被荧光标记的通用引物（利用青色素染料 Cy3 标记 P1、Cy5 标记 P2），经过 PCR 产生很多标记了代表成百不同 SNP 的扩增子。这些荧光产物与 Illumina 珠子相结合，即可读取数据。有多种数据读取的选择，如 Bead Array、VeraCode 或者 BeadXpress platform（请参阅 Illumina 网站：http://www.illumina.com/）。PCR 扩增子中的地址序列杂交到对应珠子的同源序列上，每个珠子上的荧光被定量，产生与特殊地址序列相关的荧光信号。每个地址序列能够对应特异的位点，在特定的珠子上就有 Cy3、Cy5 或者二者共同的信号，分别代表 AA、BB、AB 基因型。用 Goldgen Gate 试验分析基因型具有以下优点，即它比较粗放，对 DNA 浓度和完整性的要求不是很高；除最后用通用引物扩增外，不需要对包含 SNP 的序列进行扩增；并且除了定制的引物池，所有的材料和试剂都是通用的，适用于各种材料的分析。

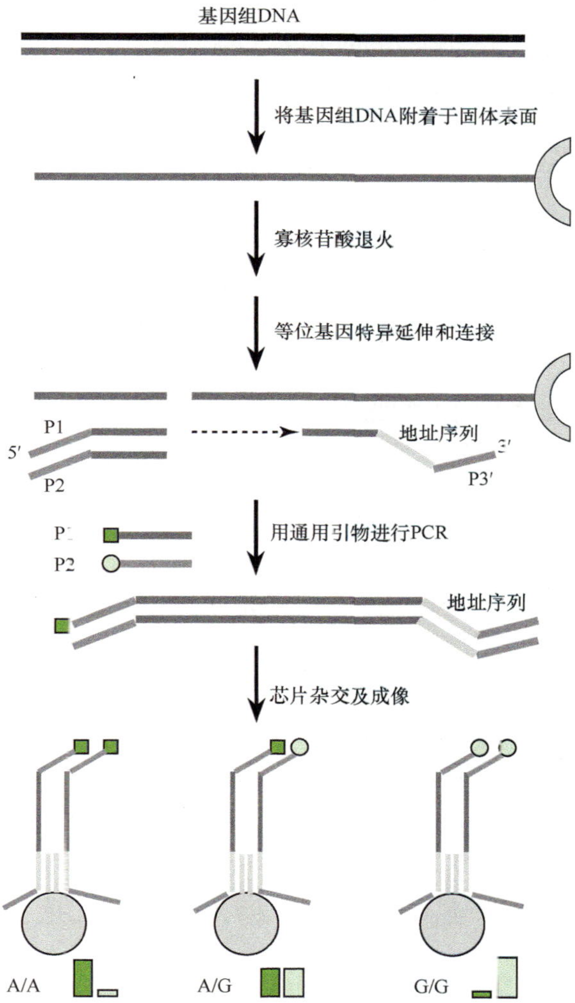

图 13.12　Golden Gate 试验（修改自 www.genomecenter.ucdavis.edu.）

（四）TaqMan 和 KASPar 试验

对于 SNP 低通量的检测，用得最多的基因型分型平台是 Applied Biosystems 公司（Livak，1999）的 TaqMan 技术和 KBioscience 公司（htt://www.kbioscience.co.uk）的 KASPar

检测。TaqMan 探针包含两种染料，一个报告染料和一个受体染料（淬灭剂）。在一个完整的 TaqMan 探针上，淬灭剂与报告基团相邻，因此淬灭剂抑制或“淬灭”了报告染料的信号。在 PCR 过程中，TaqMan 探针在正向和反向引物位置间特异地退火。如果没有 SNP 存在，TaqMan 探针就杂交到目标序列上，Taq 多聚酶就能在报告基团和淬灭剂之间切割 TaqMan 探针。TaqMan 探针片段从目标序列上分离下来，报告基团就能与淬灭剂分离，报告基团的荧光强度就升高。通过 RT-PCR 检测荧光强度而定量检测产物的积累（图 13.13）。TaqMan 试验的主要缺点是，因为每个反应都需要两端标记的探针，导致它的成本相对较高。允许低通量检测 SNP 的 KASPar 试验变得越来越普遍。关于在小麦中应用 TaqMan 技术进行标记辅助选择已经有文献报道。Helguera 等在 2003 年报道，通过 TaqMan 检测出 *Triticum ventriosum* 抗性基因簇 *Lr37-Sr38-Yr17* 转移到小麦的 2A 染色体短臂上。Dvorak 等在 2006 年报道，通过 TaqMan 技术将源自 EST 的标记与粗山羊草部分同源配对基因 *Ph1* 的抑制子相连锁。

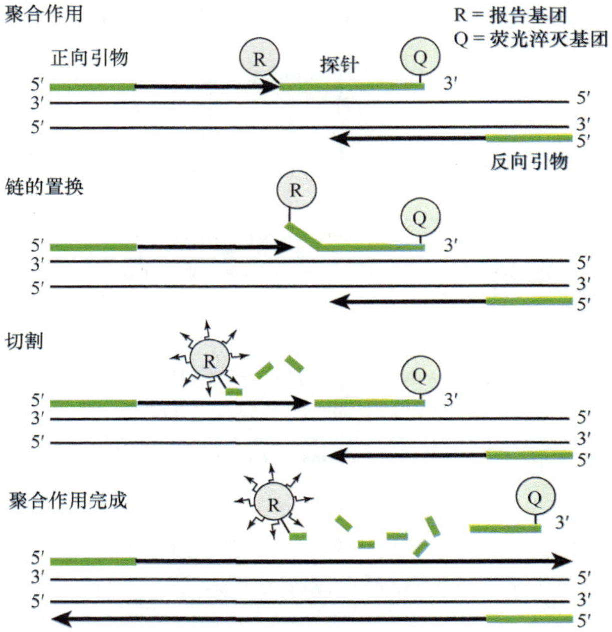

图 13.13　TaqMan 检测方法（修改自 www.e-oligos.com.）

五、选择标记类型的注意事项

根据以上可知，有各种各样可用的分子标记，而你需要选择什么样的分子标记取决于以下几个因素。

（1）你的项目目标是什么。你是想要比较多种小麦基因型的整个基因组，还是集中在特殊基因型的小部分基因组。

（2）你的种质资源有多少变异。如果你的种质资源是高度相关的，就需要更多的标记。

（3）你需要的分辨率有多高。在遗传多样性研究过程中，当要观察每个位点更多的等位基因时通常需要较高的分辨率。

（4）你之前的工作是否有优点可取。例如，已经观察到标记和表型之间的关联。

（5）在你的实验室比较容易应用哪个标记平台。例如，是否能够利用琼脂糖、聚丙烯酰胺电泳装置、测序或 SNP 平台？

六、分子标记在植物基因组分析和育种中的应用

分子标记已被作为工具而广泛应用，范围覆盖从基因定位到标记辅助选择的植物改良。它们也已成为极普遍的标记应用于系统发育分析，给进化理论注入了新的内容。基于分子标记的基因组分析产生了海量的数据，同时一系列数据库正在生成，从而维持和推广着这项技术。

（一）定位和标记基因

在小麦中，大多数的标记系统不是从基因本身发展起来的，因为小麦是异源六倍体，其基因组庞大，在小麦中克隆基因非常困难。遗传连锁图谱能够提供标记和基因在染色体上的位置。遗传连锁图谱是基于在分离群体中的重组频率，能为育种家选择标注理想基因的标记。此外，比较染色体的分布和标记在不同遗传连锁图谱上的位置，能够为研究祖先染色体的重排和不同染色体进化关系提供线索。

小麦的第一套遗传连锁图谱是由 Hart 等在 1993 年发表的。图谱的框架产生以后，通过各种技术获得的多种标记被尽可能地填充到图谱中。就这一点来说，发现微卫星标记是非常有用的。因为它们严格遵守孟德尔遗传规律，能被很容易地用于构建图谱，这个图谱能够为基因组的特殊区域提供锚定或参考的位点。在小麦中，已开发出各种遗传图谱（http://wheat.pw.usda.gov/cmap/）。

已定位标记的功能取决于标记和目标位点等位基因的连锁关系。有功能的标记源自基因内部多态性位点，这些基因自然是影响表型性状变异的。数量性状位点（QTL）或者关联定位分析应用的前提条件是已经构建了分离群体或特殊的种质资源群体，并且标记和 QTL 等位基因之间具有连锁关系。

一旦通过连锁或者关联定位分析得到了一个标记，它能否用作间接的选择工具，必须经过合适的育种群体证实。一个标记的实际价值取决于它能否成功应用到育种程序中（请参阅第十四章），并且必须能够比较容易地大规模应用到现代育种项目中。有很多小麦育种项目已经开始应用标记辅助选择（MAS）方法。育种策略依赖于育种目标、资源的可用性及不同性状的遗传特性信息。

简单遗传的抗病性是 MAS 的共同目标，特别是在育种项目尚未针对病害热点地区，但是需要聚合抗性基因的情况下。小麦中，有很多染色体间的易位来自携带有用基因的相关物种，对于这些基因标记是可用的，标记能使包含目标基因的易位片段很容易地转入到优良品系中（http://maswheat.ucdavis.edu/；McIntosh et al.，2003）。如果部署在组合中，种属特异的抗性基因会更有效。如果没有这些标记的应用，可靠地聚合这些基因是不可能的。标记辅助选择策略也能被设计用于快速有效地产生一个具目标基因或基因组

合的固定株系。考虑到 DNA 提取和随后的标记检测费用相对较高，为了增加育种项目的效率和有效性，在育种的哪个环节实施 MAS 非常重要。尽管标记技术发展迅速，但对于贡献了复杂性状（如产量和非生物逆境胁迫抗性）位点的分子剖析仍存在相当大的挑战，甚至需要新的标记技术。

（二）系统发育和多样性分析

早期关于生物进化的理论是基于形态学和地理分布的变异。然而，日趋明显的是分子生物学技术能够提供的自然群体遗传结构信息比我们过去所有已知的都详细。一系列基于 PCR 的标记正被广泛用来重新构建系统发育学。这项技术已提供了开辟新途径的信息，借助该技术，可以鉴别近缘物种形成过程中发生分支进化和遗传变异的精细时间尺度。在小麦中得出的一个主要结论是，小麦的多倍化能补偿多样性的瓶颈，该瓶颈是驯化引起的，是通过捕获四倍体祖先种变异的相对较大的群体引起的（Dubcovsky and Dvorak，2007）。

评估栽培种中的现代遗传变异对于植物育种目标是必需的，因为这一评估使育种家在制订新的杂交组合计划中对选择亲本做出正确的决定，并提供了一个方法以分析收集到的种质资源和野生型群体中的有利变异。一个物种遗传变异的范围由很多因素决定，包括突变、重组、迁移、选择、群体大小的变化、群体的再分类、随机的遗传漂移等。

在一段持续时间内，区域育种项目的分子研究已洞察到植物育种对作物遗传多样性的影响。一些研究已表明，伴随植物改良的遗传多样性下降是有限的，并且随着时间的推移，观察到遗传多样性质量上而不是数量上的变化（Khan et al.，2005）。另外的研究表明在一些小麦的改良基因池中，等位基因的数量变少了（Fu et al.，2006）。用近 100 个 SSR 标记，分析了 1950～2003 年来自 CIMMYT 的普通小麦的综合特性，发现从地方品种到 20 世纪 80 年代 CIMMYT 改良品系的遗传多样性降低了，而 2003 年育成品系的遗传多样性增强了（Reif et al.，2005）。CIMMYT 育成品系和栽培品种遗传多样性的显著增加得益于 CIMMYT 育种家近期的努力，他们通过将地方品种、其他育种项目的材料，以及从野生种衍生的合成小麦，引进到新的高代材料系谱中，从而扩展了普通小麦的遗传基础。

参 考 文 献

Akunov, E., Nicolet, C. and Dvorak, J. (2009) Single nucleotide polymorphism genotyping in polyploid wheat with the Illumina Golden Gate assay. *Theoretical and Applied Genetics* 119, 507–517.

Coordinated Agricultural Projects (2009) Wheat Cap. Available at: http://maswheat.ucdavis.edu/ (accessed 8 December 2009).

De Vicente, MC. and Fulton, T. (2004) Using molecular marker technology effectively in plant diversity studies. Vol 1. Learning module. CD-ROM. International Plant Genetic Resources Institute, Rome, Italy and Institute for Genomic Diversity, Cornell University, Ithaca, NY, USA.

Dubcovsky, J. and Dvorak, J. (2007) Genome plasticity a key factor in the success of polyploid wheat under domestication. *Science* 316, 1862–1866.

Dvorak, J., Deal, KR. and Luo, B-C. (2006) Discovery and mapping of the wheat ph1 suppressers. *Genetics* 174, 17–27.

Ellis, MH., Spielmeyer, W., Gale, K., Rebetzke, GJ. and Richards, RA. (2002) Perfect markers for the Rht-B1b and Rht-D1b dwarfing mutations in wheat (*Triticum aestivum* L.) *Theoretical and Applied Genetics* 105, 1038–1042.

E-oligos (2009) Available at: www.e-oligos.com (accessed 8 December 2009).

Fu, Y-B., Peterson, GW., Yu, J-K., Gao, L., Jia, J. and Richards, KW. (2006) Impact of plant breeding on genetic diversity of the Canadian hard red spring wheat germplasm as revealed by EST-derived SSR markers. *Theoretical and Applied Genetics* 112, 1239–1247.

Galicia, L., Nurit, E. and Palacios-Rojas, N. (2008) Maize nutrition quality and plant tissue analysis laboratory protocols 2008. Available at: http://www.cimmyt.org/english/docs/manual/protocols/labprotocols09.pdf (accessed 7 December 2009).

Gennaro, A., Koebner, RMD. and Ceoloni, C. (2009) A candidate for

Lr19, an exotic gene conditioning leaf rust resistance in wheat. *Functional and Integrative Genomics* 9, 325–334.

Giancola, S., McKhann, HI., Bérard, A., Camilleri, C., Durand, S., Libeau, P., Roux, F., Reboud, X., Gut, IG. and Brunel, D. (2006) Utilization of the three high-throughput SNP genotyping methods, the GOOD assay, Amplifluor and TaqMan, in diploid and polyploid plants. *Theoretical and Applied Genetics* 112, 1115–1124.

Grist, SA., Firgaira, FA. and Morley, AA. (1993) Nucleotide repeat polymorphisms isolated by the polymerase chain reaction. *Biotechniques* 15, 304–309.

GrainGenes (2009a) GrainGenes CMap. Available at: http://wheat.pw.usda.gov/cmap/ (accessed 7 December 2009).

GrainGenes (2009b) A database for *Triticeae* and *Avena*. Available at: www.GrainGenes.org (accessed 7 December 2009).

Hart, GE., Gale, MD. and McIntosh, RA. (1993) Linkage maps of *Triticum aestivum* (Hexaploid wheat, 2n=42, Genome A, B & D) and *T. tauschii* (2n=14, Genome D), In: O'Brien, SJ. (Ed.) *Genetic maps*. Cold Spring Harbor Laboratory Press, New York, pp. 6.204–6.219.

Helguera, M., Khan, IA., Kolmer, J., Lijavetzky, D., Zhong-qi, L. and Dubcovsky, J. (2003) PCR assays for the *Lr37-Yr17-Sr38* cluster of rust resistance genes and their use to develop isogenic hard red spring wheat lines. *Crop Science* 43, 1839–1847.

Herrera-Foessel, SA., Lagudah, ES., Huerta-Espino, J., Hayden, M., Bariana, HS., Singh D. and Singh, RP. (2011) New slow rusting leaf rust and stripe rust resistance genes Lr67 and Yr46 in wheat are pleiotropic or closely linked. *Theoretical and Applied Genetics* 122, 239–249.

Illumina, Inc. (2009) Available at: http://www.illumina.com/ (accessed 8 December 2009).

Khan, SA., Awan, FS., Ahmad, A., Fu, YB. and Iqbal, A. (2005). Genetic diversity of Pakistan wheat germplasm as revealed by RAPD markers. *Genetic Resources and Crop Evolution* 52, 239–244.

KBiosciences (2009) Laboratory services. Available at: www.kbiosciences.co.uk (accessed 8 December 2009).

Lillemo, M. and Ringlund, K. (2002) Impact of puroindoline b alleles on the genetic variation for hardness in soft×hard wheat crosses. *Plant Breeding* 121, 210–217.

Livak, KJ. (1999) Allelic discrimination using fluorogenic probes and the 5′ nuclease assay. *Genetic Analysis: Biomolecular Engineering* 14, 143–149.

Mantovani, P., van der Linden, G., Maccaferri, M., Sanguineti, MC. and Tuberosa, R. (2006) Nucleotide-binding site (NBS) profiling of genetic diversity in durum wheat. *Genome* 49, 1473–1480.

Martin, GB., William, TJK. and Tanksby, SD. (1991) Rapid identification of markers linked to a *Pseudomonas* resistance gene in tomato by using random primers and near isogenic lines. *Proceeding of the National Academy of Sciences* 88, 2336–2340.

Michelmore, RW., Paran, I. and Kesseli, RV. (1991) Identification of markers linked to disease-resistance genes by bulked segregant analysis: a rapid method to detect markers in specific genomic regions by using segregating populations. *Proceeding of the National Academy of Sciences* 88, 9828–9832.

McIntosh, RA., Yamazaki, Y., Devos, KM., Dubkowsky, J., Rogers, WJ. and Appels, R. (2003) Catalogue of gene symbols for wheat. In: Pogna, NE., Romano, M., Pogna, EA. and Galterio, G. (Eds.) *Proceedings of the 10th International Wheat Genetics Symposium. Pasteum, Italy.* Rome: Instituto Sperimentale per la Cerealicoltura. 4, 1–34.

Mullis, K., Faloona, F., Scharf, S., Saiki, R., Horn, G. and Erlich, H. (1986). Specific enzymatic amplification of DNA *in vitro*: the polymerase chain reaction. *Cold Spring Harbor Symposium on Quantitative Biology* 51 Pt 1, 263–273.

Ogbonnaya, FC., Subrahmanyam, NC., Moullet, O., de Majnik, J., Eagles, HA., Brown, JS., Eastwood, RF., Kollmorgen, J., Appels, R. and Lagudah, ES. (2001) Diagnostic DNA markers for cereal cyst nematode resistance in bread wheat. *Australian Journal of Agricultural Research* 52, 1367–1374.

Olson, M., Hood, L., Cantor, C. and Botstein, D. (1989) A common language for physical mapping of the human genome. *Science* 245, 1434–1435.

Paux, E., Roger, D., Badaeva, E., Gay, G., Bernard, M., Sourdille, P. and Feuillet, C. (2006) Characterizing the composition and evolution of homoeologous genomes in hexaploid wheat through BAC-end sequencing on chromosome 3B. *The Plant Journal* 48, 463–474.

Primer3 (2011) Available at: http://primer3.sourceforge.net/webif.php/ (accessed 16 December 2011).

Ravel, C., Praud, S., Murigneux, A., Linossier, L., Dardevet, M., Balfourier, F., Dufour, P., Brunel, D. and Charmet, G. (2006) Identification of Glu-B1-1 as a candidate gene for the quantity of high-molecular-weight glutenin in bread wheat (*Triticum aestivum* L.) by means of an association study. *Theoretical and Applied Genetics* 4, 738–743.

Reif, JC., Zhang, P., Dreisigacker, S., Warburton, ML., van Ginkel, M., Hoisington, D., Bohn, M. and Melchinger, AE. (2005) Trends in genetic diversity during the history of wheat domestication and breeding. *Theoretical and Applied Genetics* 110, 859–864.

Röder, MS., Korzun, V., Wendehake, K., Plaschke, J., Tixier, M-H., Leroy, P. and Ganal, MW. (1998). A microsatellite map of wheat. *Genetics* 149, 2007–2023.

Schulman, AH., Flavell, AJ. and Ellis, TH. (2004) The application of LTR retrotransposons as molecular markers in plants. *Methods in Molecular Biology* 260, 145–173.

Song, QJ., Fickus, EW. and Cregan, PB (2002) Characterization of trinucleotide SSR motifs in wheat. *Theoretical and Applied Genetics* 104, 286–293.

Syvaenen, AC. (2005) Towards genome-wide SNP genotyping. *Nature Genetics* 37, 5–10.

St Edward's University (2009) St Edward's University Computer Science Website. Available at: http://www.cs.stedwards.edu/ (accessed 7 December 2009).

The Generation Challenge Programme (2009a) The GCP molecular marker toolkit. Available at: http://www.generationcp.org/sp5/?da=09148937 (accessed 7 December 2009).

The Generation Challenge Programme (2009b) Marker assisted breeding learning module. Available at: http://www.generationcp.org/mab/index.php?id=024 (accessed 7 December 2009).

The Generation Challenge Programme (2009c) Cleaved Amplified Polymorphism Sequences (CAPS) Available at: http://www.generationcp.org/mab/index.php?id=034 (accessed 8 December 2009).

The University of Miami (2009) Department of Biology. Available at: http://www.bio.miami.edu/ (accessed 7 December 2009).

The National Center for Biotechnology Information (2009) PCR, DNA sequencing and *in vitro* mutagenesis. Available at: http://www.ncbi.nlm.nih.gov/bookshelf/br.fcgi?book=hmg&part=A551 (accessed 7 December 2009).

Triticarte (2009) Available at: www.triticarte.com.au (accessed 8 December 2009).

UC Davis Genome Center (2009) Free Unix & Perl Course Aimed at Biologists. Available at: www.genomecenter.ucdavis.edu (accessed 8 December 2009).

Van der Linden, CG., Wouters, DC., Mihalka, V., Kochieva, EZ., Smulders, MJ. and Vosman, B. (2004) Efficient targeting of plant disease resistance loci using NBS profiling. *Theoretical and Applied Genetics* 109, 384–393.

William, HM., Trethowan, R. and Crosby-Galvan, EM. (2007) Wheat breeding assisted by markers: CIMMYT experience. *Euphytica* 157(3), 307–319.

（王景一 译）

第十四章　为改良作物优化标记辅助选择策略

David Bonnett[1]

摘　　要

与优良性状连锁的标记很多，并且数量在不断增加。由于标记检测成本下降、出现了外包标记筛选和避免昂贵配置成本的机会，标记正在应用于越来越多的育种项目，在发达国家和发展中国家都是如此。本章概述了分子标记辅助选择的原理，并为育种家在设计杂交组合和选择方法中利用分子标记辅助选择提供公式和图表，目前人们研究的焦点是近亲繁殖物种或者在常见的育种过程中特定时期近亲繁殖的杂交作物。根据育种项目的目标，以及可用资源的水平与整合，最优策略会有所不同。对于一个给定的资源水平，最有效的策略可以大量地减少群体规模和成本，在最大数量的基因位点中选择并得到理想的基因型。在早期世代中富集而不是固定等位基因，以避免漂移，而最小化的群体规模正是这些策略的一个重要组成部分。然而即使用最有效的策略，在一个育种周期中能结合的理想等位基因数目仍然有限。本章将对可能的情况做一个实际的评估。

一、引　　言

分子标记是育种家用来增加遗传增益的工具，但育种还将大量依靠表型选择。有效整合分子标记和表型选择对最大化总体增益至关重要。每个育种项目都有不同的育种目标及资源的不同水平与配置。这些特定思路意味着不同项目间分子标记和表型选择的最佳组合是不同的。到目前为止，在小麦中已使用 MAS 定向筛选控制性状的大效应等位基因，这些性状具相对简单的遗传控制。MASWheat 网站上（http://maswheat.ucdavis.edu/protocols/index.htm）列出的所有标记都属于这个类型，但目前该网站尚未列出控制籽粒产量或耐旱性的数量性状位点（QTL）。因为这些 QTL 通常是在特定的群体和环境中被发现的，很可能一些技术如分子标记辅助轮回选择（MARS）或基因组范围选择（GWS）（Meuwissen et al.，2001）——也称全基因组选择（WGS）或基因组选择（GS）——对于在相关的群体和环境中识别和选择这些性状的有效区域是必要的。这要求分子标记良好地覆盖所有染色体，并具低成本筛选大量品系的能力。用于基因型分析的品系具有良好的表型数据，以及合适的统计方法也是这些技术成功的关键。MARS 和 GWS 的更多信息参见 Bernardo 和 Yu（2007）及其中的参考文献。然而，目前对于小麦还没有足够高通量和低成本的全基因组分析，甚至在试验群体中该技术也未经证实，因此这里将不作进一步考虑。

本章将概述用于设计分子标记辅助选择（MAS）与现有可用技术整合在一起的育种

---

1 CIMMYT，墨西哥

策略的一些原理，并举例说明这些原理，提供表格、公式和参考文献，使育种家能够制定适合自己项目的 MAS 策略。

二、一个育种周期进展的限制

在小麦等主要农作物中，目前的品种均具有产量、籽粒品质和抗生物与非生物胁迫的等位基因的优良组合，都经过了多个周期的杂交和选择。一个以选育品种为目标的杂交组合很可能其亲本共同具有控制这些性状的多个等位基因。如果亲本的共组率较低，且具大量不同的等位基因，即使它们的表型很相似，从一个简单的双亲组合中也很难产生一个适合成为品种的品系。在这样的杂交组合中，甚至最有效的策略也很可能需要一个大规模的群体在大量的多态性位点中再分离出理想的等位基因（图 14.1）。在这些情况下，可能一个亲本只贡献少部分的理想属性而另一个亲本贡献的理想属性较多，这时为了得到可商品化的品系，一次或多次回交是必需的。一些理想的等位基因组合（基因型）需要不止一个育种周期来配置，这是一个不可避免的事实。

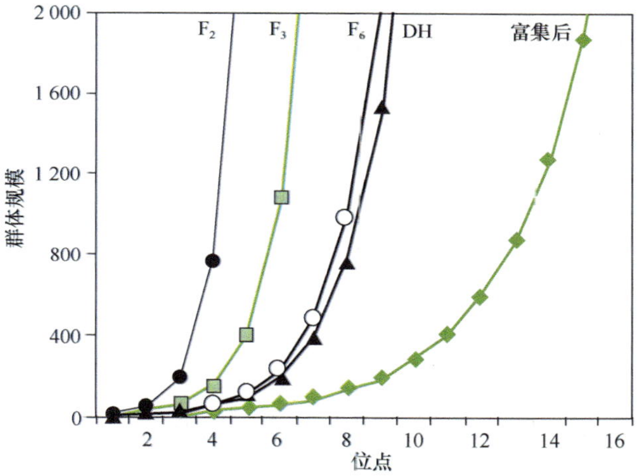

图 14.1　对于不同的选择策略，在组合的分离位点数量不断增加的情况下得到一个目标纯合基因型所需要的群体规模

在除了富集策略的所有情况下，选择仅应用于指定的世代，在富集策略中，选择应用于 F_2 和双单倍体（DH）世代

有效地使用分子标记，或任何选择工具，在得到一个理想基因型或群体规模（近似于成本）的概率上可产生巨大的差异，该群体规模需要有一个得到理想基因型的合理概率。更便宜、更高的遗传力和更高通量的筛选应被用于选择的早期，以增加选择等位基因的频率。由于 DNA 标记的方法在选择理想等位基因时比绝大多数表型筛选更准确，因此在早期世代使用分子标记是有吸引力的。这种吸引力还在于更便宜和更高通量的 DNA 提取和筛选技术，以及可用于筛选的更大数量的分子标记。如果标记是共显性的，甚至会有可能在早期世代选择到纯合子，在较晚世代不再需要对这些等位基因进行选择。但是为什么在早期世代选择的纯合子只有一小部分基因位点呢？有一些重要的原

因，将在下面讨论。为了在早期世代选择较多的纯合子，分离一个理想基因型需要的群体规模必须大量增加。图 14.1 表明了分离一个具有特定的理想纯合子等位基因的组合所需的群体规模。每条曲线表示在增多基因位点的情况下，得到一个目标纯合子基因型需要的分离群体规模。群体规模基于如下假设：①双亲杂交；②由一粒种子发展的自交系（SSD）或双单倍体；③得到至少一株带有目标基因型植株的概率是 95%（P=0.05）；④目标位点是不连锁的；⑤标记和目标等位基因之间完全连锁。

图 14.1 显示了在 F_2 代中得到一个目标基因型需要的群体规模，4 个分离位点所有的等位基因在一个单株全部为理想的纯合子需要的 F_2 代群体规模为近 800 个单株。如果在 F_2 代中没有选择，只是简单近亲繁殖，4 个位点分离一个目标基因组合仅需要 150 个 F_3 单株（由 150 个 F_2 单株通过 SSD 获得），这只是在 F_2 代中选择所需群体的 1/5 左右。如图所示通过 F_6 代和 DH（双单倍体）增加近亲繁殖周期可进一步减少群体规模。很明显，在更多的近亲繁殖群体中，高选择压更有利于分离纯合子，并且允许通过大量位点或小规模群体获得等位基因的理想组合。这样做的原因是 F_2 代群体中至少在所有的目标性状上杂合的单株多于所有目标性状上纯合的单株。如果在双亲 F_2 群体中有 n 个分离位点，那么在这些位点上理想等位基因纯合子的频率为 $1/4^n$，至少有一个拷贝理想等位基因个体的频率为 $3/4^n$。如果允许近亲交配，杂合个体在随后的世代中又产生额外的目标纯合体，从 F_2 代的 $1/4^n$ 开始不断增加目标纯合体的频率直到最大值 $1/2^n$。由于每经一代杂合子的数量减半，最大的频率出现在前几代，随后世代的频率较低，这一点可以在 F_6 代和 DH 群体间看到，它们的区别相对较小。

从图 14.1 中可以看出，在早期世代施加太高的选择压，即使是高度遗传的筛选，也不是最有效的策略，因为没有利用相当数量的杂合子，而这些杂合子可以产生理想的纯合子后代。然而在早期世代中，一些单株并不携带理想的等位基因，将这些单株从群体中去除，使含有大量理想等位基因的单株产生更多的后代，能大大增加后代群体中目标纯合子的频率。这种类型等位基因富集策略的例子可能包括淘汰 F_2 或 F_3 群体中株高最高的、最感锈病或最感极端气候的植株。保留的植株不但包括最好的植株，也包括那些从其质量看，稍高、稍早、开花期稍迟或稍感锈病的植株，但它们比最坏的植株要好些。这些植株很可能由于在随后的世代中重要等位基因纯合而产生更好的后代。在图 14.1（富集后）的钻石线中可以看出这类富集策略的潜力——即得到一个目标基因型所需的群体规模和选择多个位点理想等位基因组合的潜力均大幅减少。这里假设在 F_2 代淘汰那些个体，它们至少不是所有目标等位基因都杂合，唯一可能就是标记与所有目标等位基因完全连锁。表型选择几乎肯定不会太准确，但保留了充足的单株，并且遗传力大于零。获得一个目标单株的概率应该比没有选择的情况下大。如果遗传力为零，随后世代中目标基因型的频率至少应该不小于没有选择，保留的充足单株避免了遗传漂移。

三、分子标记辅助等位基因富集策略

使用分子标记富集等位基因频率与早期世代的表型选择相似，但允许更大范围性状的选择，并且通常会更准确。虽然本章不详细讨论分子标记辅助等位基因富集，但通常在顶交或复合杂交群体的 F_1 代用以淘汰不携带优良基因的单株。在 CIMMYT 这种策略通常应用于雨养面包小麦和硬质小麦育种项目中（Y. Manes and K. Ammar，个人通讯）。正如在 F_2 群体中，分子标记辅助等位基因富集策略大大增加了等位基因的频率，减少了获得理想等位基因组合所需的群体规模。如果使用分子标记进行选择，在复合杂交群体的 F_1 选择含有理想的、低频率的基因或基因组合的个体是非常理想和高效的阶段。例如，来源于非轮回亲本或供体系的理想等位基因在 BC_1F_1 或 TCF_1 群体中的频率为 1/4，1/2 的 F_1 单株实际上缺少每对等位基因中的一个拷贝。如果理想等位基因来自供体系的 2 个位点，只有 1/4 的 F_1 单株携带 2 个理想等位基因，因此 3/4 的 F_1 群体没有产生携带目标基因型后代的机会。在 BC_1 和 TCF_1 群体中进行选择，可将供体系中目标基因的频率从 1/4 增加到 1/2，并确保了所有的 F_1 单株都携带一个目标等位基因。如果在 F_2 代富集，供体基因的频率会从 1/4 增加到 2/3。有关在 F_1 和 F_2 代的回交和顶交群体中应用等位基因富集标记的更多信息参见 Bonnett 等（2005）。

F_2 富集等位基因的原理如图 14.2 所示，在一个双亲杂交组合的 F_2 群体的每一个多态性位点，3/4 的 F_2 单株将至少携带一个理想的 A 等位基因。AA 和 Aa 单株会产生 AA 理想纯合后代，这些基因应该保留在群体中。携带 aa 基因型的单株不可能产生 AA 后代，应该从群体中淘汰。淘汰 aa 保留 AA 和 Aa 可将 A 等位基因的频率从 1/2 增加到 2/3。如果没有进一步的选择，在通过近亲繁殖产生的纯合体群体或从 F_2 群体中构建的 DH 系群体中，AA 基因型在最终群体中的频率为 2/3，aa 基因型仅为 1/3。对于更多的多态性位点，基因富集的优势比纯合子的直接选择变得更加清晰（图 14.1）。只有一个多态性位点时，携带理想等位基因 A（AA 和 Aa）的频率为 3/4，AA 纯合子的频率仅 1/4。有多个多态性位点（B、C、D 等）与只有相对较少的多态性位点相比，获得纯合子所需的群体规模和携带所有理想等位基因的单株在频率上的差异变得非常大（表 14.1）。即使只在 A 和 B 两个位点分离的群体中，理想纯合子 AABB 的频率也非常小，仅为 1/16，携带 A-B-基因型（AABB、AABb、AaBB、AaBb）的频率为 9/16。*n* 个多态性位点在 F_2 群体中纯合子的频率为 $1/4^n$，含这些等位基因的基因型频率为 $3/4^n$。F_2 代富集可将自交系或经选择的各 F_2 构建的 DH 系中理想纯合子的频率增加到 $2/3^n$，这些选择的各 F_2 在所有位点至少携带一个拷贝的目标等位基因。每个选定的 F_2 单株需要产生几个后代来弥补随后世代中要求的品系的数目。每个选定的 F_2 单株应该给随后的群体贡献相同数量的后代以避免遗传漂移引起的等位基因频率的变化。

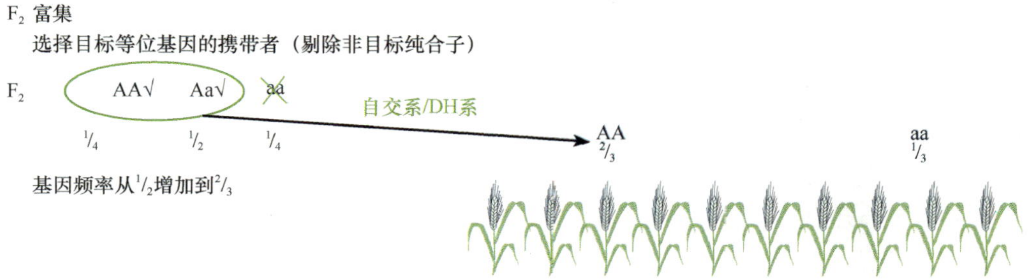

图 14.2　F_2 富集策略的图示

图 14.2、表 14.1 进一步显示了双亲杂交的 F_2 代和由选择的 F_2 代单株后代使用等位基因富集策略所需的群体规模。为了便于比较，还表明了未曾应用富集的不同世代得到纯合子所需的群体规模。应该注意，如果标记是显性的，需要子代测定来确定选择的单株是纯合的还是杂合的，共显性的标记或高度纯合群体不需要子代测定。

表 14.1　在不同数量的分离位点，双亲 F_2 群体中富集（enrich）与固定（fix）目标等位基因所需的群体规模，和富集与非富集（rand）的后代群体中获得至少一个目标纯合基因型所需的群体规模（Bonnett et al.，2005）

位点	固定与富集所需的群体（P=0.05）		在富集和非富集群体中获得一个所有目标位点纯合的纯合子所需的群体规模（P=0.05）									
	F_2		F_3		F_4		F_5		F_6		DH	
	固定	富集	非富集	富集	非富集	富集	非富集	富集	非富集	富集	非富集	富集
1	11	3	7	5	6	4	5	3	5	3	5	3
2	47	4	20	11	15	8	13	6	12	6	11	6
3	191	6	56	23	35	14	28	11	25	10	23	9
4	766	8	151	47	81	25	61	18	53	16	47	14
5	3 067	11	403	95	186	43	131	30	111	26	95	22
6	12 270	16	1 076	191	426	75	281	49	231	40	191	33
7	49 081	21	2 872	382	975	129	601	79	478	63	382	50
8	196 327	29	7 659	766	2 231	222	1 284	128	988	98	766	76
9	785 312	39	20 427	1 533	5 100	382	2 741	205	2 040	152	1 533	114
10	3 141 252	52	54 473	3 067	11 660	656	5 848	329	4 213	236	3 067	172

（一）部分富集策略——平衡早晚世代，标记和表型选择

在现实中，标记或有效的表型筛选对于一个杂交组合中分离的所有等位基因位点很少是可行的，它在早期世代也不可能增进这些等位基因的频率。对于产量等复杂性状，要求同质系、大量种子及昂贵的表型筛选来实现可接受的遗传力和群体规模，早代选择策略必须设计为，保留重要的等位基因变异直到育种程序的后期。在这种情况下，一些等位基因的频率被提高，而另一些仍保留原来的频率，提供的群体规模在所有时期必须足够大，以避免频率的改变或在极端条件下由于遗传漂移而完全丢失理想等位基因。

尽管部分富集需要较大的群体规模，如果标记对所有重要位点的等位基因是可用的，那么与任何等位基因的频率都没有增进的情况相比，仍然能大量减少群体规模，这在表 14.2 中可以看到。表中比较了在以下群体中选择到一个目标单株需要的群体规模，包括 F_2 群体、延迟选择到产生 DH 系（或自交系）、在所有目标位点富集的 F_2 群体，以及 50%目标位点部分富集的 F_2 群体。此外，图 14.3 显示了一个含有 10 个重要的多态性位点的杂交组合及这些位点中 5～10 个应用富集时所需的群体规模，以 10 个位点都没有富集作为对照（类似于延迟选择直到自交系建成）。当然，富集应在尽可能多的位点应用，即对所有的位点，标记和表型筛选都是可用的。

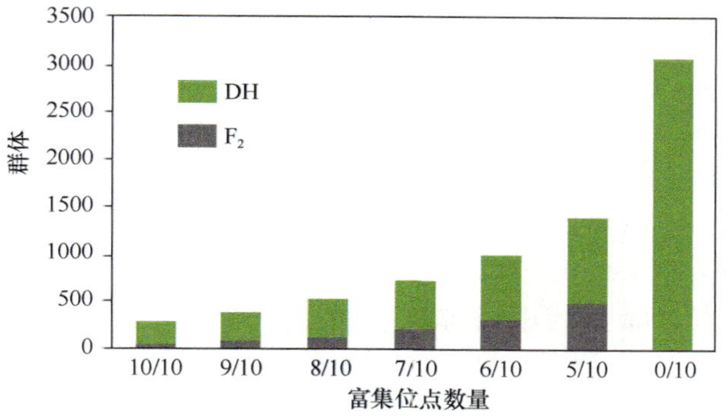

图 14.3　源自 F_2 的 DH 系在 5～10 个位点进行 F_2 富集时，得到一个 10 个目标位点纯合子的群体规模（P=0.05）

以非富集群体（0/10）的群体规模为对照。图柱的下部表示经过筛选的 F_2 的数目，上部表示由 F_2 产生的 DH 系的数目

表 14.2　在不同数量的不连锁位点分离的双亲组合中以不同选择策略得到一个目标基因型（P=0.05）需要的群体规模（Passioura et al.，2007）

位点	A. 在 F_2 中选择纯合子	B. 只在自交系间选择	C. 在 F_2 富集衍生的自交系间选择	D. 在 50%的 F_2 富集衍生的自交系间选择
2	46	10	6	8
4	765	46	17	24
6	12 269	190	40	68
8	196 327	765	92	184
10	3 141 251	3 066	210	494
12	5.0×10^7	12 269	475	1 320
14	8.0×10^8	49 081	1 071	3 523
16	1.3×10^{10}	196 327	2 413	9 398
18	2.1×10^{11}	785 312	5 431	25 066
20	3.3×10^{12}	3 141 251	12 222	66 845

通常，在一个杂交组合中对产量或其他重要性状贡献变异的重要等位基因的数目是未知的，应用部分富集可以估算重要多态性位点的数目，或者确定表型选择需要保留的自交系的数量（如产量等遗传力低的性状）。例如，一个育种家想要对所选的 6 个位点的理想等位基因均为纯合子的 50 个品系进行产量测定，平均而言，以 95%的概率得到一个带有 6 个目标等位基因单株的群体规模将包括 3 个携带目标基因型的品系。因此，为得到 50 个这样的品系，这个数字乘以 50/3（≈17）才能得到测定产量的 50 个目标单株。这个乘数必须被应用于 F_2 富集时期，并经历剩余的育种过程。在这个例子中，在 6 个位点的 F_2 富集，以 95%概率得到一个目标单株所需的群体规模为：

F_2 富集——19 个 F_2 单株

选自 F_2 的 DH 系——40 个 DH 系

将得到平均 3 个带有目标基因型的 DH 系。

为了分离 50 个自交系进行产量测定，这个数据必须乘以 50 再除以 3。

F_2 富集——317 个 F_2 单株

选自 F_2 的 DH 系——667 个 DH 系

将得到平均 50 个带有 6 个标记位点目标基因型的 DH 品系。

这种策略与基于 6 个位点富集的部分富集策略相比，可以估算额外 4 个不能使用标记和富集的重要多态性位点。以 95%的概率在 10 个位点获得一个理想等位基因纯合单株所需群体规模的计算如下：

F_2 富集——329 个 F_2 单株

选自 F_2 的 DH 系——668 个 DH 系

平均可得到带有全部 10 个目标位点基因型的 3 个 DH 系。用标记筛选 DH 系可选择大约 50 个所有标记位点都带有目标基因型的单株。然后需利用表型筛选确定在其他 4 个位点上带有最理想的等位基因的个体。

在这里给出的示例中，群体规模几乎是一样的。这说明在育种家想要得到 50 个测产品系的情况下，这个群体的规模就应保留充分变异，以便在 4 个额外位点得到最理想的基因组合。如果更多的位点具有有用的变异，从这个杂交组合中得到理想基因型的概率则相对较低。

上述部分富集策略结合较晚世代对高水分利用效率的低碳同位素分辨率的表型选择，以及较早世代标记筛选富集关键抗病和籽粒品质等位基因的频率，成功地应用于培育澳大利亚小麦品种‘Longreach Scout’（Plant Varieties Journal，2009）。群体规模设定为能保留未定位位点的重要等位基因的变异。另外一个应用部分富集的例子是长胚芽鞘品种的培育，对 *Rht8* 种质系通过 6 个标记位点和假定的额外 4 个控制胚芽鞘长度变异的重要多态性位点的选择，群体规模定为能保留自交系表型选择的变异（Wang et al.，2009；Bonnett，未发表）。在 BC_1 和双亲杂交群体中得到和供体系一样长的胚芽鞘（Bonnett，未发表）。利用澳大利亚普通品种和育种品系构建的 3 个 DH 群体进行 QTL 定位研究，证明了胚芽鞘长度和碳同位素分辨率的重要等位基因数目的估计值（Rebetzke et al.，2007，2008a）。另外一个水分利用效率相关性状，可溶性碳水化合物的研究（Rebetzke et al.，2008b）也获得了类似的结果。在所有这些研究中，许多基因位点在群体间不同，但其数目相同，粗略地计算，每个位点的变异水平大致相似。因此，尽管在任何杂交组合中分离的位点数可能不同，但似乎组合中父母本的多样性水平大致相同，其性状的遗传结构往往是相似的。这种在相似群体 QTL 研究中判断性状重要位点数目的方法可以被应用于其他的复杂性状，如产量或耐旱性。群体和形成表型的环境，其数目和相关性越大，应用这种方法的可能性越大。如果群体中存在更多的重要位点，那么不太可能得到在所有位点都携带最有利等位基因的单株，但是仍有可能取得有用的进展。

上面用几个小例子说明了可应用于育种程序的分子标记辅助等位基因富集策略的原理和价值。本节将为育种家提供表和公式，以用来计算包括回交和顶交群体在内的更大范围的选择策略所需的群体规模。

多个独立位点的目标基因型的频率即每个独立位点上目标等位基因频率的产出，这一应用表明，所有目标等位基因在 F_1 和 F_2 群体中至少一同存在于杂合状态。在 F_1 的回交或顶交群体中，如果供体（非轮回亲本）的等位基因没有被富集，只有少量的 F_1 能在后代中作为奠基者，那么此条件可能不满足。如果在这种杂交组合的 F_1 代没有应用富集，一半的 F_1 单株将完全缺少供体系的每个目标等位基因，F_1 代未携带每个供体等位基因，至少一个拷贝的频率将会很高（对于 *n* 个等位基因，F_1 群体携带供体系的目标

等位基因的频率为 $1/2^n$)。所有每个供体系等位基因的携带者都是杂合的，因此，需要特别注意通过应用选择富集等位基因频率或保持大群体来避免由于漂移造成的期望频率的严重偏离。

表 14.3 显示了在不同世代具一共同初始等位基因频率范围的单一位点的目标等位基因的携带者和纯合子的频率。这个表可以用来计算在一个理想的世代被选择的携带者或纯合子的频率。在不同的多态性位点含有不同的目标等位基因频率的群体中，携带有所有位点特定基因型单株的频率可以用乘以每个位点的单独频率算出。例如，在一个双亲杂交群体中，已经在 6 个位点的目标等位基因应用 F_2 富集，F_4 代中一个所有位点都纯合的基因型频率为 $0.585^6=0.060$。

表 14.3　不同等位基因频率和近交水平下目标等位基因（A）纯合子（homo）和携带者（carr）的频率（Bonnett et al.，2005）

等位基因频率	1/4（如 BC_1 的非轮回亲本的等位基因）		1/2（如双亲杂交组合）		3/4（如 BC_1 的轮回亲本的等位基因）		2/3（如双亲杂交组合的 F_2 富集）		7/8（如 BC_1 轮回亲本等位基因的 F_2 富集）	
基因	homo（AA）	carr（A-）	homo（AA）	carr（A-）	homo（AA）	carr（A-）	homo（AA）	carr（A-）	homo（AA）	carr（A-）
F_2	0.125	0.375	0.250	0.750	0.625	0.875	0.333	1.000	0.714	1.000
F_3	0.188	0.313	0.375	0.625	0.688	0.813	0.500	0.833	0.786	0.929
F_4	0.219	0.281	0.438	0.563	0.719	0.781	0.583	0.750	0.821	0.893
F_5	0.234	0.266	0.469	0.531	0.734	0.766	0.625	0.708	0.839	0.875
F_6	0.242	0.258	0.484	0.516	0.742	0.758	0.646	0.688	0.848	0.866
F_7	0.246	0.254	0.492	0.508	0.746	0.754	0.656	0.677	0.853	0.862
F_8	0.248	0.252	0.496	0.504	0.748	0.752	0.661	0.672	0.855	0.859
F_9	0.249	0.251	0.498	0.502	0.749	0.751	0.664	0.669	0.856	0.858
F_{10}	0.250	0.250	0.499	0.501	0.750	0.750	0.665	0.668	0.857	0.858
DH	0.250	0.250	0.500	0.500	0.750	0.750	0.667	0.667	0.857	0.857

在类似的回交群体中，目标等位基因在 4 个位点来自轮回亲本，2 个位点来自供体系，在 BC_1F_1 中富集供体系等位基因，在 F_2 中富集供体系和轮回亲本的等位基因，在一个 DH 系群体中经过 F_2 富集，一个基因型的频率为 0.67^2（供体系等位基因）× 0.857^4（轮回亲本等位基因）=0.0494。这需要供体系等位基因在 BC_1F_1 富集（每个位点的频率从 1/4 增加到 1/2），且随后在 F_2 富集供体系等位基因的频率从 1/2 增加到 2/3。在 BC_1F_1 中富集轮回亲本的等位基因可将其频率从 3/4 增加到 7/8。尽管回交群体中轮回亲本等位基因纯合子的频率相对较高，富集仍需要比选择纯合子小的群体规模（Bonnett et al.，2005）。除了需要更大的群体规模，在 BC_1F_1 和 BC_1F_2 中选择轮回亲本等位基因的纯合子还取决于共显性标记的可用性。

获得一个带有目标基因型的单株所需的群体规模与这些单株的频率呈负相关，计算任何频率和期望置信度下群体规模的公式见 Bonnett 等（2005）。为了达到 95%的获得目标基因型的概率，一个有用的经验法则是频率的倒数乘以 3。例如，频率为 1/16 时，95%概率得到目标基因型所需的群体规模为 16×3=48。换句话说：

群体规模＝（1/目标基因型频率）×3

这个公式适用于无论是纯合的还是杂合的目标基因型。

四、显性和共显性标记

在之前所有的讨论中，很少提到所用标记是显性的还是共显性的。共显性标记有一个优点是可以区分纯合子和杂合子。如先前所讨论的，试图在 F_2 中只选择纯合子实际上将增加所需群体的规模以进行 F_2 富集，显性或共显性标记几乎都是有用的。共显性标记在富集中的优势是可以对目标等位基因频率进行更直接的评价，如果所选 F_2 单株的一些目标等位基因是纯合的，就可免除筛选带有这些等位基因的后代，降低标记筛选成本。但是，这就需要很好地跟踪各单株至其亲本 F_2。

共显性标记的另一个优点是不需要对后面世代（如 F_5 或 F_6）中得到的纯合子单株进行子代鉴定。如果不进行子代鉴定，一些选择的单株在部分目标等位基因上可能是杂合的。然而，由于每自交一代杂合个体的频率减半，只有相当少的中选 F_6 单株在所有目标位点上是杂合的，因此，共显性标记有一些优势，但这些优势通常不是实质性的。

五、改良系谱和集团育种法的使用

前面的讨论是假定严格使用 SSD 或 DH 群体，至少是在 F_2 选择之后的群体。这是系谱育种法非常极端的形式，可能不是育种程序中最实用的方法。然而同样的原理适用于其他的育种方法，F_2（和复合杂交 F_1）富集后，无论通过什么系统的自交产生目标纯合子的频率都最终与通过 SSD 产生的相同，其他性状的选择不影响连锁或基因多效性的目标等位基因的频率，群体规模保持足够大，以避免由于漂移带来的等位基因频率的变化。集团育种法可能是一个非常有效的构建纯合群体的方法，而对其他性状的选择，这种选择不会由于基因连锁、基因多效性或遗传漂移引起富集后“目标”等位基因频率的变化，预期目标基因型的频率应该与预期的相似。

六、目标位点间的连锁、标记和目标等位基因的不完全连锁

由于有大量标记可供选择，在某种程度上，一个杂交组合中不可避免地将包含了连锁的目标等位基因。如果是耦合连锁，它们会表现得更像一个单基因，所需的群体规模将小于它们间没有连锁时。如果它们是相斥连锁，两个位点间必须发生交换，才能使等位基因存在于同一条染色体上，所需的群体规模将会相当大。如果目标等位基因是相斥连锁，通常情况下，最好是首先得到一个与目标等位基因耦合连锁的重组系，然后集中结合其他等位基因（Wang et al.，2007）。

如果标记与目标等位基因不是完全连锁，将需要更大的群体规模以允许标记和目标等位基因间的重组。如果只在后期世代中选择纯合子，不完全连锁不影响群体中目标个体的频率，只会导致其在鉴定中出现某种程度的不准确性。如果应用于 F_2 富集，等位基因频率的变化将略低于标记是完全连锁时。尽管效率略有降低，使用不完全连锁的标记仍能增加等位基因频率，甚至标记与等位基因间有相当高水平的重组时也是非常值得

的。在这种情况下，侧翼标记非常有用。表 14.4 显示了使用不同选择方法和标记与目标等位基因间不同的重组水平下，在一个位点一个目标等位基因的频率。使用完全连锁标记时频率均为 1。使用不完全连锁标记更多的细节参考 Wang 等（2007）。

表 14.4 利用不完全连锁标记选择后等位基因的频率（Wang et al.，2007）

选择方法	标记类型	标记和基因间的距离		
		1cM	5cM	10cM
F_2 代纯合子选择	单标记	0.991	0.954	0.910
	侧面标记	1.000	0.998	0.990
F_{10} 代纯合子选择	单标记	0.980	0.912	0.846
	侧面标记	0.999	0.988	0.959
F_2 代富集选择	单标记	0.982	0.914	0.847
F_{10} 代富集选择	侧面标记	0.999	0.987	0.963

参考文献

Bernardo, R. and Yu, J. (2007) Prospects for genomewide selection for quantitative traits in maize. *Crop Science* 47, 1082–1090.

Bonnett, DG., Rebetzke, GJ. and Spielmeyer, W. (2005) Strategies for efficient implementation of molecular markers in wheat breeding. *Molecular Breeding* 15(1), 75–85.

MASWheat (2011) Marker Assisted Selection in Wheat. Available at: http://maswheat.ucdavis.edu/protocols/index.htm (accessed 6 August 2011).

Meuwissen, THE., Hayes, BJ. and Goddard, ME. (2001) Prediction of total genetic value using genome-wide dense marker maps. *Genetics* 157: 1819–1829.

Rebetzke, GJ., Ellis, MH., Bonnett, DG. and Richards, RA. (2007) Molecular mapping of genes for coleoptile growth in bread wheat. *Theoretical and Applied Genetics* 114(7), 1173–1183.

Rebetzke, GJ., Condon, AG., Richards, RA., Appels, R. and Farquhar, GD. (2008a) Quantitative trait loci for carbon isotope discrimination are repeatable across environments and wheat mapping populations. *Theoretical and Applied Genetics* 118, 123–137.

Rebetzke, GJ., van Herwaarden, A., Jenkins, C., Ruuska, S., Tabe, L., Lewis, D., Weiss, M., Fettell, N. and Richards, RA. (2008b) Quantitative trait loci for water soluble carbohydrates and associations with agronomic traits in wheat. *Australian Journal of Agricultural Research* 59, 891–905.

Passioura, JB., Spielmeyer, W. and Bonnett, DG. (2007) Requirements for success in marker-assisted breeding for drought-prone environments. In *'Advances in molecular-breeding toward drought and salt tolerant crops'*. (Eds. Jenks, MA., Hasegawa, PM. and Jain, SM.) Springer. pp 479–500.

Plant Varieties Journal (2009) Vol. 24 Issue 1. Application 2009/195 'Longreach Scout'. Official Journal of Plant Breeder's Rights Office, IPAustralia.

Wang, J., Chapman, SC., Bonnett, DG., Rebetzke, GJ. and Crouch, J. (2007) Application of population genetic theory and simulation models to efficiently pyramid multiple genes via marker-assisted selection. *Crop Science* 47, 582–588.

Wang, J., Chapman, SC., Bonnett, DG. and Rebetzke, GJ. (2009) Simultaneous selection of major and minor genes: use of QTL to increase selection efficiency of coleoptile length of wheat (*Triticum aestivum* L.). *Theoretical and Appied Genetics* 119(1), 65–74.

（逯腊虎 译）

第四篇

为可持续种植制度的发展提供基础

第十五章　保护性农业的原理

Kenneth Sayre，Bram Govaerts[1]

摘　　要

目前全球的耕地面积已经急剧下降。农业不仅应该高产，而且应可持续。农业生产排放了大量的温室气体（GHG），如二氧化碳、甲烷和一氧化二氮。改进农业措施以减少温室气体排放，减缓气候变化是非常重要的，但这些措施还需要改善农民的生产和收入，缓冲生产系统对气候变化的影响。基于最小的土壤干扰，永久的土地覆盖和作物轮作的保护性农业（CA）是实现这些目标的一种管理系统。CA 改善土壤聚合状态，通常有较高渗透性，减少径流，因此与传统农业相比，CA 可保持土壤水分，使作物可利用更多水分。CA 的温度波动较小。土壤表面的残留物可孳生病原菌和带有促生长物质的有益土壤微生物种群，土壤表面的病原菌可能释放孢子。这可能引发病害压力的重大变化。然而，功能和物种的多样性也在增加，为综合防治病虫害创造了更多的可能性。CA 也减少了水和风对土壤的侵蚀，因为土壤表面被保护，水径流降低，更多的水分进入土壤剖面。CA 系统遵循一系列原则，该原则必须适应各种具体情况。复杂的、多组分的技术，例如，通过研究和推广传统的线性模型，将 CA 系统成功地向外扩展是不太可能的，相反，它们要求发展创新系统，使技术适应当地的条件。因此，需要具适应性的研究和推广系统，在不同的农业生态区和耕作系统中设置 CA 的工作范例。

一、引　　言

人类总是努力生产越来越多的食物，导致在我们的环境中留下了他们的痕迹。持续使用广泛耕作的传统农业措施，尤其是与清除或就地焚烧农作物秸秆结合，加大了土壤侵蚀损失，土壤资源基础持续下降（Montgomery，2007）。许多对于有效、稳定和作物可持续生产的重要土壤参数，包括土壤物理、化学和生物因素已经糟糕到了极点。尽管可用增加产量潜力的改良品种，但产量潜力因为粗劣的作物系统管理而无法增加（Reynolds and Tuberosa，2008）。农民持续使用传统的生产实践的另外一个直接后果是生产成本的迅速增加和对投入的低效率使用，这些投入的成本在持续上升。另外，任何新的、更可持续的管理策略必须符合新兴作物的多样化策略，这些新兴作物的发展可能会满足新的消费或工业需求。由于城市化、工业扩张及近年来生物燃料用地和工业作物生产的急剧增加，所有这一切都必须在可用于作物生产的土地面积减少的背景下完成。关心作物生产系统环境和经济可持续性的农民已开始应用并适应改良的管理体系，以走

1 CIMMYT，墨西哥

向可持续保护性农业（CA）基本系统的终极目标。

二、保护性农业（CA）

CA 这一名称已经使用了 7 年，以便将这个更可持续的农业与狭义的“保护性耕作”加以区分（Wall，2006）。保护性耕作是一种广泛使用的描述新的作物生产技术开发的术语，通常与某种程度的耕作减少相联系，如播前及当季的机械除草操作，可能会导致某种程度的土壤表面的作物残渣滞留。保护性耕作的定义不特指任何特别和最佳水平的耕作，但却规定土壤表面的秸秆覆盖至少应该是 30%（Jarecki and Lal，2003）。然而 CA 的重点不在耕作，它提出了更多增进完整农业系统的概念。CA 基于 3 个原则：①最低限度的土壤干扰；②土壤覆盖作物残留物；③轮作。然而，人们对于什么才是 CA 有相当大的误解，有些人认为“真正的 CA”只涉及连续使用免耕播种于未耕且土壤表面永久覆盖作物残留物的土壤狭缝中。CA 以这种方式已经成功实现，尤其是对雨养生产系统。据 Derpsch（2005）统计，在 2005 年，世界范围内有超过 9600 万 hm^2 的免耕土地，约占超过 90%的免耕区域存在于 5 个国家（美国、巴西、阿根廷、加拿大和澳大利亚）的旱作生产系统中。这样，只有不到 10%的 CA 免耕区域在世界其他地方。

因此，很明显，在世界上有很多的作物生产系统当前还没有应用 CA 的免耕，在永久性残留物覆盖的土壤上播种，也许永远不会应用。然而有一个共识，即最好的 CA 的应用或使用是被一系列原理定义的（Kassam et al.，2009）。这些原理基本上可以应用于所有的作物生产系统，给大多数作物的管理/改善行为提供基础。这些 CA 原理适用于大范围的作物生产系统，从低产、干旱、雨养条件到高产、灌溉条件。然而，应用 CA 原理的技术在不同的情况下将会非常不同，并将随生物物理和系统管理条件及农民的状况而变化。特定的和兼容的管理构成因素（防治害虫和杂草的策略、养分管理策略、轮作作物、适度规模的工具等）需要通过农民积极参与的适应性研究来确定。

三、CA 技术的基本原理

CA 原理 1　显著减少耕作

目标是应用免耕或有控制的耕作播种系统，正常情况下不干扰超过 20%～25%的土壤表面（条状耕作或永久性的垄作种植系统，在作物播种之前仅对垄间沟床的表面进行整形）。

免耕播种本身可能是一个可行的期望目标，不过，在其他系统中，某种类型的土壤运动可能是必要的。例如，在重力灌溉（gravity-fed irrigated）条件下，一个起垄沟灌的永久性系统可能比一个在“平地”上少耕或免耕更适合和更可持续地代替广泛使用的在平地上漫灌的耕作系统。永久性垄床不耕作，只根据需要在作物种植间期整形。根据垄床的宽度和作物种类在垄床顶部种 1～4 行，进行灌溉。图 15.1 比较了传统耕作系统与 CA 沟灌，即永久性垄作种植系统的整地，通过耕种机械一次通过（a single pass）的方式修整垄床（垄床的顶部没有耕作干扰），并将基肥和后茬作物的种子——玉米（*Zea mays* L.）一起播于前茬作物小麦（*Triticum aestivum* L.）的残留物中。

图 15.1 传统的耕作系统（A）与永久性垄作系统（B）

CA 原理 2 在土壤表面保留足够水平的作物残留物

目标是在土壤表面保留足够的残留物以阻止水/风侵蚀土壤、水径流和蒸发，改善水分生产率，提高与长期可持续生产力相联系的土壤物理、化学和生物学特性。

为了说明这个原理的重要性，图 15.2 比较了在一次强降雨后，墨西哥国际玉米小麦改良中心高雨潮湿试验站（海拔 2640m；19.17°N，99.33°W，火山粉砂质黏壤土）在全耕作结合全残留（图 15.2A）和永久性垄床的完全保留残留（图 15.2B）情况下，雨水径流和相关潜在的垄床侵蚀状况。传统耕作田造成了积水，田地末端的低洼处淹没了作物，而在与之相邻的 CA 田中永久性垄床和土壤表面保留的残留物将水聚集在沟中，慢慢渗透，田地末端的低洼处没有积水。

图 15.2 在墨西哥中部高地国际玉米小麦改良中心高雨潮湿试验站（海拔 2640km；19.17°N，99.33°W，火山粉砂质黏壤土）一次强降雨（30mm）后传统的耕作田（A），以及邻近的永久性垄床和土壤表面保留作物残留的保护性农田（B）的结果（照片：K. D. Sayre 和 F. Delgado）

表面保留残留物的重要性在墨西哥中部高地的旱作地块的照片中可以再次看到（图 15.3），这些地块种植相同的杂交种，除了去除残留物（图 15.3A）和表面保留前茬的小麦残留物（图 15.3B）外，播种日期和作物管理措施都相同。这些照片拍摄于 2009 年 8 月下旬，从 7 月初到 8 月下旬降雨很少（2009 年这一时期的降雨量为 89mm，这一时期长期平均为 233mm），这再一次非常清楚地表明表面保持残留物和 CA 播种系统对于水分利用的价值。

图 15.3　永久性垄床完全去除残留（A）和完全保留残留（B）

CA 原理 3　使用合理的作物轮作

目标是采用经济可行的、多样化的作物轮作帮助解决杂草、病害和虫害问题，提高土壤生物多样性；利用生物固氮和其他方法增强土壤的属性；减少劳动的强度；可以通过作物多样化来减少风险，为农民提供新的经济机会。

图 15.4 展示了在墨西哥西北部用 CA 灌溉方法、永久性垄作种植系统管理的部分作物。

图 15.4　墨西哥西北部正在使用永久性垄床的多样化灌溉的作物实例（基于小麦的耕作制度）

尽管在墨西哥西北部冬季播种的有灌溉条件的春小麦是其主要作物，但许多农民意识到如果在他们的生产系统中有成功种植其他作物的经济可行的机会，他们是可能受益的。但要以这种方式去做，在他们的生产系统中将允许应用 CA 的基本原理，所有作物包括小麦相关的 CA 管理措施必须如图 15.4 中所示进行开发。

在墨西哥西北部，周年包括小麦的耕作体系仍然占主导地位，然而图 15.5 显示了在墨西哥西北部基于灌溉小麦系统的多样化作物轮作在小麦产量本身潜在的正效应。目前农民所使用的最常见的轮作是小麦-夏季休耕。正像在图 15.5 中看到的那样，由于轮作多样化，在一个两年轮作序列中从小麦-夏季休耕到小麦-夏玉米再到小麦与几个供选作物的轮作，小麦的 4 年平均产量略微上升且差异显著。专家正在进行经济分析，以确定 CA 作物管理措施中，多样化轮作所使用作物的经济可行性。

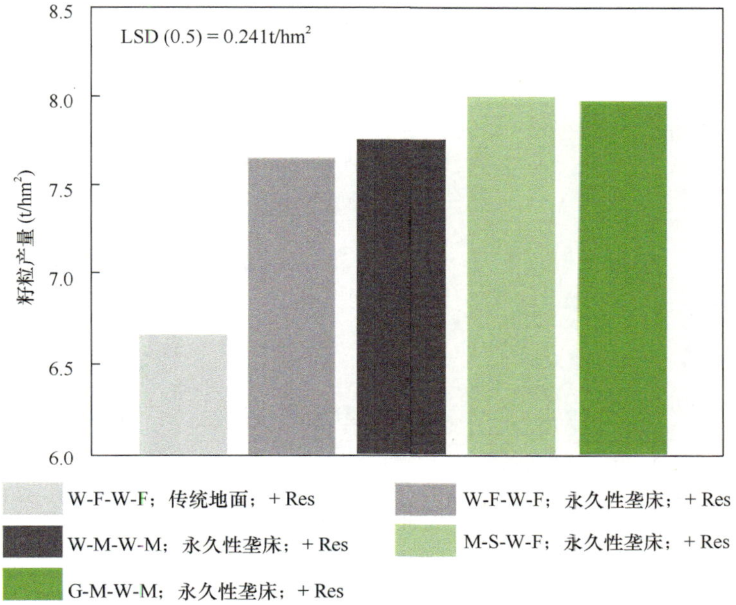

图 15.5　2006～2009 年，在 CENEB，墨西哥索诺拉省 Yaqui 河谷，耕作、残留管理和轮作对小麦平均籽粒产量的效果

W=小麦，F=休耕，M=玉米，S=高粱，G=鹰嘴豆，+Res=秸秆覆盖

图 15.5 中令人更感兴趣的可能是，与普通农民利用传统耕作小麦残留完全融入土壤的小麦-夏季休耕相比，在永久性的垄床只在垄间沟床上偶尔整形，垄床顶部不耕作，在土壤表面保留残留物的小麦-休耕轮作中可以观察到小麦的产量优势。利用表面保留残留物的永久性垄作显著减少耕作，与当前农民的实践相比，具有明显的优势，但这些尚未被人们清楚地理解。

CA 原则——农民对直接经济效益及生计的信念

目标是通过创新 CA 作物管理技术，确保农业经济的可行性和稳定性，提高生活水平，该技术致力于农民不同的生物物理和社会经济条件的需要。

由于农民应用 CA 作物管理措施可能涉及多个不同的变化（播种设备、残留物管理、杂草防治、病害和虫害防治、养分管理、轮作作物等），农民必须密切参与新的和基于 CA 的生产实践的开发、测试、修正和示范/推广（以尽可能多地直接在农民的田间实施）。这是到目前为止农民充分理解如何及为什么应该在他们的田间实施这些技术最有效的方式。这也是农民更好地理解通过应用这些技术可能获得潜在经济效益最有效的方式。相对于许多科学家和技术指导员的结果，农民更容易相信其他的农民。

图 15.6 包括墨西哥西北部农民模块平均 5 个种植周期的小麦产量、预估的可变生产成本和高于可变成本的收益。这些结果来自一个大规模试验/农民示范模块，作物种植于每一个可能的种植系统（由于永久性垄作小麦作物间的周转快，通常比耕作小麦早 7～10 天）。可以观察到，基于 CA 的永久性垄作种植系统与当前农民实践相比，小麦产量中度显著增加，同时可变成本显著降低，产生了一个明显更高的可变成本的经济回报。该地区的农民全面参与产生这些信息的模块这一事实，在鼓励农民应用永久性垄作技术上产生了巨大的影响。

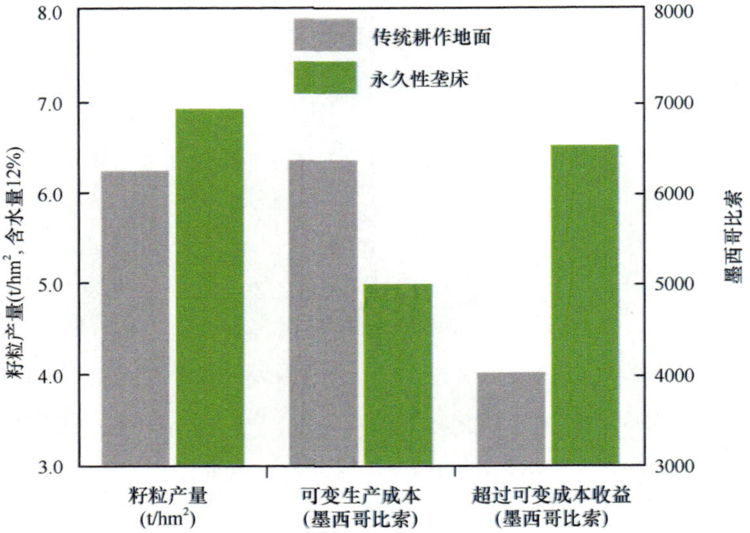

图 15.6　传统耕作床与永久性垄床上生产的小麦在籽粒产量、可变生产成本和高于可变成本收益方面的比较。1993～2006 年在墨西哥索诺拉省 Yaqui 河谷的灌溉小麦系统的保护性农业试验

上面列出的 CA 的基本原理不是定位或具体的耕作制度，而是提供了制作和集成所需的策略性的作物管理措施/组分（播种机/工具、作物残留管理、品种、杂草、病害和虫害防治措施、肥料和灌溉管理等）的基础，该基础必须按需要被开发、测试和修改，以便应用于一个给定的作物生产体系。CA 技术原理可提供主要的、策略性的基础，以应用于所有主要作物生产系统的集成行为，从低产旱作条件到高产灌溉条件，从大规模到小规模（图 15.7）。应该非常清楚的是，CA 不应该被视为一个分离的“学科”本身，而是指导开发新的、可持续的耕作措施的 3 个 CA 原理的战略基础。

图 15.7　在孟加拉国利用二轮拖拉机带动的基于 CA 的播种机，收获水稻后小麦的条耕播种（A），以及鹰嘴豆的免耕播种（B）

四、CA 产生可持续的种植制度

许多农民（和科学家）着手开发和使用 CA 技术的决定，很大程度上取决于现在如何理解强化耕作、作物残茬去除/燃烧和广泛连作等造成的普遍土壤退化问题。农民通过采用 CA 作物管理措施可能获得的潜在收益列表（但不是一个无所不包的列表）如下。

- 稳定/逆转广泛的土壤侵蚀/退化以提高自然资源土地、水和空气的可持续利用（Verhulst et al.，2010）。
- 提高旱作和灌溉作物生产系统的水分利用效率。
- 通过增加时间的使用效率（加快作物间的周转时间）和投入的使用效率来增加作物生产率（Hobbs and Govaerts，2010）。
- 提供机会于更好的作物以应对和/或减轻气候变化带来的潜在不利影响（Hobbs and Govaerts，2010）。
- 降低生产成本，增加种植机会，使农民更好地改善生活，降低风险。总的来说，CA 的外部公共利益超过了农场私人利益（Knowler and Bradshaw，2007）。

Verhulst 等（2010）做了一个广泛的文献综述，总结了不同耕作系统下 CA 对土壤质量的影响。一些研究结果的总结列于表 15.1。提高土壤质量和养分循环的结果将改善作物适应当地气候变化的弹性能力。最低限度的土壤干扰和土壤覆盖将保护土壤的生物组成，有助于生物耕作，通过生物多样性控制虫害和病害，为植物良好的生长制造可利用的养分。

对于上面概述的由合适的 CA 作物生产实践获得的潜在利益的确很难理解，为什么正在研究作物管理各个方面的大多数科学家仍然只将其精力集中于调整作物管理措施（基于继续使用强度耕作），而不是发展 CA 原理以更好地指导农民需要的可持续的、更有效的技术。如果上述 CA 原则可能是“主流”，那么提供支撑动力以全力改善作物管理和作物改良措施，似乎是合乎逻辑的、有效的和高效率的。这看来是合理的，尤其对于农学家、土壤科学家和杂草科学家。

表 15.1 不同种植制度下，增加一些关键土壤参数的系统（保护性农业和传统措施）概览

保护性系统（CA）	增加所选参数的系统	参考文献
土壤聚合和结构稳定性		
免耕+残留	CA	Govaerts et al.，2009
最小化耕作+残留	CA=CT	Hulugalle et al.，2006
最小化耕作+残留	CA	Hulugalle et al.，2007
免耕+残留	CA	Kennedy and Schillinger，2006
永久性垄床+残留	CA	Govaerts et al.，2007b
永久性垄床+残留	CA	Limon-Ortega et al.，2006
免耕+残留	CA	Mikha and Rice，2004
免耕+残留	CA	Roldan et al.，2007
免耕+残留	CA	Franzluebbers，2002
土壤含水量		
免耕+残留或有机肥	CA	Anikwe et al.，2003
免耕+残留	CA	Govaerts et al.，2009
永久性垄床+残留	CA	Govaerts et al.，2007b
最小化耕作+残留+棉花/小麦	CA	Hulugalle et al.，2002
免耕+残留	CA=CT	Kennedy and Schillinger，2006
免耕+残留	CA	Bescansa et al.，2006
免耕+残留	CA	Fabrizzi et al.，2005
免耕+残留	CA	Kemper and Derpsch，1981
免耕+残留	CA	Azooz and Arshad，1995
免耕+残留	CA	Johnson et al.，1984
渗透		
免耕+残留	CA	Govaerts et al.，2007a
永久性垄床+残留	CA	Govaerts et al.，2007b
免耕+残留	CA	McGarry et al.，2000
免耕+残留	CA	Zhang et al.，2007
免耕+残留	CA	Pikul and Aase，1995
免耕+残留	CA	Cassel et al.，1995
免耕+残留	CA	Freebairn and Boughton，1985
免耕+残留	CA	Thierfelder et al.，2005
永久性垄床+残留	CA	Verhulst et al.，2009
侵蚀		
免耕+残留	CT	Cassel et al.，1995
免耕+残留	CT	Freebairn and Boughton，1985
免耕+残留	CT	Thierfelder et al.，2005
免耕+残留	CT	Kemper and Derpsch，1981
永久性垄床+残留	CT	Verhulst et al.，2009
免耕+残留	CT	Zhang et al.，2007
免耕+残留	CT	Schuller et al.，2007
免耕+残留	CT	Montgomery，2007
蚯蚓数量		
免耕+残留	CA	Kladivko，2001
免耕+残留	CA	Barnes and Ellis，1979
免耕+残留	CA	Gerard and Hay，1979
土壤盐碱度		
永久性垄床+残留	CT	Govaerts et al.，2007b
最小化耕作	CT	Hulugalle and Entwistle，1997
永久性垄床+残留	CT	Sayre，2005
免耕+残留	CT=CA	Du Preez et al.，2001
免耕+残留	CT=CA	Franzluebbers and Hons，1996
燃油损耗		
免耕	CT	Erenstein et al.，2008
免耕+残留	CT	West and Marland，2002
免耕+残留	CT	Wang and Dalal，2006
免耕+残留	CT	Robertson et al.，2000

注：CA. 保护性农业；CT. 传统耕作制度

五、育种家和生理学家的 CA

一个尖锐存在和未解决的主要问题是植物育种家可能需要修改他们的育种策略和田间选择方法，开发适合已经或者即将采用 CA 生产实践的农民的新品种，尤其对于那些基于少耕或免耕，将作物残留物保留在土壤表面的播种系统。几乎所有的植物育种家都在继续使用传统的耕作整地和播种来进行田间选择或筛选活动，甚至很少在基于 CA 的播种措施下鉴定高代品系，而许多农民在他们的目标地区已经或将很快采取 CA 的播种措施。这显然是一个极重要的问题，需要快速解决以更好地指导植物育种工作。因此，生理学家与农学家应该合作使用 CA 而不是传统耕作系统指导育种者，以及确定改良的或不同植物表现的农艺和生理基础。在墨西哥的国际玉米小麦改良中心，小麦育种者、农学家和生理学家正在考虑这种育种方法论问题。

六、综合的、多学科及跨学科开发的策略和推出基于 CA 的作物管理措施

新的作物生产技术的开发、测试和向农民推广，传统上遵循一个线性过程（图 15.8）。通常新的单一技术推广给农民使用时（新品种、除草剂或杀虫剂等），其推广进展是很好的。

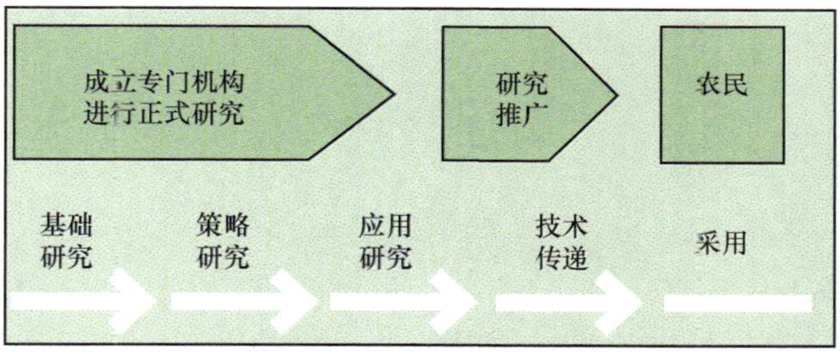

图 15.8　知识/新技术从研究人员到农民的传统的线性流动（Ekboir et al.，2001）

然而，近年来，农民对使用更具可持续性和经济上可行的方式改良他们的作物生产系统感兴趣，已经开始采用和适应改良了的作物管理措施，这些措施更紧密地聚焦于他们完整的农业生产系统，然后可能需要集成，或有时需要同时使用许多新技术组件（新的少耕或免耕播种系统，该系统可能需要新的杂草和养分管理选项，也许是不同的品种等），这将需要大量合作伙伴作为团队，通过互动来产生所需的作物综合管理措施。因此，在应用 CA 的情况下，这种线性的推广方法不是很有效。在农民愿意采用这种新技术之前，他们必须为自己设想，排除忧虑。必须发展利益相关者的网络来解决应用中出现的各种问题。研究人员和推广机构需要与农民互动，提出在 CA 应用的初始阶段出现的问题。当地制造商需要积极与农民一起鉴定机器的改良，使之更好地运行。银行和信贷机构需要为农民提供资金购买设备。供应机构需要供应肥料和其他的高产所需的投入。这些都可以通过公共机构或公私合作协调。然而，很明显的是必须促进协作各方的创新过程，而不是仅促进采用技术的线性流程。

因此，应该在不同的农业系统和农业生态区发展分散的学习中心网络（Sayre and Govaerts，2009）。在这些中心，可组织不同合作伙伴在研究和推广过程中频繁接触和交流信息。生产系统中的多个角色（农民、科学家、机器制造者、决策者、投资供应商等）聚在一起，一起工作，一起学习，在加强推广应用方面加倍努力。由于 CA 技术开发和推广的多方面性质，活动应该集中在几个确定的位置以代表某些农业系统，而不是更广范围内的低强度的努力。通过研究和培训，建立区域 CA 网络来促进和鼓励创新系统和技术的研究与推广。中心的研究还提供了 CA 系统功能的一个例子，帮助打破犁耕的栽培方式。学习中心与国际中心和国家研究机构操作的战略科学平台，联合形成一个全球性的对 CA 及其适应于不同环境、种植制度和农民境遇的理解。具创新精神的农民积极参与，是建立和推广一个成功的具可持续发展影响的 CA 网络的关键因素（图 15.9）。

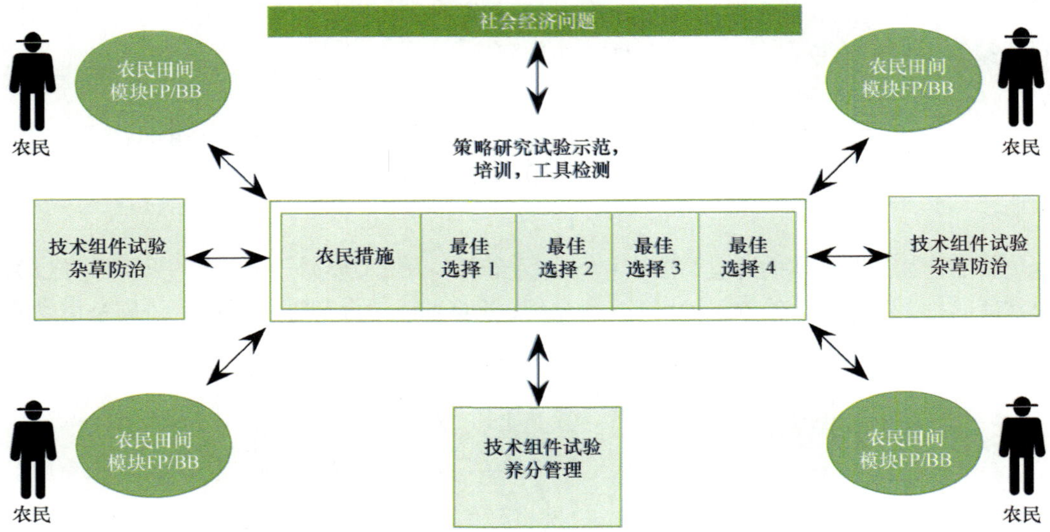

图 15.9　基于 CA 研究和成果推广中心，对开发、测试和部署新的、集成的、以 CA 为基础的、农民积极参与的作物管理措施至关重要的结构和必要因素

FP/BB=农民措施/最佳选择

在墨西哥的国际玉米小麦改良中心，聚焦 CA 的农学家目前已经开发出了 3 个 CA 研究和成果推广中心，专注于墨西哥西北部灌溉的小麦系统、墨西哥中部高地的低雨量的旱作玉米/小粒（谷物）系统及高雨量的雨养系统。中心为试验站，如果必要的话，也为农民提供在田间水平上所需的设施。所有相关学科的科学家在基于 CA 的条件下都有机会以一个集成的方式交流和测试他们参与集成的技术，以此来鉴定他们最相关的部分技术。然后，与其他学科的相关技术组合在一起，在长期试验中与普通农民使用的技术相比较，观察它们的中长期效果，确定应用价值。同时，在所有的中心，在农民积极参与的田间，大量已发放的 CA 技术模块中，与农民技术相比，最好的 CA 技术都可被识别和测试。这些中心允许发展和向农民提供可持续的 CA 技术，但要注意以下两个重要问题：① 鼓励科学家、交易机构、公共的和私立机构的参与者之间的多/跨学科合作，产生集成的、完整的 CA 作物管理措施，农民需要比较其综合农场水平的要求；②确保农民自始至终积极参与中心活动的机会，这些活动的所有方面是确保相互关联的。这一途径可使科学家成为更好的农民，使农民成为更好的科学家。

七、结　　论

面临不断增加的世界人口对食物、衣服和燃料的需求，如果不进行新的、更有效的和综合的努力来发展农民需要的更高产、可持续的和经济可行的作物管理措施，后果可能是灾难性的。发展并实施所需的策略，精心操作和部署所需的作物管理措施以满足经济可行的生产和产量的需求，既稳定和逆转了在绝大多数基于耕作的生产系统已经发生的广泛的土壤退化，又提供了缓解气候变化影响的机会，这是至关重要的。

以应用 CA 原理为基础，为发展新的、综合的作物管理措施提供前进的道路，似乎是完全合乎逻辑的。此外，基于 CA 研究和成果推广中心重点专注耕作和生产系统，可以提供必要的手段，更好地确保这些作物管理措施满足农民的需要，因为农民是所有中心活动的积极参与者。

参考文献

Anikwe, MAN., Obi, ME. and Agbim, NN. (2003) Effect of crop and soil management practices on soil compatibility in maize and groundnut plots in a Paleustult in Southeastern Nigeria. *Plant and Soil* 253, 457–465.

Azooz, RH. and Arshad, MA. (1995) Tillage effects on thermal-conductivity of two soils in northern British Columbia. *Soil Science Society of America Journal* 59, 1413–1423.

Barnes, BT. and Ellis, FB. (1979) Effects of different methods of cultivation and direct drilling and disposal of straw residues on populations of earthworms. *Journal of Soil Science* 30, 669–679.

Bescansa, P., Imaz, MJ., Virto, I., Enrique, A. and Hoogmoed, WB. (2006) Soil water retention as affected by tillage and residue management in semiarid Spain. *Soil & Tillage Research* 87, 19–27.

Cassel, DK., Raczkowski, CW. and Denton, HP. (1995) Tillage effects on corn production and soil physical conditions. *Soil Science Society of America Journal* 59, 1436–1443.

Derpsch, R. (2005) The extent of conservation agriculture adoption worldwide: Implications and impact. In "III World Congress on Conservation Agriculture: Linking Production, Livelihoods and Conservation", Nairobi, October 3–7.

Du Preez, CC., Steyn, JT. and Kotze, E. (2001) Long-term effects of wheat residue management on some fertility indicators of a semi-arid Plinthosol. *Soil & Tillage Research* 63, 25–33.

Ekboir, J., Boa, K. and Dankyi, AA. (2001) The impact of no-till in Ghana. In: *Conservation Agriculture: A Worldwide Challenge*. García-Torres, L., Benites, J. and Martínez-Vilela, A. (Eds.) ECAF/FAO, Córdoba, Spain. Vol II pp 757–764.

Erenstein, O., Farooq, U., Malik, RK. and Sharif, M. (2008) On-farm impacts of zero tillage wheat in South Asia's rice–wheat systems. *Field Crops Research* 105, 240–252.

Fabrizzi, KP., Garcia, FO., Costa, JL. and Picone, LI. (2005) Water dynamics, physical properties and corn and wheat responses to minimum and no-tillage systems in the southern Pampas of Argentina. *Soil and Tillage Research* 81 57–69.

Franzluebbers, AJ. (2002) Water infiltration and soil structure related to organic matter and its stratification with depth. *Soil & Tillage Research* 66, 197–205.

Franzluebbers, AJ. and Hons, FM. (1996) Soil-profile distribution of primary and secondary plant-available nutrients under conventional and no tillage. *Soil Tillage Research* 39, 229–239.

Freebairn, DM. and Boughton, WC. (1985) Hydrologic affects of crop residue management practices. *Australian Journal of Soil Research* 23, 23–55.

Gerard, BM. and Hay, RKM. (1979) Effect on earthworms of plowing, tined cultivation, direct drilling and nitrogen in a barley monoculture system. *Journal of Agricultural Science* 93, 147–155.

Govaerts, B., Fuentes, M., Mezzalama, M., Nicol, JM., Deckers, J., Etchevers, JD., Figueroa-Sandoval, B. and Sayre, KD. (2007a) Infiltration, soil moisture, root rot and nematode populations after 12 years of different tillage, residue and crop rotation managements. *Soil and Tillage Research* 94, 209–219.

Govaerts, B., Sayre, KD., Lichter, K., Dendooven, L., Deckers, J. (2007b) Influence of permanent raised bed planting and residue management on physical and chemical soil quality in rain fed maize/wheat systems. *Plant and Soil* 291, 39–54.

Govaerts, B., Sayre, KD., Goudeseune, B., De Corte, P., Lichter, K., Dendooven, L. and Deckers, J. (2009) Conservation agriculture as a sustainable option for the central Mexican highlands. *Soil and Tillage Research* 103, 222–230.

Hobbs, PR. and Govaerts, B. (2010). How conservation agriculture can contribute to buffering climate change. In: *Climate Change and Crop Production*. Reynolds M. (Ed.) CABI Climate Change Series, Vol 1. CABI, Cambridge USA, pp. 177–199.

Hulugalle, NR. and Entwistle, P. (1997) Soil properties, nutrient uptake and crop growth in an irrigated Vertisol after nine years of minimum tillage. *Soil and Tillage Research* 42, 15–32.

Hulugalle, NR., Entwistle, PC., Weaver, TB., Scott, F. and Finlay, LA. (2002) Cotton-based rotation systems on a sodic Vertisol under irrigation: Effects on soil quality and profitability. *Australian Journal of Experimental Agriculture* 42, 341–349.

Hulugalle, NR., Weaver, TB. and Finlay, LA. (2006) Residual effects of cotton-based crop rotations on soil properties of irrigated Vertisols in central-western and north-western New South Wales. *Australian Journal of Soil Research* 44, 467–477.

Hulugalle, NR., Weaver, TB., Finlay, LA., Hare, J. and Entwistle, PC. (2007) Soil properties and crop yields in a dryland Vertisol sown with cotton-based crop rotations. *Soil and Tillage Research* 93, 356–369.

Jarecki, MK. and Lal, R. 2003. Crop management for soil carbon sequestration. *Critical Reviews in Plant Science* 22, 471–502.

Johnson, MD., Lowery, B. and Daniel, TC. (1984) Soil-moisture regimes of 3 conservation tillage systems. *Transactions of the ASAE* 27, 1385.

Kassam, A., Friedrich, T., Shaxson, F. and Pretty, J. (2009) The spread of conservation agriculture: Justification, sustainability and uptake. *International Journal of Agricultural Sustainability* 7(4), 292–320.

Kemper, B. and Derpsch, R. (1981) Results of studies made in 1978 and 1979 to control erosion by cover crops and no-tillage techniques in Parana, Brazil. *Soil and Tillage Research* 1, 253–257.

Kennedy, AC. and Schillinger, WF. (2006) Soil quality and water intake in traditional-till vs. no-till paired farms in Washington's Palouse region. *Soil Science Society of America Journal* 70, 940–949.

Kladivko, EJ. (2001) Tillage systems and soil ecology. *Soil and Tillage Research* 61, 61–76.

Knowler, D. and Bradshaw, B. (2007) Farmers' adoption of conservation agriculture: A review and synthesis of recent research. *Food Policy* 32, 25–48.

Limon-Ortega, A., Govaerts, B., Deckers, J. and Sayre, KD. (2006) Soil aggregate and microbial biomass in a permanent bed wheat–maize planting system after 12 years. *Field Crops Research* 97, 302–309.

McGarry, D., Bridge, BJ. and Radford, BJ. (2000) Contrasting soil physical properties after zero and traditional tillage of an alluvial soil in the semi-arid subtropics. *Soil Tillage Research* 53, 105–115.

Mikha, M. and Rice, C. (2004) Tillage and manure effects on soil and aggregate-associated carbon and nitrogen. *Soil Science Society of America Journal* 68, 809–816.

Montgomery, DR. (2007) Soil erosion and agricultural sustainability. *Proceedings of the National Academy of Sciences of the United States of America* 104, 13268–13272.

Pikul, JL. and Aase, JK. (1995) Infiltration and soil properties as affected by annual cropping in the northern Great-Plains. *Agronomy Journal* 87, 656–662.

Reynolds, M. and Tuberosa, R. 2008. Translational research impacting on crop productivity in drought-prone environments. *Current Opinion in Plant Biology* 11, 171–179.

Robertson, GP., Paul, EA. and Harwood, RR. (2000) Greenhouse gases in intensive agriculture, contributions of individual gases to the radiative forcing of the atmosphere. *Science* 289, 1922–1924.

Roldan, A., Salinas-Garcia, JR., Alguacil, MM. and Caravaca, F. (2007) Soil sustainability indicators following conservation tillage practices under subtropical maize and bean crops. *Soil & Tillage Research* 93, 273–282.

Sayre, KD. (2005) Conservation agriculture for irrigated production systems permanent bed planting technologies. In: Wheat production in Central Asia through science and cooperation. Morgounov, A., McNab, A., Campbell, KG. and Paroda, R. (Eds.). *Proceedings of the First Central Asian Wheat Conference*. CIMMYT, Almaty, Kazakhstan, pp. 158–163.

Sayre, KD. and Govaerts, B. (2009) Conservation agriculture for sustainable wheat production. In: Dixon, J., Braun, H.-J., Kosina, P. and Crouch, J. (Eds.). *Wheat Facts and Futures 2009*. Mexico, D.F.: CIMMYT. Pp. 62–69.

Schuller, P., Walling, DE., Sepulveda, A., Castillo, A. and Pino, I. (2007) Changes in soil erosion associated with the shift from conventional tillage to a no-tillage system, documented using (CS)-C-137 measurements. *Soil & Tillage Research* 94, 183–192.

Thierfelder, C., Amezquita, E. and Stahr, K. (2005) Effects of intensifying organic manuring and tillage practices on penetration resistance and infiltration rate. *Soil and Tillage Research* 82, 211–226.

Verhulst, N., Govaerts, B., Verachtert, E., Kienle, F., Limon-Ortega, A., Deckers, J., Raes, D. and Sayre, KD. (2009) The importance of crop residue management in maintaining soil quality in zero tillage systems: A comparison between long-term trials in rainfed and irrigated wheat systems. In: *Lead Papers of the 4th World Congress on Conservation Agriculture, Innovations for Improving Efficiency, Equity and Environment*. 4–7 February 2009, New Dehli, India. pp. 71–79.

Verhulst, N., Govaerts, B., Verachtert, E., Castellanos-Navarrete, A., Mezzalama, M., Wall, PC., Chocobar, A., Deckers, J. and Sayre, KD. (2010) Conservation agriculture, improving soil quality for sustainable production systems? In: *Advances in Soil Science: Food Security and Soil Quality*. Lal, R. and Stewart, BA. (Eds.) CRC Press, Boca Raton, FL, USA, ISBN: 9781439800577. pp. 137–208.

Wall, PC. (2006) Facilitating the widespread adoption of conservation agriculture and other resource conserving technologies (RCT's): Some difficult issues. Science Week Extended Abstract. CIMMYT Headquarters, El Batan, Mexico. 23-27 January 2006. pp. 61-64.

Wang, WJ. and Dalal, RC. (2006) Carbon inventory for a cereal cropping system under contrasting tillage, nitrogen fertilisation and stubble management practices. *Soil and Tillage Research* 91, 68–74.

West, TO. and Marland, G. (2002) A synthesis of carbon sequestration, carbon emissions, and net carbon flux in agriculture, comparing tillage practices in the United States. *Agriculture, Ecosystems and Environment* 91, 217–232.

Zhang, GS., Chan, KY., Oates, A., Heenan, DP. and Huang, GB. (2007) Relationship between soil structure and runoff/soil loss after 24 years of conservation tillage. *Soil and Tillage Research* 92, 122–128.

（逯腊虎 译）